과학은
그 책을
고전이라
한다

과학은
그 책을
고전이라
한다

우리 시대의
새로운
과학 고전 50

강양구
김상욱
손승우
이강영
이권우
이명현
이정모

APCTP 기획   사이언스
SCIENCE
BOOKS 북스

발간사

남궁원
아시아태평양 이론물리센터 이사

아시아태평양 이론물리센터(APCTP)가 웹진《크로스로드》출간 10주년을 맞이하여 '과학 고전 50'을 선정하고, 이를 토대로『과학은 그 책을 고전이라 한다』를 발간한다.《크로스로드》는 어려운 물리학적 발견이나 이론을 일반 독자들도 이해할 수 있게끔 중간 해설자 역할을 하며 시작되었다. 이번 '과학 고전 50'에서는 물리학을 넘어, 과학 전반으로 범위를 확대하여 읽을 만한 도서를 추천하였다.

예로부터 독서를 장려하는 말들은 귀가 따갑도록 들어 왔지만, 현대에는 지식 습득의 수단으로서 영화, 방송, 만화 등이 독서를 제치고 있다. 그런데 영화를 보고 내용이 재미있으면 책을 보게 되지만, 반대로 책을 먼저 읽고 영화를 보게 되면 뒷맛이 씁쓸한 경우가 많다. 지식을 얻는 데에 있어서, 여전히 우리에게는 책만 한 것이 없다고 하겠다.

관심이 있을 때에는 누가 추천하지 않아도 스스로 독서를 한다. 또한 교양을 쌓으려는 의무감으로 고전을 읽는 학생도 있고, 매일 반복되는 일상생활에서 경험하는 주변의 자연 현상을 쉽게 설명해 주는 과학의 해설이

귀에 와닿는 경우도 더러 있다. 하지만 책을 읽는 일이 쉽지는 않은데, 내용이 흥미롭다면 모를까 더구나 고전이라고 분류되면 선뜻 다가서기 어려운 것이 사실이다. 이때 『과학은 그 책을 고전이라 한다』가 많은 도움이 되리라 믿는다. 이 책을 통해 '과학의 고전'이 '모두의 고전'이 되기를 바란다.

강양구 선생님, 김상욱 선생님, 손승우 선생님, 이강영 선생님, 이권우 선생님, 이명현 선생님, 이정모 선생님의 노고에 감사드린다.

머리말

김상욱
경희 대학교 물리학과 교수

아시아태평양 이론물리센터에서 발간하는 월간 웹진 《크로스로드》는 2015년 발간 10주년을 맞이해 '과학 고전 50'을 선정했다. 선정에는 처음부터 많은 어려움이 있었다. '과학에서 고전이란 무엇인가?'부터 논의해야 했기 때문이다. 인문학의 고전은 원전을 그대로 읽는 것에 큰 가치를 둔다. 하지만, 19세기 이후 과학에서 대부분의 중요한 저작들은 논문의 형태로 출판되었다. 인문학 고전과 달리 과학 논문을 일반인이 읽는 것은 불가능하다. 사실 그런 논문은 세부 분야가 다른 과학자가 읽기도 힘들다.

드물지만 일부 초일류 과학자는 일반인을 위한 책을 쓰기도 한다. 찰스 로버트 다윈의 『종의 기원』, 스티븐 와인버그의 『처음 3분간』, 스티븐 호킹의 『시간의 역사』 등이 그 예다. 하지만 과학의 내용을 알기 쉽게 정리해 일반인에게 알리는 것은 대개 다른 이의 몫인 경우가 많다. 제임스 글릭의 『카오스』는 카오스 이론을 설명하는 탁월한 책이지만, 글릭은 과학자가 아니라 기자다. 그는 많은 과학자를 인터뷰해 책을 썼다. 브라이언 그린도 초일류 과학자는 아니지만 『엘러건트 유니버스』라는 고전을 썼다. 어쨌든 이들은 인문학의 관점에서 볼 때 『국가』의 플라톤, 『존재와 시간』의 하이데거, 『철학적 탐구』의 비트겐슈타인과는 저자의 격이 다르다는 지적이 나올 수 있다.

그래서 '대학생이 읽어야 할 고전 100권' 같은 것을 결정할 때, 오해나 혼란이 생기는 경우가 종종 있다. 과학에서의 고전도 뉴턴, 갈릴레오, 아인슈타인 같은 사람이 쓴 책만 넣어야 한다는 것이다. 이 때문에 갈릴레오의 『대화』나 뉴턴의 『프린키피아』가 고전으로 선정되는 경우도 있다. 여기에는 고전이라면 그 사상이나 이론을 만든 본인이 쓴 책이어야 한다는 생각이 깔려 있다. 하지만 이런 책들을 읽는 것은 그 이론의 역사적 의미를 이해하는 것을 제외하고는 과학을 이해하는 데에 큰 도움이 되기 힘들다고 생각한다. 왜냐하면 과학 이론은 처음 제안될 때의 모습이나 형식 그대로 쓰이지 않는 경우가 흔하기 때문이다. 고전 역학을 제대로 알기 원한다면 『프린키피아』를 읽는 것보다 『파인만의 물리학 강의』를 읽는 것이 더 좋다는 말이다.

물론 이에 대해 반론이 있을 수 있다. 『프린키피아』를 읽음으로써 뉴턴의 이론을 정확히 아는 것은 그 자체로 유익할 수 있다. 실제로 뉴턴은 『프린키피아』에서 미적분이 아니라 기하학적 방법을 사용해 자신의 이론을 전개했다. 하지만 미적분이라는 좋은 방법을 굳이 사용하지 않을 이유가 무엇인지 잘 모르겠다. 모든 사람이 과학 이론을 만들어질 당시의 모습 그대로 알아야 하는 것은 아닐 것이다. 『프린키피아』는 그래도 예외적이다. 보어의 원자 모형 논문, 슈뢰딩거의 파동 역학 논문, 겔만의 쿼크 논문을 일반인이 읽을 수는 없는 노릇이다. 이 논문들은 전문가를 독자로 가정해 쓰인 것이기 때문이다.

과학 고전이 일반인도 읽을 수 있는 것이어야 한다면 인문학 고전의 관행과는 다른 기준이 적용될 수밖에 없다. 오랜 논의 끝에 과학 고전은 그것이 출판된 당시가 아니라 그것을 읽는 지금 의미가 있어야 한다는 결론에 도달했다. 따라서 이 책에서 제시된 '과학 고전 50'은 2015년 선정 시점에서 비전문가인 일반 독자들이 읽을 가치가 있는 가독성 높은 책들로 정했다. 우리나라 독자를 염두에 둔 것이라 국내에 번역·출판된 책으로 한정했으며, 절판 여부는 고려하지 않기로 했다. 행여 절판되었다면 이번 선정으로 재출간될 수도 있으리라는 기대가 있었기 때문이다.

각계 35명의 추천 위원으로부터 추천받은 책을 대상으로 여섯 명의 선정 위원이 수차례의 회의를 거쳐 선정했다. 과학의 여러 분야가 고르게 선정되도록 노력했으나, 수학과 화학 분야의 책이 상대적으로 부족한 것이 아쉬움으로 남는다. 의도적으로 국내 저자의 책을 20퍼센트가량 넣었다. 이는 국내 과학 저술 활동을 지원한다는 측면도 있지만, 이제 국내 과학책의 수준이 외국 서적에 비교해 손색이 없는 경우도 많다는 자신감의 발로이기도 하다.

이미 많은 기관 및 단체들이 고전 목록을 발표하고 있으며, 그 목록에는 과학도 일부 포함되는 경우가 많다. 그런 목록과 차별성을 찾자면, 일반적인 명성이 아니라 그 책 자체의 가치에 주목했다는 점이다. 예를 들어 리처드 도킨스의 『이기적 유전자』는 대부분의 고전 목록에 단골로 등장하지만, 너무 오래된 책이고 가독성이 높은 책이 아니다. 그래서 과감히 제외하고, 같은 저자가 쓴 『눈먼 시계공』을 선정했다.

분야를 나누기 애매한 것도 많지만, 대략적으로 말해서 물리학 14권, 진화론·인류학 10권, 생명·뇌과학 8권, 우주론 7권, 화학 3권, 수학 1권,

기타 7권이었다. 기타에는 마이클 셔머의 『왜 사람들은 이상한 것을 믿는가』, 나탈리 앤지어의 『원더풀 사이언스』 등이 포함된다. 수학에서는 모리스 클라인의 『수학의 확실성』 1권만이 선정되었다. 추천 및 선정 위원 가운데 수학자가 없는 것이 큰 이유일 것이라 생각한다. 전체적으로 가장 많은 추천을 받은 책은 칼 세이건의 『코스모스』였다. 한국 저자의 책 가운데는 『최무영 교수의 물리학 강의』가 가장 많은 추천을 받았다. 이 책은 현재 절판 상태라 이번 선정으로 재출간되기를 기원해 본다.

과학 고전 목록 같은 것이 과연 필요한지 의문을 제기하는 사람도 있다. 책을 많이 읽는 사람에게는 필요 없을 것이다. 하지만 요즘처럼 책을 읽지 않는 시대에 책 읽기를 시작하려는 사람에게는 도움이 될 것이라 생각한다. 선정된 도서는 추천 및 선정에 참여한 위원들의 취향이나 주관에서 자유로울 수 없다. 10년 뒤에 다시 이런 목록을 만든다면 분명 완전히 다른 모습이 될 수도 있다. 하지만 일단 이것을 시작으로 자신만의 과학 고전 목록을 만들어 가 보면 어떨까. 과학 고전은 인문 고전과 같지 않다. 재미있고 이해하기 쉬운 책을 읽고, 우주의 경이로움과 아름다움을 만끽할 수 있으면 충분하다. 우주는 누구나 이해할 수 있다. 당신도 우주의 일부니까.

책이 나오기까지 많은 분들의 도움이 있었다는 것은 적어도 이 책에서는 식상한 표현이 아니다. 우선 소중한 시간을 내어 책을 추천해 주신 35명의 추천 위원이 있다. 나와 고재현 선생님, 국형태 선생님, 권원태 선생님, 김경진 선생님, 김범준 선생님, 김보영 선생님, 김승환 선생님, 김우재 선생님, 김웅서 선생님, 김항배 선생님, 노승영 선생님, 도영임 선생님, 박용태 선생님, 백정숙 선생님, 서민 선생님, 손승우 선생님, 안상현 선생님, 안희곤 선생님, 윤신영 선생님, 이강영 선생님, 이은희 선생님, 이정원 선생님, 이한음 선생님, 이형열 선생님, 전대호 선생님, 전중환 선생님, 정재승 선생님, 정진수 선생님, 정하웅 선생님, 최무영 선생님, 한정규 선생님, 홍승수 선생님, 황인준 선생님, 황재찬 선생님이다. 또 선정 과정에서 치열하게 논의하고 고민한 여섯 명의 선정 위원들이 있다. 이 책의 저자이기도 한 나와 손승우 선생님, 이강영 선생님, 이권우 선생님, 이명현 선생님, 이정모 선생님이다. 이 분들이 아니었으면 '과학 고전 50'은 없다. 선정된 목록을 가지고 일곱 필자가 번갈아 가며 1년간 매주 한 권씩 《프레시안》에 서평을 연재했다. 한 사람당 일곱 편씩 글을 썼다는 뜻이다. 이 분들 아니었으면 이 책은 없다. 참고로 7 곱하기 7은 49니까 여덟 편을 쓴 사람이 누군지 궁금할 수도 있겠다. 바로 나다. 일곱 필자들이 제때 글을 쓰도록 독촉하는 것은 쉬운 일이 아니다. 강양구 기자가 아니었으면 이 책은 상상 속에서만 존재했을 것이다. 모든 결과물에는 먼저 기획이 있는 법이다. 박상준 대표의 ㈜사이언스북스가 제안을 해 주었기에 '과학 고전 50'의 기획 단계에서부터 서평집 출판을 염두에 둘 수 있었다. ㈜사이언스북스 편집부는 전기 신호로 된 파일들을 종이에 잉크로 적힌 물리적 실체로 만들어 주었다. 끝으로 이런 기획 자체가 있게 해 준 아시아태평양 이론물리센터의 지원에 감사한다. 무엇보다 과학 고전을 집필한 50명의 저자들에게 가장 큰 감사를 드린다.

차례

1부
과학은 재미!

2부
인간을 사유하는 가장 과학적인 방법

3부
사회의 과학적 조감도

4부
고전의 어깨 위에 올라 과학을 보다

5부
과학의 길, 책의 길

1부

과학은
재미

과학책의 미덕을 한마디로 말하라고 한다면 나는 '경이로움'의 체험이라고 하겠다. 과학을 상징하는 여러 단어 중 '경이로움'처럼 경이롭게 과학을 나타내는 단어도 없을 것이다. 과학자들은 과학이라는 틀을 통해서 자연과 우주의 경이로운 세계를 탐구한다. 그 결과는 흔히 과학자들만 접근할 수 있고 즐길 수 있는 전문적인 과학 저널을 통해서 기록된다. 과학 저널 속에 박제되어 있는 숱한 경이로움을 해동시키고 요리해서 우리가 사는 보통 세상에 내놓는 사람들이 과학 저술가다. 그들이 만들어 넣은 요리가 바로 교양 과학책이다.

처음 접하는 요리를 맛있게 먹으려면 원래부터 비위가 좋든가, 아니면 새로운 것을 즐길 줄 아는 태도가 필요하다. 현대 과학과 기술은 우리 삶 곳곳에 스며들어 있지만 많은 사람들이 여전히 낯설어한다. 현대 과학이 알려 주는 세상과 우주가 이미 우리가 일상에서 경험하거나 단순한 통찰과 직관으로 쉽게 파악할 수 있는 인식의 범위를 넘어섰기 때문일 것이다. 현대 과학이 원래 그런 것이니 과학을 어렵게 느끼거나 현대 과학이 찾아낸 자연과 우주의 경이로움이 초현실적으로 느껴지더라도 주눅 들 필요는 없다. 원래 그러니까. 현대 과학은 어렵다. 과학 저술가들은 어려운 과학의 개념과 현상을 친절하게 풀어서 세상의 언어로 번역해서 통역하려고 노력을 한다. 덕분에 교양 과학책을 통해서 친절하게 재구성된 과학의 경이로운 세계를 마주할 수 있게 되었다.

하지만 어려운 것은 어려운 것이다. 아무리 친절하게 설명을 한다고 하더라도 모든 것을 이해할 수는 없다. 따라서 독자들이 과학을 어려워하는 것은 그들의 문제가 아니다. 과학책은 어려울 수밖에 없다. 최근의 과학책들이 대체적으로 친절하다는 데에는 동의할 것이다. 근본적인 문제는 과학에 있지 독자들에게 있는 것이 아니다. 좀 힘들고 좀 어렵더라도 새로운 것을 즐기려는 태도를 조금이라도 갖고 과학책을 대한다면 새롭고 경이로운 세상이 열릴 것이다. 처음 만나는 이국적인 요리처럼 말이다. 약간의 두려움과 약간의 낯섦을 각오한다면 그 보답은 경이로움 그 자체일 것이다. 약속한다. — **이명현**

『원더풀 사이언스』

나탈리 앤지어. 김소정 옮김.
지호. 2010년

원더풀, 『원더풀 사이언스』!

'고전'이라고 하면 플라톤, 칸트, 공자 같은 이름이 스쳐 지나간다. 그래서 인지 꽤나 묵직한 느낌마저 든다. 그런데 경박하게 『원더풀 사이언스(*The Canon*)』라니. 더구나 저자 나탈리 앤지어(Natalie Angier)는 고작(?) 과학 저술가다. 의아하게 느낄 독자를 위해 서평에 앞서 이에 대한 설명이 필요할 듯하다.

근대 이후 과학의 내용은 대개 전문적인 논문의 형태로 출판된다. 같은 분야가 아니면 전문 과학자도 이해 못 하는 경우가 대부분이다. 과학 논문 은 과학적 엄밀성의 충족을 최우선 과제로 삼기 때문인데, 사실 이것이야 말로 과학이 갖는 힘의 원천이기도 하다. 하지만 이런 이유로 일반인이 과 학을 날 것 그대로 접하기는 불가능하다. 고전이란 것이 일반인도 읽을 수 있는 것이어야 한다면, 과학에서는 반드시 누군가 그 내용을 풀어 주어야 한다는 말이다. 알베르트 아인슈타인(Albert Einstein)의 일반 상대성 이론 이나 에르빈 슈뢰딩거(Erwin Schrödinger)의 양자 역학 논문을 읽을 수 있 는 사람은 많지 않다. 20세기 이전의 과학 저술들도 과학사를 공부할 목적 이 아니라면 이후에 더 잘 쓰인 책을 읽는 것이 좋을 때가 많다. 그래서 코 페르니쿠스, 케플러, 뉴턴의 저작들보다 칼 에드워드 세이건(Carl Edward Sagan)의 『코스모스』를 먼저 읽는 것이 좋다고 생각한다. '과학 고전 50'이 라고 하고서 교양 과학책 50권을 선정한 이유다.

과학은 실체를 마주하는 태도

고심 끝에 '과학 고전 50' 가운데 첫 번째 책으로 『원더풀 사이언스』를 골랐다. 그 이유는 이 책의 서문을 보면 알 수 있다. 우리는 왜 과학을 알아야 하는가? 오늘날의 중대한 이슈들에 과학이 깊숙이 관여하고 있어서일까? 과학을 잘 알고 있으면 미신이나 헛된 희망, 사기 등을 피할 수 있어서일까? 과학이 국가 경제, 문화, 의학, 안보에 중요한 역할을 하고 있기 때문일까? 저자의 답은 간단하다. 그냥 재미있으니까. 사실 연구비 제안서 쓰면서 이렇게 쓰고 싶었던 적이 한두 번이 아니었다. 본 연구의 동기는 '그냥 재미있으니까.'이다. 물론 국민의 세금을 쓰는 마당에 이런 무책임한 이유를 댈 수는 없는 노릇이다. 하지만 이게 진실인 걸 어쩌랴. 이런 점에서 과학과 예술은 통하는 점이 많다. 저자가 과학자가 아니기에 오히려 과학자보다 더 과학자다운 답을 할 수 있었는지 모르겠다. 아무튼 이 책의 서문을 읽다 보면 과학 열정의 피가 끓어오른다.

서문이 끝나고 이어지는 1장은 과학적 사고방식에 대한 이야기다. 과학은 단순히 사실을 모아 놓은 지식의 목록이 아니다. 과학은 세상을 바라보는 방법이며 실체를 마주하는 태도다. 초짜 과학자가 처음 논문을 쓸 때, 잘 모르는 것이 하나 있다. 자신이 알아낸 새로운 내용 자체보다 그것을 뒷받침할 증거를 엄밀히 보이는 과정이 더 중요하다는 사실. 철학자 데모크리토스는 모든 것이 원자로 되어 있다고 말했지만, 이것은 과학이 아니었다. 물질의 질량이 보존되고 화합물을 구성하는 원소들이 항상 일정한 성분비로 결합한다는 실험적 증거가 있을 때 원자론은 과학이 된 것이다.

이처럼 과학은 증거를 요구한다. 일정 수준의 양적이고 물질적인 증거가 분명히 있어야 한다. 하지만 사람들은 객관적 증거에 바탕을 둔 주장보다 주관적 의견을 사랑한다. 상대가 어떤 정치인이 좋다고 말할 때, 나는 싫다고 대꾸하면 그만이다. 상대가 동의하지 않으면 자신의 의견을 말하면 된다. 하지만 과학은 그렇지 않다. "당신은 진화론자라 진화를 믿지만, 나는 창조론자라 믿지 않아." 이런 것이 통하지 않는다는 말이다. 진화론은 일정 수준 이상의 양적이고 물질적인 증거를 가지고 있지만, 창조론은 그렇지 않다. 과학에서 당신 개인의 의견은 중요하지 않다.

과학적 사고방식에 대한 충분한 세례를 마치고도 이 책은 익숙한 과학 지식 이야기로 향하지 않는다. 이어지는 2장은 확률에 대한 이야기다. 나는 아내와 생일이 같다. 이 사실을 처음 알았을 때, 우리 모두 얼마나 놀랐는지 모른다. 신분증을 꺼내어 확인했을 정도다. 만약 당신이 속한 모임에서 생일이 같은 이성을 만나면 특별한 인연이 있다고 느낄지 모르겠다. 하지만 65명 정도 되는 집단에서 생일이 같은 사람이 있을 확률은 99퍼센트가 넘는다. 이 책을 읽고, 실제 내가 맡았던 대학 교양 수업 시간에 학생들과 내기를 한 적이 있다. 생일이 같은 사람이 하나도 없으면 여기서 수업을 마치겠다고. 물론 내가 이겼다. 이 책에는 확률에 대한 재미있는 이야기가 이것 말고도 수두룩하다. 확률에 대한 개념이 없다면 물질적 증거를 제대로 해석할 수 없다. 확률 감각이 떨어지면 당연한 결과를 두고도 놀라운 일인 양 호들갑을 떨 수도 있다. 확률이 중요한 이유다.

무엇을 뺄 것인가

저자는 3장이 되어서도 예상 가능한 이야기로 향하지 않는다. 과학자라면 절대 이런 식으로 쓸 수 없을 것이다. 3장의 주제는 척도다. 사실 크기에 대한 감각이야말로 대상을 제대로 이해하는 데에 대단히 중요하다. 물리학자들은 입자 가속기를 이용해 쿼크라는 입자를 잠깐 만들어 낼 수 있다. 잠깐이라고 했지만 1조분의 1초 정도 존재하는 것이다. 대부분 사람들은 그게 존재하기는 한 거냐고 물을 것 같다. 그것은 인간의 척도로 생각하기 때문이다. 쿼크의 운동을 기준으로 생각하면 이 짧은 시간 동안 극미한 궤도를 1조 번 회전할 수 있다. 지구의 나이는 대략 50억 년이고 지금까지 태양 주위 공전 궤도를 불과(!) 10억 번 돌았다. 각자의 공전을 기준으로 하면 쿼크가 지구보다 1,000배 더 오래 존재했다는 이야기다. 척도를 가지고 이렇게 많은 이야기를 재미있게 할 수 있다는 걸 나는 이 책에서 배웠다.

척도를 마치면 드디어 우리에게 익숙한 과학 주제들이 펼쳐진다. 하지만 여기서도 그 내용은 평범하지 않다. 물리학에 대한 다음의 소개를 보자.

> 물리학은 가장 겸손한 학문 가운데 하나로 그저 세상이 무엇으로 만들어졌고, 어떤 식으로 작용하고 있으며, 세상에 있는 존재들이 그렇게 행동하는 이유에 대해서 연구하는 학문일 뿐이다.

물리학에는 불과 50쪽이 할당되어 있을 뿐이지만 원자, 네 가지 힘, 전기, 에너지, 빛, 엔트로피까지 빠짐없이 훑어 낸다. 저자가 물리학을 소개하는 방식은 물리학자인 내가 봐도 혀를 내두를 지경이다. 과학 교양 서적의 미덕은 무엇을 넣느냐가 아니라 무엇을 빼느냐라는 것을 극명히 보여 주었다고 할까.

책의 나머지 부분을 여기서 다 설명할 생각은 없다. 이 정도 소개했으면 이제는 독자가 읽을 차례라고 생각한다. 내 교양 과목을 수강하는 학생들에게 이 책은 필독서다. 과학 교양 과목이 달성해야 할 모든 목표는 바로 이 한 권을 읽을 때 이루어지기 때문이다. 이 책을 읽으며 내가 느꼈던 과학에의 뜨거운 열정을 독자들도 공유했으면 좋겠다. 이 책에 대해 칭찬할 말을 더 쓰고 싶지만 한 구절로 다 표현할 수 있을 것 같다.

원더풀, 『원더풀 사이언스』!

『모든 사람을 위한 빅뱅 우주론 강의』(증보판)

이석영.
사이언스북스. 2017년

모든 사람에게 건넨 '무한 우주'로의 초대장

2005년 7월 1일, 과학 저널 《사이언스(*Science*)》의 특별 세션에는 「우리는 무엇을 모르고 있나(What don't we know?)」라는 제목의 흥미로운 기사가 하나 실렸다. 현대 과학이 해결해야 할 가장 중요한 쟁점 100가지를 골라서 간략한 설명을 붙인 기사였다. 21세기가 우주와 생명의 기원에 대한 탐구의 시대라는 것을 반영하듯이 생명 과학과 관련된 주제들이 넘치는 가운데, 천문 우주학과 관련된 주제들이 제법 많이 보였다. 이 기사에서 언급한 내용 중 천문 우주학과 관련된 쟁점들을 소개하면 다음과 같다. 고전적인 물리학적 쟁점들은 다음의 목록에 넣지 않았다.

- 우주는 어떤 것들로 구성되어 있는가?
- 우리 우주가 유일한 우주인가?
- 급팽창을 일으킨 원인은 무엇인가?
- 언제 어떻게 첫 번째 별과 은하가 형성되었는가?
- 고에너지 우주선은 어디로부터 유래하는가?
- 퀘이사의 동력은 무엇인가?
- 블랙홀의 물리적 성질은 무엇인가?
- 왜 물질이 반물질보다 많은가?
- 중력의 정체는 무엇인가?
- 왜 시간은 다른 차원과 구분되는가?
- 완벽한 광학 렌즈를 만들 수 있는가?
- 행성은 어떻게 형성되었는가?

- 태양 자기장의 변화를 일으키는 동력은 무엇인가?
- 태양계 내에 외계 생명체가 존재하는가? 존재했는가?
- 외계 지적 생명체는 존재하는가?

어느 시대에나 과학적 질문들은 늘 궁극적이었고, 그 근원적인 질문에 대한 답을 찾는 과학적 진리 탐구의 과정 또한 늘 당대의 최첨단 장비를 동원한 역동적인 도전이었다. 그런데 과학 기술 문명이 발달할수록 과학자 집단의 성취에 일반인들이 공감하고 같이 호흡할 수 있는 여지가 점점 줄어드는 것도 사실이다.

과학자들은 자신들의 성취를 보통 전문가 집단만이 공유하는 자기 분야의 저널을 통해서 전문적인 언어로 발표한다. 그러니 점점 더 복잡해지고 정교해지는 과학적 탐구 작업을 일반인들이 이해하기가 점점 더 어려워지는 것이다. 이 간극을 메우려는 작업이 이른바 '과학 대중화' 작업인데 그 핵심에는 여전히 '교양 과학책'이 자리 잡고 있다.

이 글을 쓰면서 서울 시내 대형 서점 한 곳과 인터넷 서점 한 군데를 들러서 교양 천문 우주학 책들을 관심을 갖고 살펴보았다. 앞에서 늘어놓았던 현대 천문 우주학의 화두가 되는 내용들이 생생하게 담긴 교양 천문 우주학 책들이 넘쳐 났으면 하는 바람이 있었다. 그런데 현실은 참담했다. 솔직히 고백하면 번역서 몇 권과 국내 천문학자 몇몇이 쓴 책을 제외하면 읽을 만한 책을 발견하기가 힘들었다. 우선 앞에서 길게 나열했던 현대 천문 우주학의 쟁점들을 현장감 있게 담은 책들이 부족했다. 여전히 지난 세기의 이야기를 버젓이 현대적인 논쟁이라며 늘어놓고 있는 책들이 많았다. 심지어는 잘못된 내용이 확대 재생산된 듯 여러 책에서 비슷하게 설명되고 있는 경우도 있었다. 과학이라는 탈을 쓴 종교 서적도 있었다. 짜깁기가 심한 책들도 보였다. 과학적 발견의 무게를 가늠하지 못한 듯 사소한 것을 침소봉대하고 중요한 것을 빠뜨리는 우를 범한 책들도 눈에 들어왔다. 출처를 알 수 없는, 전혀 엉뚱하고 생경한 용어를 사용하고 있는 교육 대학교 학생을 위한 교과서도 있었다.

스마트하고도 따뜻한 현대 우주론 이야기

이석영의 『모든 사람을 위한 빅뱅 우주론 강의』는 이런 현실 속에서 오랜만에 만난 단비 같은 책이다. 우선 국내 천문학자가 직접 쓴 많지 않은 교양 천문 우주학 책인 만큼 그 자체로서도 희소성과 가치를 지닌다.

> 나는 개인적으로 지금 인류가 갈릴레오, 뉴턴, 아인슈타인의 시대 이상의 지식 혁명 시대를 살고 있다고 생각한다. 우주의 기원과 운명이 밝혀지고 있기 때문이다. 우주의 기원과 운명, 이것이야말로 인류 지식의 궁극적 목표가 아닐까?
>
> 그런 지식의 혁명이 바로 지금 일어나고 있다. 바로 이 순간, 인류 최대의 질문인 우주의 기원과 운명이 밝혀지고 있기 때문이다. 앞으로 50년쯤 지나면 과학 교과서가 말할 것이다. 2010년경에 드디어 인류가 우주의 과거, 현재, 그리고 미래를 알게 되었다고.

저자는 현재 진행 중인 천문 우주학적 사건들이 얼마나 중요한지를 잘 인지하고 있었다. "나는 이 책을 통해서 무한 우주의 심연 속으로 여러분을 초대하고 싶다."라면서 그 내용들을 독자들에게 알리려고 했다는 점을 분명히 하고 있다.

책은 언제나 저자를 닮는 것 같다. 『모든 사람을 위한 빅뱅 우주론 강의』는 저자만큼이나 스마트한 책이다. 현대 우주론 이야기를 흐트러짐 없이 차분하고 깔끔하게 서술해 나가고 있다. 한편, 스마트한 서술인 만큼 글이 까칠해질 수 있는 여지가 있었는데 책 곳곳에 녹아 있는 저자의 감동과 경험담이 이를 상쇄시키면서 따뜻한 책이 되었다. 다음과 같이 한 구절을 옮겨 적는다.

> 귀국한 지 얼마 지나지 않아 신촌 거리를 걷다가 우연히 커다란 옥외 광고를 보게 되었는데 거기에 "A letter from Abell 1689"라고 씌어 있었다. 그래서 그날 강의에서 학생들에게 "아벨1689는 제가 제일 좋아하는 은하단인데 도대체 이 광고는 무엇인가요?"라고 물었더니 한 학생이 "인기 가수가 부른 노래 제목입니다."라고 대답했다. 얼마나 눈물 나게 반갑던지. 21세기 한국 사람들은 과학에 상당히 많은 관심을 가지고 있구나 하고 감탄했다.

또 다른 한 장면에서는 웃음이 터져 나왔다.

> 어느 날 내가 새로운 분석을 해서 그림 하나를 만들어 옴러 교수에게 보이며 "별다른 관계식을 찾을 수가 없는데요." 했더니 "아냐, 관계식이 있어." 하면서 얼핏 보기에는 무작위 분

포처럼 보이는 자료 사이로 굵직한 선을 하나 긋는 것이 아닌가. '앗! 이런 돌팔이가 있다니…….' 그런데 훗날, 동일한 천체에 대해 더 나은 관측 자료를 얻고 보니 거짓말처럼 바로 그 관계식이 나타났다. 역시 거장의 눈에는 별게 다 보이나 보다. 안타깝게도 그게 무슨 관계식이었는지는 기억이 나지 않는다. 이야기가 잠시 옆으로 샜다.

이 책의 가독성을 높이는 또 다른 요소들 중 하나는 천문 우주학적 사건들의 역사적 배경에 대한 풍부하고 친절한 설명이 들어 있다는 것이다. 또한 각 장의 끝에 등장하는 천문 우주학 관련 연구소에 대한 소개와 그곳에서 일하는 천문학자들에 대한 에피소드는 이 책의 재미와 가독성을 높이는 데에 큰 기여를 하고 있는 것 같다. 무엇보다 현대 우주론 이야기를 자신의 것으로 녹인 후 자신감 있게 자신의 고유한 목소리로 이야기를 서술해 가는 저자의 스토리텔링 스타일이 이 책에 대한 신뢰를 더해 준다.

이 책은 빅뱅 우주론을 중심으로 현대 천문 우주학이 던지는 쟁점에 대한 현대 우주론적 해답을 하나하나 설명하는 식으로 구성되어 있다. 개인적으로 이 책의 백미는 '빅뱅 핵합성'이라는 생소하고도 어려운 내용을 정확하게, 하지만 쉽게 비유적으로 풀어서 짧고 설득력 있게 설명하는 대목이라고 생각한다.

우주의 나이가 1초가 되었을 때 운명의 순간이 왔다. 우주 역사에서 가장 중요한 사건 중 하나가 벌어진 것이다. 이때 우주의 크기는 오늘날의 100억분의 1이고, 온도는 약 100억 도였다. 이 순간, 우주에 가득 찬 광자들의 에너지가 중성자와 양성자의 질량 차이에 해당하는 에너지와 같아졌다. 이 순간부터 광자가 가지는 에너지는 양성자와 반응해서 중성자를 …… 다시 중성자로 되돌려 줄 흑기사가 더 이상 존재하지 않게 된 것이다. 시간이 흐를수록 양성자의 수가 많아져서 우주의 나이가 1분 정도 될 때 양성자 대 중성자의 개수 비는 대략 5 대 1이 되었다. …… 이때 우주 역사의 한 막이 오르게 된다. 최초로 수소와 헬륨 원자핵이 탄생한 것이다. 우주 나이 1초부터 3분까지 일어난 이 현상을 빅뱅 핵합성이라고 부른다.

이 책 곳곳에 여러 차례 등장하는 빅뱅 핵합성에 대한 좀 더 전문적인 설명 또한 콤팩트하고 설득력 있기는 마찬가지다.

알고 싶으세요? 천문학 공부 하세요!

이 책이 갖고 있는 이런 많은 강점과 미덕에도 불구하고 아쉬움 또한 남는다. 먼저 같은 내용이 여러 번 반복되고 있다는 점을 지적하고 싶다. 이 책에서 가장 공감이 갔던 빅뱅 핵합성에 대한 이야기도 여러 차례 반복되고 있다. 다른 내용들도 그런 경우가 종종 있었다. 자칫 읽는 사람의 재미와 긴장감을 떨어뜨릴 수 있을 것 같아서 아쉬웠다.

이 책의 구성에도 다소 아쉬운 부분이 있다. 빅뱅 우주론을 전체적으로 다루는 것이 이 책의 기본 구성인데, 몇 가지 기본적인 내용을 다루지 않고 넘어간 것은 짚고 넘어가지 않을 수 없다. 먼저 상대성 이론이다. 저자는 상대성 이론에 대해서 본격적으로 다루지 않는 이유를 설명해 놓았다.

> "뭐라고? 시간과 공간이 하나라고? 시공간이 휜다고? 빛이 시공간을 따라 휘어 진행한다고?" 아마 끝도 없는 질문이 생길 것이다. 내 대답은 "하하. 알고 싶으세요? 천문학 공부하세요."이다. 심술궂다고? 일반 상대성 이론 이야기를 지금 이야기하기 시작하면 빅뱅 우주론의 다른 이야기를 하기도 전에 이 책이 끝나고 만다. 그래서 잠시 접어 두자.

하지만 상대성 이론에서 유도되는, 예컨대 중력 렌즈 효과 같은 이야기는 이 책에 여러 번 등장한다. "앞에서 여러 번 설명한 것처럼" 질량을 가진 물체는 시공간을 휜다고 서술하는 장면도 있다. 상대성 이론에 대한 설명을 다 하자면 저자의 고백처럼 책 몇 권이 필요할지도 모른다. 하지만 어린이용 만화책에서도 그에 걸맞게 상대성 이론을 설명하고 있는 것이 현실이라면, 저자가 빅뱅 핵합성을 설명하던 솜씨로 상대성 이론을 이 책에서 필요한 만큼의 길이와 깊이로 설명하는 것도 힘든 일은 아니었을 것이라고 생각한다. 자칫 부력에 대한 설명은 생략된 '유레카' 이야기가 되지 않을까 하는 안타까움이 있다.

이 책은 또한 "우주의 지평 문제, 편평도 문제, 원시 입자의 문제, 이 세 문제는 승승장구하던 빅뱅 우주론에 치명적인 도전장을 내밀었다."라면서 이 문제들에 대해서 자세하고 친절하게 설명하고 있다. 하지만 빅뱅 우주론을 다루는 이 책에서 정작 팽창 우주 자체에 대한 원리와 개념 설명이 부족한 것도 큰 아쉬움으로 남는다. 물체의 시공간 팽창 원리를 담고 있는 상대성 이론에 대한 기본적인 설명이 생략되어 있는 것과 연계되는 문제로 보인다.

우주의 기원에 대한 부분을 넣지 않은 것도 정말 아쉽다.

> 일부 과학자들은 빅뱅이 왜 시작되었는가에 대해 과학적으로 연구하고 있다. 그야말로 우리 우주의 시간이 시작하기 전에 대한 연구라고 볼 수 있다. '막 세계 이론'이라고도 불리는 브레인 월드 이론이 그중 하나의 예인데, 이는 우리 우주를 넘어선 초우주의 세계가 있다는 가정에서 출발한다. 하지만 이러한 시간과 공간의 범위는 관측을 중시하는 천문학적 우주론의 범위를 넘어서는 것이다. 따라서 이 책에서는 빅뱅 이후의 시간에 대해서만 설명하고자 한다.

저자는 이렇게 우주의 기원에 대해서 분명한 선을 그어 놓았다. 그런데 사실은 이미 첫 장에서부터 "그러나 여기가 끝이 아니다. 수학적으로 보면 우리 우주는 혼자가 아닐 수 있다. 다중 우주일 수도 있는 것이다."라고 이야기를 꺼내 놓고 있었다. 그렇다면 최소한 양자 역학에 대한 기본 원리도 포함되었어야 했고 양자 역학적 우주 기원론 정도는 소개를 했어야 좋았을 것 같다는 생각을 떨칠 수가 없다. 오히려 상대성 이론과 양자 역학, 우주의 기원에 대한 몇몇 이론을 설명하는 부분을 넣고 은하와 별에 대한 부분은 과감하게 빼 버리는 것이 『모든 사람을 위한 빅뱅 우주론 강의』라는 제목에 더 잘 어울리고 책 자체로서의 완성도도 높이는 구성이 되지 않았을까 하는 생각이 든다.

하지만 이 모든 아쉬움에도 불구하고 『모든 사람을 위한 빅뱅 우주론』은 그 자체로서 여전히 미덕이 더 큰, 반갑고 고맙고 매력적인 책이다.

『마법의 용광로』

마커스 초운. 이정모 옮김.
사이언스북스. 2009년

벼려진 별 먼지, 인간을 짓다

교사들을 대상으로 한 '별과 원소 생성' 강연을 앞둔 시점이었다. 단독 강연이 아니라 '빅 히스토리'라는 큰 제목을 걸고 하는 시리즈 강연 가운데 두 꼭지를 내가 맡은 것이다. 일종의 교사 연수 프로그램이라고 할 수 있었다. 강연 준비는 다 되어 있는데 교사들이 이 주제와 관련해서 참고할 만한 (반드시 읽었으면 하는) 책을 한 권 소개하고 싶었다. 교사들이 읽고 학생들에게도 소개해 줄 만한 정도의 책 말이다. 어려운 정도도 적당해야 하고 가독성도 높아야 할 것이다.

문득 책 한 권이 생각났다. 저자 이름은 잘 모르겠고 제목에 '용광로'가 들어가는 것으로 기억되는 책이었다. 옮긴이는 또렷하게 기억이 났다. 옮긴이에게 문자를 보냈다. "'용광로'가 제목에 들어간 책을 교사에게 추천할 만한가?" 그리고 "이 책에 별 내부에서의 원소 생성 이야기와 초신성 폭발 과정에서의 무거운 원소 생성 이야기가 담겨 있는가?" 정도의 문자였다. 답 문자가 왔다. "교사들에게 추천할 만하다." 그리고 "번역한 지 오래되어서 정확히는 기억이 나지 않지만 그런 내용을 담고 있는 것 같다." 정도의 내용을 담은 문자였다.

당신의 호흡마다 별이 벼린 원자가 있다

옮긴이의 말을 일단 믿고 책을 읽어 보기로 했다. 다행히 내 책꽂이에 있었다. 그리고 이 책을 처음 받았던 날의 상황이 기억났다. 보통 책을 받으면 이리저리 살펴보고 목차도 본다. 그런데 나는 이 책은 펼쳐 보지도 않았다. 아이들을 대상으로 한 책이라고 생각했던 것 같다. 표지의 그림이 아이풍인 것이 그 이유였을 것이다. 내 편견이 작동한 탓일 것이다.

책을 펼쳐서 이리저리 훑어보았다. 내가 원하던 책일 가능성이 높아 보였다. 심지어 이 책의 띠지에는 "영국 과학 교사들의 필독서"라고 표기되어 있었다. 내가 갖고 있던 또 다른 편견을 발견했다. 독일어로 쓰인 책을 번역했을 것이라는 아무 근거도 없는 편견. 물론 이 책을 옮긴 사람의 배경이 이런 편견을 만들어 내는 데에 크게 기여했을 것이다.

마커스 초운(Marcus Chown)의 『마법의 용광로(*The Magic Furnace*)』가 바로 그 책이다. 막 책을 읽기 시작했는데 문자가 왔다. "책을 읽으면서 틀린 곳이 있는지도 살펴봐 달라."라는 옮긴이의 문자였다.

> 당신이 내쉬는 모든 호흡마다 별 깊숙한 곳의 부글거리는 용광로에서 벼려진 원소들이 배어 있다. 별이 폭발해 10억 개의 태양보다 더 밝게 타오르며 우주의 공간 속으로 흩뿌린 원소들이 당신이 꺾은 모든 꽃잎마다 들어 있다. 당신이 읽은 모든 책에는 별 사이로 부는 바람을 타고 불가사의한 시공간의 심연을 날아다니는 원소들이 스며 있다.

프롤로그의 첫 문장이다. '벼려진'을 '버려진'으로 잘못 읽었다. 잠시 첫 문장부터 오탈자를 찾았다고 기뻐했다. 또 '10억'에 문제가 있다고 생각했다. 초신성 폭발을 묘사하는 문장이라면 10억보다는 1000억이 더 어울리는 숫자일 수 있었기 때문이다. 원문에 어떻게 표기되어 있는지 궁금하다. 하지만 숫자 자체를 특정하는 것은 별 의미가 없다. '엄청나게 밝아진다.'라는 의미이면 족할 것이다.

옮긴이는 '벼려진'이라는 단어를 썼다. 어떤 영어 단어를 이렇게 번역했는지는 모르겠지만 '만들어진'이나 '생성된' 정도의 내용에 해당하는 단어였을 것이다. 문득 이 단어가 맛깔스럽고 멋있다는 생각이 들었다. '벼리다'로 사전을 찾아보니 이렇게 나온다.

벼리다 [동사]
1. 무디어진 연장의 날을 불에 달구어 두드려서 날카롭게 만들다.
2. 마음이나 의지를 가다듬고 단련하여 강하게 하다.
유의어: 갈다

뜨거운 별 내부에서 만들어지는 원소를 묘사하기에 아주 적절한 단어라고 생각한다. 『마법의 용광로』 전체에 걸쳐서 이 단어가 적절한 곳에 적절하게 쓰이고 있다. 멋지다.

사실 프롤로그 첫 문장이 바로 내가 강연에서 교사들에게 전하려던 메시지를 압축해 놓고 있다. 우리 몸을 이루고 있는 원소들은 뜨거운 별의 내부에서 만들어졌거나 초신성이 폭발할 때 만들어졌다는 것이다. 우리뿐 아니라 우주 만물을 이루는 원소가 다 그렇다는 것이다. 수천 년 동안 점성술사들은 별이 우리의 삶을 통제한다고 이야기해 왔다. 구체적인 내용을 따지지 않는다면 그들의 생각은 옳았다. 20세기에 이르러 과학의 발전 덕분에 우리가 생각했던 것보다 훨씬 더 긴밀하게 우주의 사건과 연관되어 있다는 사실이 드러났다. 우리 육체는 모두 별의 먼지로 만들어졌다.

결국 우리의 고향은 별의 뜨거운 내부였다는 자각을 교사들에게 전하고 싶은 것이다. 『마법의 용광로』도 궁극적으로는 천문학자들이 개발한 '인간은 생각하는 별 먼지'라는 개념을 이야기하고 있다. 그렇게 우리는 우주와 태곳적부터 지금까지 연결되어 있다는 장엄한 이야기를 하고 싶은 것이다. 우리가 어떻게 우리의 우주적 기원에 대한 놀라운 진실을 밝혀냈는지, 즉 원자를 벼린 마법의 용광로를 어떻게 발견했는지는 아직 들어 보지 못한 위대한 과학 이야기 가운데 하나다. 사실 원자 이야기와 별 이야기, 이 두 이야기는 한데 얽혀 있다. 다른 하나가 없으면 나머지 하나도 없다. 별은 원자의 비밀을 푸는 열쇠이고 원자는 별이라는 퍼즐을 푸는 해답이기 때문이다.

별 먼지가 별의 이야기를 벼려 내다

『마법의 용광로』는 우리가 어떻게 별 먼지가 되었는지, 누가 그런 사실을 알아냈는지, 그것이 왜 중요한지 같은 이야기를 꼼꼼하게 풀어내고 있다. 이 책의 진짜 매력은 이런 거창한 이야기를 원자라는 키워드를 통해서 하나하나 차분하게 '벼려 내고' 있다는 데에 있다. 옮긴이는 또 다른 문자에서, 이 책을 번역할 당시 원소의 생성에 대한 사전 지식이 없는 상태에서 번역을 했다고 고백했지만 내가 보기에 번역에는 별 문제가 없어 보인다. 가독성도 좋다. 이런 책을 뒤늦게나마 만난 것은 행운이다. 강연에서 이 책을 자신 있게 교사들에게 소개했다. 안심하고 '우리는 별 먼지'라는 메시지에 초점을 맞추어서 개괄적인 이야기를 전했다. 자세하고 세세한 이야기를 맛볼 기회는 교사들이 『마법의 용광로』를 읽으면서 느낄 수 있도록 내 강연에서는 양보했다.

이 책이 영국 과학 교사들의 필독서를 넘어서 한국 과학 교사들의 필독서가 되었으면 한다. 충분히 그럴 만한 가치가 있는 책이다. 나도 많이 배웠다. 모르고 있던 많은 내용을 새롭게 알게 되었다. 알고는 있었지만 다른 사람들에게 어떻게 설명해야 할지 당혹스러웠던 내용을 『마법의 용광로』에서 어떻게 설명하고 있는지도 엿보았다.

『마법의 용광로』를 만난 것은 시쳇말로 정말 '대박'이다. 다른 사람들에게 자신 있게 권할 수 있는 책이 한 권 더 생겼다. 언젠가 누구는 "통일은 대박이다."라는 구호를 외쳤다. 내게는 그 구호보다 훨씬 더 현실적이고 구체적인 대박이다.

◆　『마법의 용광로』는 절판되었으나, 현재 재출간을 준비하고 있다고 한다.

『사라진 스푼』

샘 킨. 이충호 옮김.
해나무. 2011년

세상의 모든 것을 이루는 이야기

요즘은 일회용 용기에 담긴 커피를 플라스틱 스틱으로 저어 먹는 일이 흔하다. 원래는 찻잔에 담긴 커피를 티스푼으로 젓는 것이 맞다. 만약 당신이 금속으로 된 스푼을 뜨거운 커피에 넣었는데 스푼이 녹아 사라진다면 어떨까? 샘 킨(Sam Kean)이 쓴 『사라진 스푼(The Disappearing Spoon)』의 제목은 바로 이런 상황을 묘사한 것이다.

갈륨(Ga)이라는 금속은 녹는점이 섭씨 29.8도이다. 우리나라의 여름철 같이 낮 기온 섭씨 30도가 넘는 더위라면 녹아서 액체가 되겠지만, 대개는 고체 상태로 존재한다. 갈륨으로 만든 스푼을 뜨거운 커피에 넣으면 녹아내릴 것이고, 옆에서는 화학자가 낄낄거리고 있을 것이다.

이 책은 원자에 대한 이야기를 담고 있다. 원자들은 저마다의 이야기를 가지고 있다. 모든 사람들이 자신만의 이야기를 가지고 있듯이 말이다. 세상의 모든 물질은 원자로 되어 있다. "세상은 무엇으로 되어 있나?" 하는 오래된 철학적 질문의 답이다. 자연적으로 존재하는 원자는 92개이지만, 인공으로 만든 것까지 고려하면 원자의 종류는 118개에 이른다. 핵물리학자들이 얼마나 열심히 하느냐에 따라 이 숫자는 더 늘어날 수도 있다.

주기율표, 화학 왕국의 세계 지도

원자는 원자 번호로 구분된다. 원자 번호를 원자의 주민 등록 번호라고 봐도 무방하다. 갈륨의 원자 번호는 31이다. 이 숫자는 원자핵에 존재하는 양성자의 수를 나타내지만, 이런 걸 몰라도 앞으로의 이야기를 전개하는 데에 아무 문제 없다. 사실 원자의 이름 따위는 필요 없다. 원자 번호만 있으면 충분하다. 이름을 쓰는 것은 순전히 역사적인 이유 때문이다. 초기에는 원자 번호가 없었기 때문이다. 그래도 '24651'이라고 부르는 것보다 '장 발장'이라고 부르는 게 인간적이라는 생각은 든다.

원자들을 원자 번호 순서로 "적당히" 배치하면 주기율표가 된다. '적당히'가 뭔지 궁금한 사람은 인터넷에서 주기율표를 찾아보면 된다. 학창 시절 "수헤 리베부신오프네 나마알시프스염아……" 하고 원자 이름을 외우던 기억이 난다. 적당히 배치된 주기율표의 세로줄에 위치한 원자는 화학적으로 비슷한 성질을 갖는다.

화학자의 주기율표는 지리학자의 세계 지도와 같다. 주기율표에서는 위치가 곧 원자의 성질을 결정하니까 지도는 은유가 아니라 직유다. 화학자라면 눈 감고 주기율표의 세계를 여행할 수 있다. 눈 감고 서울 지도를 떠올리며 상상 여행을 할 수 있듯이 말이다.

주기율표의 동쪽 끝에는 고요한 아침의 나라들이 있다. '불활성 기체'가 사는 세상으로, 이들은 다른 원자와 거의 반응하지 않는다. 헬륨(He), 네온(Ne), 아르곤(Ar) 등이 여기에 속한다. 이들은 원자 단독으로 기체가 되어 돌아다닌다. '나홀로 족'이라 할 만하다. 한편 불활성 기체 바로 서쪽 이웃에는 '할로겐 족'이라는 호전적인 기체 원자들이 살고 있다. 그 가운데 북쪽 끝에 최강 전투력을 가진 불소(F)가 있다. 2012년 구미에서 누출된 불산이 바로 불소와 수소의 화합물이다. 연구실에는 각종 사고에 대한 행동 지침이 있다. 불산에 대한 지침은 간단하다. 그냥 도망가라는 것이다. 불소 남쪽 이웃은 염소(Cl)다. 제1차 세계 대전에서 독일군이 독가스로 사용한 기체다. 온갖 생명체를 죽이는 데에 뛰어나기 때문에 세제나 표백제에 사용된다.

주기율표의 서쪽 끝에도 알칼리 금속이라는 호전적인 원자들이 산다. 할로겐과 알칼리, 가장 사나운 두 집단이 동서 양단에서 주기율표 평원을 사이에 두고 마주 보는 형국이다. 나트륨(Na), 칼륨(K) 같은 알칼리 금속은 순수한 상태로 고체를 만들면 물만 닿아도 폭발한다. 하지만 이들이 전자를 하나 잃고 이온이 되면 인체에 없어서는 안 될 필수 요소가 된다. 당신이 이 글을 읽는 동안 뇌세포를 통해 전달되는 전기 신호가 바로 나트륨과 칼륨 이온의 이동으로 만들어진다.

동서의 호전적인 두 원자가 만나면 안정한 화합물을 형성한다는 것은 흥미롭다. 그 대표적인 예가 염소와 나트륨의 화합물인 염화나트륨으로, 흔히 '소금'이라 불리는 물질이다. 플라톤은 『향연』에서 모든 존재는 자신의 잃어버린 반쪽을 찾으려 한다고 했는데, 소금이 좋은 예다.

주기율표의 중앙 평원에는 전이 금속이 산다. 사실 주기율표 세상에는 금속이 75퍼센트다. 이들은 반짝거리는 차가운 고체다. 전이 금속은 (이런 짧은 글에서 설명하기 힘든) 양자 역학적인 이유로 서로 성질이 비슷하다. 그래서 언제나 여러 금속 원자가 뒤섞여 존재한다. 성질이 비슷하니 분리하기도 어렵다. 주기율표 남쪽에는 란탄 족과 악티늄 족이라는 금속 원소가 사는 작은 대륙이 있는데, 이들도 언제나 뒤섞여 존재한다.

다른 금속과 잘 어울리지 않는 특이한 금속으로 금(Au)이 있다. 더구나 금은 다른 원소들과도 잘 반응하지 않는다. 대부분의 금속은 시간이 지남에 따라 산화되어 녹슬거나 빛이 바래지만, 금은 오랫동안 광채를 잃지 않는다. 단지(!) 이 때문에 금은 인류의 역사에서 가장 중요한 금속의 지위를 차지하게 된다. 하지만 텔루르(Te)라는 원자가 금과 결합할 수 있다. 텔루르 화합물 가운데 '캘러버라이트'라는 것이 있는데, 이것도 금처럼 노란색을 띤다. 물론 금과는 다른 색이지만, 잘 모르는 사람은 금으로 오해하기 십상이다. 골드러시 시절의 미국에서 이와 관련한 해프닝이 있었다. 해넌 스파인드는 사막에 위치한 전형적인 금광 도시였다. 금이 발견되고 처음 몇 달은 물보다 금이 풍부했다고 한다. 금을 채취하고 남은 돌로 도시가 건설되었다. 얼마 지나지 않아 캘러버라이트에서 텔루르를 제거해 금을 손쉽게 추출할 수 있다는 것이 알려진다. 사람들은 그동안 내다 버린 돌덩어리가 캘러버라이트임을 깨닫는다. 사람들이 쓰레기 뒤지기부터 시작해 포장 도로, 인도, 굴뚝을 차례로 박살 낸 것은 물론이다.

사람을 만드는 원자, 사람을 죽이는 원자

전이 금속은 서로 뒤섞이기 쉽기 때문에, 어떤 원자는 치명적인 독이 되기도 한다. 아연(Zn)은 우리 몸에 꼭 필요한 금속 원소다. 주기율표에서 아연 바로 남쪽에 비슷한 성질을 갖는 카드뮴(Cd)이 있다. 카드뮴이 몸에 들어오면 아연을 대체한다. 불행히도 카드뮴은 아연이 생체 내에서 수행하는 역할을 대신하지 못한다. 카드뮴이 몸에 축적되면 뼈가 약해진다. 한 의사는 카드뮴에 중독된 여자아이의 맥박을 재다가 손목을 부러뜨린 경우도 있었다.

아연은 전차, 비행기, 탄약 같은 무기를 만드는 데에도 필요하다. 군국주의 시대 일본은 가미오카 아연 광산에서 아연을 정제하고 남은 카드뮴 찌꺼기를 하천에 흘려 버렸다. 이 오염 물질은 지하수로 흘러들었고 1940년대가 되자 많은 사람들이 이상한 질병을 호소하기 시작했다. 그 유명한 이타이이타이병이다. 카드뮴 문제를 세상에 알린 사람은 현지 의사 하기노 노보루였다. 예상할 수 있지만, 문제의 광산 운영에 책임이 있는 미쓰이 금

속 광업은 사건을 은폐, 조작하려 한다. 10년의 공방 끝에 미쓰이는 결국 보상금을 지불하기 시작했다. 일본 영화 「돌아온 고지라(ゴジラ)」(1984년)를 보면 일본 정부가 고지라를 죽이기 위해 카드뮴 폭탄을 준비하는 장면이 나온다. 카드뮴에 대한 일본인의 공포를 느낄 수 있다.

지금까지 맛보기로 이 책에 나오는 원자들의 이야기 몇 가지만 골라 소개해 보았다. 이 책은 이런 흥미로운 이야기로 가득하다. 모든 것은 원자로 되어 있다. 따라서 세상 모든 것의 이야기는 원자의 이야기이기도 하다. 스푼은 사라질 수 있지만, 원자는 영원불멸한다. 원자가 만드는 이야기도 그러하다.

『다윈의 식탁』

장대익.
바다출판사. 2014년

다윈주의자들의 '향연'

늘 논쟁의 대상이 되는 주제가 있다. 진화가 그렇다. 일단 지적 설계론자에게 지속해서 공격을 받는다. 일군의 학자들이 참다가 발끈해 맹렬하게 역공을 편다. 지켜보는 처지에서 신난다. 싸움 구경만큼 재밌는 게 어디 있던가. 더욱이 무력을 동반한 싸움이 아니라 오로지 논리에 기댄 싸움만큼 흥미로운 건 없다.

또 있다. 진화를 인정하는 학자끼리 싸운다. 적전 분열인가? 그렇지는 않다. 진화를 확고하게 받아들이지만, 이런저런 문제로 티격태격한다. 자존심 대결의 흔적도 보인다. 인신공격도 삼가지 않는 분위기라 그렇다. 어설프게 관전한 소감을 말하자면, 한쪽은 자꾸 결정론으로 흐른다는 비판을 받는다. 특히 많은 쟁점을 유전자 수준으로 환원해서 단칼에 해결하려고 한다. 더 수학적이고 더 실증적 근거가 풍부하고 더 세련되어 보이고 더 많은 학자가 이쪽 진영에 포진해 있는 듯싶다. 다른 진영은 과학의 독립성을 무시하고 지나치게 사회적 맥락에서 파악하려 한다는 비난을 듣는다. 결정론이 품고 있는 보수적이고 패권적인 흐름에 민감하게 반응한다. 더 이론적이고 더 냉소적이고 더 정치적으로 바르게 보인다. 그러나 증거는 제한되어 있고 지지 세력은 약해 보이며 과거의 명성에 의존하는 듯싶다. 386세대 출신의 정치인 같다. 다행이라면 신진 세력이 합류하고 있다는 점. 두 집단의 공통점을 꼽으라면 믿음의 조상으로 찰스 로버트 다윈(Charles Robert Darwin)을 섬기고, 다들 천재성을 보이는 데다, 글도 잘 쓰고 시쳇말로 말발도 세다는 점이다.

진화를 부정하는 세력과 벌이는 싸움은 싱거워 보인다. 이성적이고 객관적인 태도로 논쟁을 지켜보면 진화론을 손들게 되어 있다. 그런데 더 치열한 것은 진화론 내부의 논쟁이다. 왜들 그러나 싶게 상대방에 대한 비판을 삼가지 않는다. 하긴, 아브라함을 믿음의 조상으로 섬기는 그 많은 종교, 그러니까 유대교, 가톨릭교, 개신교, 이슬람교 사이의 배척 의식을 떠올리면 일견 이해가 간다. 그런데 교양 수준에서 보자면 다윈의 후예들이 벌이는 논쟁을 일목요연하게 정리하고 이해하기 어렵다는 문제가 있다. 논의 수준이 높고 깊은 데다 쟁점과 토론 결과를 한데 모아 놓은 책이 없기 때문이다. 장대익의 『다윈의 식탁』이 차지하는 위상은 바로 이 지점이다. 진화론에 동의하지만, 진화학자 내부의 논쟁점을 정확히 알지 못하는 교양 과학 독자들이 느끼는 지적 갈증을 속 시원히 해결해 준다는 말이다.

지적 갈등을 시원히 씻어 준 여섯 식탁

『다윈의 식탁』은 구상부터가 신선하다. 2002년 5월, 세계적인 진화 생물학자 윌리엄 해밀턴(William Hamilton)의 장례식이 치러졌다. 명성에 걸맞게 유명한 진화학자들이 장례식에 모여든 바, 킴 스터렐니(Kim Sterelny)와 엘리엇 소버(Elliott Sober)가 진화를 둘러싼 그간의 논쟁을 톺아보는 끝판 토론회를 열어 보자고 제안했다. 토론 방식은 리처드 도킨스(Richard Dawkins) 팀과 스티븐 제이 굴드(Stephen Jay Gould) 팀으로 나누어 닷새 동안은 쟁점별로 토론하고 마지막 날에는 도킨스와 굴드의 공개 강연과 종합 토론으로 마무리하기로 했다. 그런데 이 토론회가 매일 오후 5시에 모여 저녁 식사를 함께한 다음, 오후 7시부터 2시간 동안 토론을 하는 형식인지라, '다윈의 식탁'이라 장대익이 명명했다. 토론은 BBC와 《네이처(Nature)》를 통해 전 세계에 중계되었다. 눈치 챘겠지만 다 가상으로 한 말이니, 저자가 얼마나 너스레를 잘 떤 건지 짐작할 수 있을 터이다.

첫날의 주제는 자연 선택의 힘이다. "자연 선택의 힘이 얼마나 강력한 지, 적응인 것과 적응이 아닌 것을 어떻게 구분할 수 있는지"와 "인간의 마음과 행동도 자연 선택의 산물, 즉 '적응'이라고 볼 수 있는지"를 다룬 다. 이 장은 강간이 과연 적응인가를 주제로 논의가 시작되는지라 초반부 터 뜨겁게 진행된다. 저자는 적응을 윤리적 잣대로 판단하면 안 된다고 하면서도 『강간의 자연사(*A Natural History of Rape*)』를 쓴 랜디 손힐(Randy Thornhill)과 그를 지지한 스티븐 핑커(Steven Pinker), 레다 코스미데스(Leda Cosmides)의 진영 논리를 비판한다. 굴드 쪽은 20년 전 사회 생물학을 비판 할 적의 논리를 반복한다는 비판을 받는다.

둘째 날의 주제는 "이타적인 행동은 어떻게 진화할 수 있는가?"인 바, 이 주제는 자연 선택이 유전자, 개체, 집단 가운데 어느 수준에서 작용하는 가를 놓고 벌이는 논쟁이다. 저자는 다수준 선택론에 힘을 싣는다. 단세포 끼리 협력해 더 큰 다세포를 만드는 과정에서 배신의 문제를 해결했으리 라 본다. 통시적 관점에 서면 다수준 선택론이 생명의 진화를 이해하는 데 에 도움이 된다는 말도 덧붙였다.

셋째 날의 주제는 유전자의 정체다. 진화학자 사이의 난맥상을 보여 주 는데, "유전자를 발생 오케스트라를 이끄는 지휘자로 보는 관점과 오케스 트라의 한 단원으로 보는 견해"가 충돌한다. 저자는 이들의 레토릭(수사) 을 변형해 요리법에 비유함으로써 자신의 관점을 드러낸다. 요리사는 요 리법에 맞추어 음식을 하지만, 재료 선택과 조합 방식이 사람마다 다른 법 이라, 서로 다른 맛을 내는 요리를 선보이게 된다. "유전자가 기본적으로 발생 과정을 지시하기는 하지만 주변 환경과 어떻게 상호 작용했느냐에 따라 최종 산물이 결정된다."라는 것.

넷째 날의 주제는 진화의 속도와 양상. 가만히 보면 진화학자 사이에 치열한 공방이 벌어지는 주제는 대체로 다윈도 곤혹스러워했던 주제다. 그 하나는 앞에서 살핀 이타성 문제이고, 두 번째는 진화의 속도였다. 기본적으로는 진화가 점진적으로 일어난다고 보았지만, 불연속적인 화석 기록 때문에 도약적인 진화의 가능성을 열어 두었다. 익히 알려져 있듯 이 지점을 잘 파고든 이가 굴드인데, 대니얼 데닛(Daniel Dennett)의 비유에 기대면 멀리뛰기에서 도움닫기 할 때의 보폭과 점프할 때의 보폭이 매우 다르듯, 진화가 도약하듯 이루어진다는 단속 평형론을 제기했다. 저자는 이 주제와 관련해 '이보디보'의 출현으로 굴드의 관점이 좀 더 지지받고 있다는 점을 밝혀 놓았다.

다섯째 날의 주제는 '생명은 진보하는가?'이다. 생명의 역사를 두고 도킨스 쪽은 적응과 생성을 강조하고, 굴드 쪽은 우발성과 소멸을 돋을새김한다. 도킨스는 "최초의 복제자로부터 염색체가 생기고, 이어서 원핵세포, 감수 분열과 성, 진핵 세포, 그리고 다세포 등이 출현했던 생명의 거대 파노라마"를 떠올려 보라며 생명의 진보성을 주장한다. 이에 맞서 굴드는 "진화 역사의 몸통에 해당하는 박테리아를 간과한 채 꼬리 끝에 붙은 한 움큼의 털에 불과한 인간만 보고, 복잡성 증가를 진화의 추세로 삼는 것은 꼬리로 몸통을 흔들려는 잘못된 시도"라고 주장한다. 주목할 부분은 이 논쟁에서 도킨스의 과학주의(과학의 신빙성에 대한 강한 신뢰)적 면모와 굴드의 사회 구성주의(과학이 사회적 이념에 오염될 가능성을 인정)적 풍모가 드러난다는 점이다.

마지막 날은 진화와 종교를 다루었다. 잘 알려져 있듯 도킨스는 종교가

'기생 밈'이라 주장한다. 굴드는 과학은 암석의 연대를 알아내고 종교는 만세 반석을 찾는다며 "과학과 종교가 '중첩되지 않은 앎의 권역들'에 속한다."라고 주장한다. (이 주제를 더 깊이 공부하고 싶다면 저자가 공저자로 참여한 『종교 전쟁』을 읽어 보길!)

능청스러운 진화학자의 탁월한 입문서

『다윈의 식탁』은 가상 대담 형식으로 구성한지라 잘 읽히는 데다 각 패널의 발언은 그들의 주저를 바탕으로 저자가 잘 풀어 놓아 정보량도 많다. 기실 수십 권의 책을 읽어야 이해할 수 있는 진화를 둘러싼 일대 논쟁을 요령껏 이해할 수 있는 미덕이 있다. 어찌나 능청스럽게 글을 써 냈던지, 실제 있었던 일인 줄 알고 독자가 보낸 메일을 받았다는 연재 당시의 일화가 전할 정도다. 그러니 저자 말대로 진화한 진화론을 알고 싶다면, 이 책을 읽어 보면 된다.

개인적으로는 이 책이 과학 정신의 한 면을 잘 담고 있다는 점에서 매력을 느꼈다. 아무리 다윈의 영향 아래 있더라도 그 이론의 빈틈을 드러내 다른 사유의 지평을 열어 가려는 치열한 비판 정신, 그리고 도킨스와 굴드로 상징되는 두 진영이 토론과 논쟁을 치열하게 벌이며 새로운 진화론을 세워 나가고 있다는 사실이 그것이다.

압도적 진리를 인정하고 그것을 신봉하는 것은 과학 정신이 아니다. 끊임없이 합리적 비판 정신으로 앞선 세대의 지적 결과물을 전복해 인식의 새 지평을 여는 것이 과학 정신이다. 진화를 둘러싼 논쟁을 지켜보며 진보는 어디서 비롯하는지 알게 되는 기쁨도 누렸다는 말이다.

『개미제국의 발견』

최재천.
사이언스북스. 1999년

개미에게 배워라!

내 나이는 46억 살이다. 내가 생명을 품을 정도로 성숙하는 데에는 자그마치 8억 년이나 걸렸다. 그때부터 생명은 내게 적응하면서 종류와 개체 수를 불려 나갔다. 그 어떤 생명도 나를 해치지는 않았다. 오히려 내가 바꾼 환경에 그들이 적응하지 못해서 사라지는 일이 반복되었다. 멸종한 그들에게는 미안한 일이지만 그것이 자연의 이치다. 그들이 자리를 비켜 주어야 새로운 생명이 등장할 공간이 생기기 때문이다. 그 어떤 생명도 영원할 수는 없다. 개체마다 종마다 수명이 있다. 끊임없이 변화하는 환경에 적응하는 새로운 생명이 생겨나는 것, 그것이 바로 진화이고 나는 진화의 산실이다. 그렇다. 나는 지구다.

수많은 멸종과 다섯 차례의 대멸종은 내가 정한 일이다. 당연하다. 어쨌든 내가 자연 그 자체이니까. 그런데 불과 1만 2000년 전부터 나는 참으로 황당한 일을 당하고 있다. 침팬지와의 공통 조상에서 갈라선 지 700만 년 만에 등장한 호모 사피엔스는 자기 멋대로 산다. 내가 만들어 놓은 환경에 적응하기는커녕 환경을 제멋대로 바꾼다. 멀쩡하던 벌판에 불을 지른다. 돌과 물이 오랜 시간에 걸쳐서 타협한 끝에 적절한 곳에 만들어 놓은 물줄기를 제멋대로 돌려놓는다. 거대한 포유류들을 삽시간에 멸종시키고 내가 애써 일구어 놓은 종의 다양성을 어떻게든 줄이기 위해 모진 애를 쓴다. 이것을 저들은 '농사'라는 그럴싸한 단어로 포장한다.

호모 사피엔스는 자기가 지금의 생태적 위치, 그러니까 생명의 어머니인 나를 맘대로 파헤치고 수탈하는 지위에 오르기까지 자그마치 세 번이나 중대한 혁신을 이루었다고 주장한다. 기원전 7만 년경의 인지 혁명, 기원전 1만 년 전의 농업 혁명, 그리고 500년 전의 과학 혁명이 그것이다. 좋다. 나도 세 번의 혁명 가운데 두 가지는 호모 사피엔스만이 이룬 일이라고 인정한다. 하지만 잘 들어라. 농업 혁명은 너희만 이룬 일도 아니고, 너희가 가장 먼저 한 일도 아니라는 것을 말이다.

농업 혁명, 중요하다. 농업 덕분에 너희에게 전염병도 생기고, 전문가와 정치 조직, 해양 기술과 전쟁 기술도 생겼으니까 말이다. 그걸 '문명'이라고 한다지? 이게 재러드 다이아몬드(Jared Diamond)라는 호모 사피엔스가 그 두꺼운 『총, 균, 쇠(Guns, Germs, and Steel)』에서 한 말이다. 그런데 말이다. 내가 묻겠다. 농업 혁명을 이루고 났더니 살림살이 좀 폈는가? 농업 혁명 이전에 호모 사피엔스들은 하루에 두세 시간만 일하면 충분했다. 사나흘에 한 번만 사냥 나가면 체온을 유지하는 데에 문제가 없었다. 왜 혁명을 했는데, 혁신을 이루었는데 삶은 더 팍팍해졌는지 답답하지 않은가?

농경 생활은 개미의 발명품

호모 사피엔스들은 잘 들어라. 내 안에서 가장 먼저 농경 생활을 시작한 생명은 너희가 아니다. 이미 5000만 년 전에 개미들이 시작한 일이다. 벌써 기분 상할 필요는 없다. 호모 사피엔스의 농업은 나쁘고 개미의 농업은 좋다고 이야기하려는 게 아니니까 말이다. 개미는 너희 호모 사피엔스보다 더 심하면 심했지 덜하지는 않다.

농사라는 단어에는 계급이라는 단어가 따라오기 마련이다. 개미들도 농사꾼이 따로 있다. 그리고 전투병, 보초병, 짐꾼으로 철저하게 분업을 한다. 분업이 얼마나 철저한지 번식마저 분업을 통해 해결한다. 자기 스스로 자식을 낳아 키우기를 포기하고 평생토록 여왕을 보좌하는 일개미의 행동처럼 불가사의한 일도 나 지구에게는 또 없을 것이다. 개미 사회의 자본은 축적해 놓은 식량이고, 이들이 궁극적으로 생산하는 제품은 차세대 여왕 개미와 수개미들이다. 일개미들은 제품을 만들기 위해 있는 기계 설비에 지나지 않는다.

내가 품은 생물 중에서 최초의 농사꾼은 잎꾼개미다. 지금도 아메리카 대륙의 열대 지방 전역에 살고 있다. 이들은 자기 몸보다 더 커다란 이파리를 입에 물고 수백 미터의 행렬을 이룬다. 그들이 이파리를 먹는다면 농사꾼이라고 부를 수는 없을 터. 잎꾼개미들은 이파리로 버섯을 키운다. 지금 버섯을 키우는 개미는 200종이 넘는다. 잎꾼개미처럼 나뭇잎으로 버섯을 키우는 종이 있는가 하면, 동물의 똥이나 썩은 시체에서 버섯을 키우는 개미도 있다.

개미에게도 가축이 있다

농사와 가축은 한몸이다. 개미가 농사를 짓는데 가축이라고 기르지 않 겠는가? 너희 호모 사피엔스가 소와 돼지를 키운 게 언제부터인지는 정확 하지 않지만 한 곳에 정착해 살면서 농사를 지은 다음부터인 것은 분명하 다. 개가 첫 번째 가축이기는 한데, 사실 너희가 늑대를 개로 길들였다기보 다는 늑대가 자신들을 보살피고 자신들과 놀아 줄 상대로 너희를 선택했 다고 보는 게 맞다. 개미는 진디를 키운다. 진디가 식물에서 빨아들인 영양 분을 받아먹는다. 마치 풀을 먹고 젖을 만든 소에게서 너희 호모 사피엔스 들이 우유를 받아먹는 것처럼 말이다. 너희가 쇠고기와 우유를 얻으려면 그들을 포식자로부터 지켜야 하듯이, 개미도 무당벌레나 풀잠자리 같은 사나운 곤충에게서 진디를 보호한다. 진디를 키우는 개미는 식량의 75퍼센트를 진디에게서 빨아먹는 단물로 채운다. 그야말로 낙농 전문 개미인 셈이다.

잎꾼개미 군집이 분가를 할 때, 그러니까 새로운 여왕개미를 내보낼 때 씨버섯 한 줌을 입 속에 있는 조그만 주머니에 넣어서 신혼 지참금으로 보내는 것처럼, 진디를 키우는 개미들은 진디 떼를 몰고 다닌다. 그걸 호모 사피엔스들은 '노마드'라고 부른다.

가축을 키우는 개미들은 가축을 들판에 놓아서 키우기도 하고 우리에 가둬서 키우기도 한다. 어떤 개미는 아예 집안에 들여다 놓고 키운다. 호모 사피엔스가 키우는 가축들이 초식 포유류이듯이, 개미들이 가축으로 키우는 곤충들도 몸이 연하고 방어 능력이 없는 초식 동물들이다. 호모 사피엔스가 늑대를 선택한 것이 아니라 늑대가 호모 사피엔스를 선택해서 개가 되었듯이, 진디도 개미를 선택했다.

진디는 식물의 즙을 빨아먹을 때 그 안에 지나치게 많은 물을 몸 바깥으로 배설해야 한다. 이때 일부 당분도 빠져나간다. 그러면 어떤 일이 생길까? 주변이 끈적끈적해질 것이다. 냄새도 날 것이고 이 냄새를 맡고 포식자들이 나타나고 곰팡이가 피고 병균이 꼬일 것이다. 진디는 자신들을 위해 청소를 대신해 줄 존재가 필요했다. 그것이 바로 개미다.

개미 사회는 인간 사회의 거울

개미들은 호모 사피엔스 못지않은 거대한 경제 사회를 구성했다. 당연히 계급이 철저히 나뉘었다. 심지어 노예를 부려 먹는 동물이다. 신분 상승은 꿈도 꾸지 못한다. 오로지 자기 희생을 바탕으로 유지되는 문화를 가지고 있다. 왕권이 얼마나 강력한지 푸틴이나 김정은과 같은 인간 독재자는 견줄 수도 없을 지경이다. 조금만 수틀리면 전쟁을 일으킨다. 대량 학살은 그들 세계에서는 뉴스거리도 아니다.

호모 사피엔스가 먹이 사슬의 최정점에 서게 된 결정적인 계기는 언어 능력 때문이다. 개미도 대화를 한다. 그들은 음파 같은 물리적인 요소 대신 페로몬이라는 화학적인 방식으로 대화를 한다. 화학 언어는 매우 효율적이다. 페로몬 1밀리그램으로 나를 세 바퀴나 돌 만큼 긴 냄새 길을 만들 수 있다.

개미는 여러모로 호모 사피엔스들에게 자신을 돌아볼 수 있는 거울과 같은 존재다. 그런데 호모 사피엔스들은 어지간히도 개미에 대해 잘 모른다. 호모 사피엔스 개체 중 상당수는 1993년 프랑스 작가 베르나르 베르베르(Bernard Werber)의 『개미(*Les Fourmis*)』 3부작을 읽고서야 개미에 대해 진지하게 생각하기 시작했다. 화학자들은 개미의 소통 수단 가운데 하나인 페로몬의 세계에 깊게 빠져들었다. 페로몬은 생화학 물질이다. 일정한 패턴이 있어서 그 세계를 탐구하는 것은 시간의 문제일 뿐이다.

그런데 개미의 세계는 그야말로 오리무중이었다. 내 안에서 살고 있는 개미는 최소한 1만 2000종에 달하며 그들의 몸무게를 모두 합하면 72억 5000만 명에 달하는 인류의 무게와 맞먹는다. 세계는 넓고 개미는 많다. 그렇다면 개미에 대한 정보는 어디서 얻을 수 있을까? 도감에는 몇 종류 나오지도 않으며 특별한 설명도 없다. 기껏해야 개미는 흰개미와는 아무런 관련이 없고 대신 벌과 같은 목(目)에 속한다는 정도만 실려 있다. 개미에 대한 과학도의 관심을 불러일으킨 주체가 소설이니 오죽하겠는가!

대중의 과학화를 시도한 한국의 첫 과학책

1992년 10월 31일부터 나는 합법적으로 자전과 공전을 할 수 있게 되었다. 당시 너희들의 교황 요한 바오로 2세가 갈릴레오 갈릴레이에 대한 종교 재판의 오류를 공식적으로 인정하고 갈릴레이의 후손들에게 사과했기 때문이다. 그로부터 6년 후인 1999년부터 한국 사회에서 개미의 위치가 달라졌다. 개미는 아직 학교에도 다니지 않는 아주 어린 아이들만의 관심 대상에서 지식인의 관심 대상이 된 것이다. 이유는 간단하다. 『개미제국의 발견』이 나왔기 때문이다. 이 책이 나오자 상황은 극적으로 달라졌다. 이 책의 부제는 "소설보다 재미있는 개미 사회 이야기"다. 부제에서 말하는 소설의 작가는 아마도 베르베르일 것이다.

부제는 옳다. 정말이다. 소설보다 재미있는 과학책이다. 이 책은 재미있기만 한 게 아니다. 한국 교양 과학 도서를 전혀 다른 차원으로 끌어올렸다. 정확히 '과학책'인 것이다. 과학과 대중의 소통에 관심 있는 과학자들은 그때까지 오로지 '과학의 대중화'만을 이야기했다. 어려운 과학을 단지 쉽게 설명하는 데에 무진 애를 썼지만 별다른 성과는 없었다. 이 책은 '대중의 과학화'를 시도한 첫 번째 과학 교양서라고 할 수 있다. 단지 과학에 쉽게 접근하는 데에 그치지 않고 과학의 본령으로 대중 끌어올리기를 시도했고 성공했다.

저자 최재천 교수는 국립 생태원 원장으로 일하면서 국립 생태원을 단번에 세계적 수준으로 끌어올렸다. 지금 국립 생태원에 가면 잎꾼개미와 베짜기개미를 실제로 눈앞에서 볼 수 있다. 과학 전시가 얼마나 아름다울 수 있는지 확인해 보시라. 기회가 오랫동안 계속되는 게 아니다. 서둘러야 한다.

지금은 여섯 번째 대멸종기다. 호모 사피엔스들은 이것을 '인류세'라고 부른다. 지난 다섯 번의 대멸종은 지구인 내 의지대로 이루어진 일이었다. 하지만 이번 여섯 번째 대멸종은 내가 아니라 호모 사피엔스 자신에게 그 원인이 있다는 것을 인정한 것이다. 참으로 염치 있는 자세다.

인류세는 인간의 생물량이 너무 많아서 생긴 일이다. 72억 5000만 명을 모두 모으면 가로, 세로, 높이 2킬로미터의 상자를 가득 채울 수 있다. 그런데 개미도 마찬가지다. 그 정도 있다. 그런데 아무도 지금을 개미세라고 부르지는 않는다. 개미는 최소한 1만 2000종은 있기 때문이다. 개미는 1만 2000개의 생태적 틈새(niche)를 채우면서 생태계의 먹이 그물을 촘촘하게 유지하지만 호모 사피엔스는 겨우 한 개의 틈새만을 차지하기 때문이다.

내가 보기에 호모 사피엔스와 개미는 아주 비슷하면서도 다르다. 개미에게 좀 배워라. 그래야 조금이라도 더 지속 가능하지 않겠는가!

『초파리』

마틴 브룩스. 이충호 옮김.
갈매나무. 2013년

처음 그곳에 초파리가 있었다

2017년 노벨 생리·의학상은 '생체 시계'의 비밀을 밝힌 세 명의 과학자에게 돌아갔다. 하지만 만약 5년 전, 혹은 10년 전에 똑같은 업적을 놓고서 노벨상을 줬다면 수상자의 이름은 상당히 달랐을 것이다. 생체 시계의 비밀을 파헤친 기념비적인 논문을 1971년 처음으로 발표한 과학자는 시모어 벤저(Seymour Benzer)와 로널드 코놉카(Ronald Konopka)였으니까.

사제 관계였던 두 과학자는 어떤 유전자에 돌연변이가 일어난 초파리의 생체 리듬이 24시간 주기가 아니라 제멋대로라는 사실을 발견했다. 이들이 발견한 '피리어드(period)' 유전자는 이번에 노벨상을 받은 세 명의 과학자를 포함한 여럿이 생체 시계에 관심을 가지게 된 결정적 계기가 되었다. 하지만 이 둘은 공교롭게도 세상을 일찍 떠서 노벨상을 수상하지 못했다.

노벨상을 놓친 벤저와 코놉카와 함께 기억해야 할 또 다른 주인공은 바로 초파리다. 돌연변이 초파리 덕분에 생체 시계의 작동 원리가 피리어드 유전자와 1994년 뒤늦게 발견한 '타임리스(timeless)' 유전자의 상호 작용이라는 사실을 알았다. 마틴 브룩스(Martin Brookes)의 『초파리(Fly)』는 바로 이런 현대 생명 과학의 숨은 공신에게 보내는 찬가다.

초파리와 생명 과학의 만남

한 초파리 연구자가 이 책을 추천해 온 사실을 알고 있었지만 선뜻 손이 가지 않았다. 300쪽도 안 되는 짧은 분량에 성기게 편집된 책이 갖는 정보의 밀도가 빤해 보였기 때문이다. 그래서 '과학 고전 50'의 한 권으로 이 책이 정해졌을 때도 '목소리 큰 누군가가 고집을 부렸군.' 하면서 삐딱하게 생각했다.

그런데 책을 펼치고 몇 쪽을 읽자마자 낯부끄러웠다. 정말로 고전이 될 만한 좋은 책을 그동안 거들떠보지도 않았던 것이다. 2003년에 처음 번역이 되었을 때는 물론이고 2013년에 같은 번역에 출판사를 바꿔서 두 번째로 책이 나왔을 때도 펼쳐 보지 않았다니! 책을 읽는 내내 뒤늦게 어두운 눈을 자책했다.

평소 훌륭한 과학책은 세 가지 조건을 충족해야 한다고 생각해 왔다. 첫째, 정보의 충실함. 둘째, 훌륭한 글쓰기. 셋째, 기존의 통념을 뒤흔들 만한 관점의 제시. 장담컨대 『초파리』는 바로 이 세 가지를 모두 갖춘 책이다. 가장 먼저 시선을 잡아챈 것은 유머가 적절히 섞인 매력적인 글쓰기였다. 예를 들어 다음 대목을 읽어 보자.

> 모건과 초파리가 우연히 만난 사건은 곧 두 기회주의자의 만남에 관한 이야기이다. 한쪽은 키가 크고 턱수염을 더부룩하게 기른 남자로 실험 과학에 광적으로 열중했고, 다른 한쪽은 작은 몸에 온몸이 털로 뒤덮인 동물로 실험적인 짝짓기에 광적으로 열중했다. 생산적인 것을 열렬하게 추구하는 비슷한 열정으로 맺어진 이 둘의 환상적인 결합은 결국 실험실에서 놀라운 결과를 낳았다.

초파리와 과학자 토머스 헌트 모건(Thomas Hunt Morgan)의 이야기를 시작하면서 이렇게 너스레를 떨다니! 초파리에 푹 빠진 이 과학자는 "1년 내내 번식하며 12일마다 새로운 세대"가 생기는 이 새로운 실험 재료를 찬양하며 훗날 모든 생물학 교과서의 한 장을 장식할 업적을 쌓았다. 그는 그레고어 멘델(Gregor Mendel)의 유전 법칙을 실증하고, 유전자가 염색체 위에 존재함을 확인하면서 현대 유전학의 문을 열었다.

초파리로 보는 20세기 생명 과학의 역사

모건의 초파리 실험으로 시작한 이 책은 종횡무진하면서 초파리 연구를 통해서 발견한 여러 가지 생명 과학의 성과를 소개한다. 이 책 한 권만으로도 20세기 생명 과학의 역사를 정리하는 느낌이다. 과장이 아닌 게 찰스 다윈의 진화론에 대한 과학자의 논쟁 같은 고전적인 생명 과학의 주제부터 초파리의 유전체 분석까지 총망라하고 있기 때문이다.

생명 과학에 어느 정도 지식이 있는 독자라면 현대 생명 과학의 핵심 분야 가운데 하나인 유전학과 발생학이 초파리 실험을 통해서 어떻게 탄생하는지 보여 준 앞부분이 인상적일 것이다. 일반 독자라면 초파리 실험을 통해서 기억, 생체 시계, 짝짓기, 노화 등의 비밀을 파헤치는 가운데 부분에서 눈을 떼지 못할 것이다.

예를 들어 1990년대 후반에 앞에서 언급한 시모어 벤저의 실험실에서 아주 특별한 돌연변이 초파리 한 마리가 탄생했다. 이 초파리는 보통 실험실에서 50~60일 사는 다른 것에 비해서 훨씬 오래 살았다. 무려 100일을 넘게 살다 죽은 이 초파리의 돌연변이 유전자에는 성경에서 969년이나 살았다는 노인의 이름을 따 '므두셀라(Methuselah)'라는 이름이 붙었다.

'므두셀라' 초파리는 노화와 장수의 본질에 대해 흥미로운 통찰을 제공했다. 굶주림이나 과도한 열 또는 (활성 산소를 낳는)

제초제는 초파리의 몸에 생화학적 손상을 입힌다. '므두셀라' 초파리는 노화 속도를 늦추고 장수하는 비결이 이러한 종류의 손상에 대해 저항하거나 복구하는 능력에 있음을 암시했다. …… 지금까지 노화의 원인에 대해 나온 가설은 300가지가 넘으며, 노화에 관한 생물학에는 폐기된 개념과 때로는 서로 충돌하는 개념이 도처에 널려 있다. 이제 한 가지만큼은 확실해 보인다. 노화의 원인이 단 한 가지만 존재할 가능성은 극히 희박하다는 것이다. 초파리에서 얻은 증거를 감안하면, 상당히 많은 요인들이 상호 작용하여 우리의 노화를 초래하는 것으로 보인다.

오늘날 활성 산소를 막는답시고 항산화 물질이 든 먹을거리를 권장하고, 비타민 C나 비타민 E를 챙겨 먹는 세태의 원인이 사실은 '므두셀라' 초파리를 이용해 밝혀낸 사실에 근거하고 있다니 얼마나 흥미로운가! 더구나 더 흥미로운(혹은 다행스러운) 사실은 그렇게 항산화 물질을 챙겨 먹는다고 (초파리와 달리) 우리의 수명이 극적으로 늘어나지 않는다는 것이다.

초파리 실험실, 생명 과학을 접수하다

가끔 너무 단순해 보이긴 했지만, 옛날에는 생물학자들을 두 진영으로 나누는 게 편리했다. 한쪽에는 모건으로 대표되는 실험 생물학자들이 있었고, 다른 쪽에는 다윈으로 대표되는 박물학자들이 있었다. 이 관습은 오늘날까지도 남아 있다. 현대 생물학자도 '은둔형'과 '야외 활동형' 중 어느 한쪽으로 분류할 수 있다.

마지막으로 이 책의 가치를 돋보이게 하는 중요한 특징을 하나 더 언급하자. 이 책은 이른바 현대 생명 과학의 중요한 전통인 실험 생물학이 전개해 온 과정을 초파리를 통해서 기록한다. 이 점은 특히 강조할 만하다. 왜냐하면 20세기 생명 과학이 명백히 실험 생물학을 중심으로 발전해 왔음에도 정작 실험실에 초점을 맞춘 저술은 드물었기 때문이다.

이런 얘기를 들으면서 고개를 갸우뚱할 독자가 있을지도 모르겠다. 서점에 가면 현대 분자 생물학의 성취를 다룬 책이 넘치고 넘치는데 무슨 헛소리냐고? 그래서 문제라는 것이다. 그런 책은 '성취'에만 주목할 뿐, 그런 결과가 도대체 어떤 과정(실험)을 통해서 '만들어진' 것인지에는 침묵한다.

진화론의 아이디어를 낳은 찰스 다윈의 『비글호 항해기(*The Voyage of the Beagle*)』나 앨프리드 러셀 월리스(Alfred Russel Wallace)의 『말레이 제도(*The Malay Archipelago*)』 같은 박물학자는 20세기 초부터 모건 같은 실험 생물학자에게 생명 과학의 주도권을 넘겨주기 시작했다. 이 책은 그런 권력 이양이 어떻게 이루어졌는지, 또 그렇게 주도권을 쥔 실험 생물학자가 초파리와 더불어 어떻게 자신의 권력을 확장해 가는지를 생생히 보여 준다.

물론 그 과정에서는 예외도 있었다. 예를 들어 이 책이 '은둔형'도 '야외 활동형'도 아닌 '중간형' 생물학자의 탄생을 보여 주었다고 평가하는 테오도시우스 도브잔스키(Theodosius Dobzhansky)가 그렇다. 그는 박물학자의 전통(진화론)과 실험 생물학자의 전통(유전학)을 결합함으로써 진화 유전학을 창시했다. 물론 그의 옆에도 초파리가 있었다!

『최무영 교수의 물리학 강의』

최무영.
책갈피. 2008년

대한민국의 '두 문화'를 연결할 다리

> 혁명이 일어나는 것도 어떻게 보면 구성원 사이의 협동성으로 집단 성질이 떠오르는 것으로 해석할 수 있습니다. 올해 촛불 시위야말로 집단 성질의 떠오름 현상을 화려하게 보여 준 놀라운 보기라 할 수 있을 듯합니다.

2016년 11월 5일, 다시 20만 개의 촛불이 광화문을 수놓았다. 하나하나 모인 시민의 마음은 한뜻이 되어 박근혜 전 대통령의 퇴진과 최순실 국정 개입 의혹 진상 규명을 강력하게 요구했다. 역대 최저치였던 대통령 지지율 5퍼센트는 우리나라에 상전이가 임박했음을 가리키는 듯했다. 잘못된 힘들의 균형을 깨고 이를 바로 세우고자 했던 시민들의 자정 작용이었던 것이다.

현 세태는 마치 최무영 서울 대학교 물리학과 교수가 '과학 혁명의 구조'를 설명하던 다음의 한 구절을 읽고 있는 듯하다.

> 대부분의 사람들은 곧바로 '기존의 것이 틀렸으니 바꾸자.'라고 하지는 않습니다. 대부분 보수성이 있기 때문에 기존의 것을 바로 버리지 않고 '이것은 뭔가 비정상적이다.'라고 치부해 버립니다. 그런데 그런 것들이 쌓이다 보면—변칙 또는 비정상성이 계속 축적되다 보면—더는 '예외적이고 잘못된 것'으로 치부할 수 없게 됩니다. '기존의 패러다임이 뭔가 잘못된 것이 아닌가?'라고 생각하게 되지요. 그러면 패러다임을

바꿔야 할 필요성이 제기되고 그렇게 해서 과학 혁명이 일어 납니다.

앞에 인용한 내용을 담은, 여기에서 이야기하려는 책은 '최고의 물리학 입문서'라는 찬사가 아깝지 않다. '두 문화'의 골을 건너 사회, 정치, 철학, 교육, 문학, 예술을 넘나들며 과학 문화에 대해서 이야기하는 『최무영 교수의 물리학 강의』를 소개한다.

물리학에 대한 이해와 마술가적 소양의 결합

이 책은 저자인 최무영 교수가 서울 대학교에서 자연 과학을 전공하지 않은 학생을 대상으로 강의한 물리학 강의와 과학사 및 과학 철학 협동 과정의 강의를 바탕으로, 현대인의 교양이 될 물리학을 소개하고자 2008년 1월부터 《프레시안》에 「최무영의 과학 이야기」로 연재한 내용을 엮었다.

"물리학 입문서를 소개하라면 주저하지 않고 이 책을 권하겠다."라는 장회익 서울 대학교 명예 교수의 추천사에 이 책을 읽은 대부분의 독자는 동의하리라 생각한다. 더욱이 저자가 여는 글에서도 밝힌 바와 같이, "과학과 삶의 진정한 의미를 성찰할 수 있도록" 가르침을 주신 스승에게서 이러한 찬사를 들었을 때의 감개무량함은 어떠했을까? 본인 대신 이런 책을 써 주어 고맙다는 이야기로 시작하는 장회익 교수의 추천사는 어느 서평보다 정확하고 저자에 대한 애정을 느낄 수 있는 아름다운 글로, 다음과 같이 옮겨 본다.

물리학의 정수를 그 안에 담아내면서도 이것을 쉽게, 재미있게, 그리고 간결하게 전달한다는 것은 단순히 물리학을 안다고 해서 되는 일이 아니다. 물리학의 내용에 대한 완벽한 파악은 물론이고 이것을 마음대로 반죽해 원하는 형태로 얼마든지 변형해 내는 마술가적 소양이 필요하다.

"마술가적 소양"이라니! 이렇게 하기 위해서는 물리학뿐 아니라 문화 전반에 대한 해박한 지식과 이해가 필요하며, 여기에 다시 이를 말로 표현해 낼 언어적 구사력이 있어야 한다. 그렇기에 이러한 소양을 가졌다 하더라도 학문 세계에서 별로 큰 보상이 따르지 않는 이러한 작업에 선뜻 뛰어들어 하나의 책으로 완결시켜 나가기까지의 노력과 인내를 감당하기가 쉽지 않은 일이다.

그런데도 우리나라에서 정상급 물리학자로 손꼽히는 최무영 교수가 이 일을 해 주었고 그것도 아주 잘 해냈다는 것은 우리 학계 그리고 문화계로서는 무척 다행스러운 일이라고 할 수 있을 것이다. …… 나는 물리학이 어렵다고 하는 신화를 믿지 않는 사람이며 물리학에 대한 기본 이해가 21세기의 필수 교양이라고 믿는 사람이면서도 지금까지는 늘 물리학에 대한 좋은 입문서를 소개하라면 말문이 막혀 왔다. 그러나 이제 더는 주저하지 않고 권할 만한 책이 생겼고, 이것 하나만으로도 내게는 커다란 기쁨이다.

이렇게 말하면서도 추천사에서는 아직 '두 문화'에조차 이르지 못한 한국의 과학 문화를 개탄하며, 최무영 교수의 노력이 과학자들 사이의 소통할 수 있는 언어가 되어 인문학과 지성계 일반으로 연결되길 희망한다. "분절된 두 문화를 잇는 다리 역할을 하리라" 기대를 하며 후학들에게도 미션을 제시하는 듯하다.

주체적 삶을 위해 과학 교양이 필요하다

영국의 물리학자이자 소설가, 행정가인 찰스 퍼시 스노(Charles Percy Snow) 경이 『두 문화(*Two Cultures*)』를 통해서 인문학자들과 자연 과학자들이 서로 잘 모르고 이해하지 못하며 서로 무시하는 것을 개탄하며 들었던 유명한 일화가 있다.

전통 문화의 기준에 비추어 높은 수준의 교육을 받았다고 여겨지는 사람들이 과학자들의 무식함에 대해 신이 나서 유감을 표명하는 모임에 여러 번 참석했다. 한두 차례 당하고 나서, 나는 그들 중 얼마나 많은 사람이 열역학 제2법칙을 설명할 수 있느냐고 물었다. 반응은 싸늘했고 또 부정적이었다. 그때 나는 '당신은 셰익스피어의 작품을 읽은 적이 있습니까?'에 해당하는 과학 질문을 던졌을 뿐이었다. 만일 내가 더 쉬운 질문, 예컨대, '당신은 읽을 수 있습니까?'에 해당하는 질문으로 '질량 또는 가속도는 무엇인지 아나요?'라고 물었다면, 그 교양 있는 열 명 가운데 불과 한 사람 정도만이 내가 자기네들과 같은 언어를 쓰고 있다고 여겼을 것이다. 현대 과학의 위대한 체계는 이렇게 진보하는데, 가장 현명하다는 사람들의 대부분은 그것을 꿰뚫어 보는 통찰력이 구석기 선조들의 수준이다.

이런 논의로부터 50여 년이 지난 지금 대한민국의 우리는 이런 질문에서 얼마나 자유로운가? 셰익스피어도 안 읽었고, 열역학 제2법칙도 모른다. 걱정 마시라. (가만히 있으라.) 우리 대부분이 그렇다. 셰익스피어는 입시를 위해 요약본으로 읽었을 것이고, 열역학 제2법칙의 개념이 적용된 수능 문제의 답은 맞힐 수 있게 훈련되었다. 입시 이후로는 취업을 위해 달렸을 뿐이어서 이런 물음이 사치로 여겨지기까지 한다. 이게 우리 대한민국의 현주소다.

그런데 사실은 걱정해야 한다. 가만히 있으면 안 된다. 우리 사회가 겪은 10년 전의 '이공계 위기'와 최근의 '인문학 위기'에는 사회 구조가 만들어 낸 이른바 돈 되는 학과로 치열하게 진학해 나타난 학문 간 쏠림만이 있었을 뿐이다. 불행히도 이는 아직 현재 진행형이다. 입시 경쟁 속에서 대학이 취업을 위한 학과 전문화 교육에만 매진한 탓에, 각 학문 분야 사이의 골은 더 깊어진 상태다. 인문학과 과학적 교양이 정말 사치품과 같이 받아들여지는 사회가 된 것이다. 최무영 교수의 강의를 좀 들어 보자.

교양이 사치품이라는 말에는 동의할 수 없습니다. 물론 교양이 없어도 '생물학적' 삶을 살아가는 데는 아무런 지장이 없습니다. 그러나 인간과 사회 그리고 자연에 대한 적절한 수준의 이해가 없이는 현대인과 현대 사회를 이해할 수 없고 주체적 삶을 만들어 갈 수 없습니다. 따라서 교양이란 단순한 치장이 아니라 현대 사회를 살아가는 데 매우 중요한 소양이고 능력입니다. 특히 우리가 어디로 가는지에 대한 인식과 더불어 미래를 건설하는 데 매우 중요합니다.

2016년 겨울에 시민들이 들어 올린 20만 개의 촛불은 당장은 현 정권의 퇴진과 비선 실세에 대한 엄정한 수사를 촉구하고 있지만, 그 큰 뜻은 좀 더 살기 좋은 사회를 만들고 인간다운 세상을 우리 후손들에게 물려주려는 의지일 것이다. 앞으로 이런 일이 더는 없도록 우리가 깨어 있어야 한다. 현대 사회를 주체적으로 살아가기 위한 인문학과 과학의 교양으로 무장해야 한다.

과학 교양은 사치가 아니다

『최무영 교수의 물리학 강의』는 물리학과 과학의 기본에 최대한 충실했을 뿐 아니라, 완벽히 파악해 마음대로 어떠한 것에든지 적용해 낸다. 문학, 음악, 미술 등의 문화 예술에 자유자재로 적용하는 것은 물론, 이과와 문과로 나뉘어 있는 교육의 현실을 한탄하고, 일본 식민사관에 반대하고, 인혁당(인민 혁명당) 사건에 대해 분노하는 등 역사, 사회, 정치 문제에도 사이다와 같은 견해를 제시해 준다. 또한 과학과 기술의 가치와 우리의 삶을 고민한다.

인문학과 과학을 아우르는 최무영 교수의 이와 같은 노력은 최근 인문학에 대한 과학적 고민과 접근을 시도한 김범준 교수의 『세상물정의 물리학』과 김상욱 교수의 『김상욱의 과학 공부』, 그리고 과학과 기술에 대한 인문학적 고찰을 담은 홍성욱 교수의 『홍성욱의 STS, 과학을 경청하다』

와 같은 역작으로 이어졌다. 이들은 우리 삶의 가치를 밝힐 교양의 햇불이 되어 주고 있다. 이러한 노력들이 대한민국의 '두 문화'를 연결하는 다리가 되어 줄 것이라 믿는다.

◆ 『최무영 교수의 물리학 강의』는 절판되었으나, 현재 재출간을 준비하고 있다고 한다.

『정재승의 과학 콘서트』(개정증보판)

정재승.
어크로스. 2011년

대한민국 베스트셀러 과학책의 맏이

한 사람에 대한 첫인상이 상당히 강할 때가 있다. 나는 꽤 오래전 EBS 라디오에서 청소년 도서를 소개하는 프로그램을 공동 진행한 적이 있다. 주로 책을 요약 소개하고 저자를 인터뷰하는 형식이었다. 그 프로그램의 한 부분으로 새 책을 낸 저자를 리포터가 직접 찾아가 인터뷰를 따와 소개하는 부분이 있었다. 이런저런 저자를 많이 소개했는데, 그 누군가의 목소리를 듣는 순간, 시쳇말로 '물건'이 나왔구나 싶었다. 목소리가 또랑또랑하고 군말 없이 영양가 있는 말만 했다. 처음 듣는 이름이었다. 그런데 과학자란다. 인터뷰가 나간 다음 마이크가 꺼진 상태에서 리포터에게 물어보았다. 이 친구 몇 살이래요? 돌아온 답은 27세.

기억하기로 그 책 제목이 『물리학자는 영화에서 과학을 본다』였던 듯싶다. 과학에는 문외한이라는 리포터가 무척 흥미롭게 읽었다고 자랑했다. 아쉽게도 나는 저자의 이름만 머리에 새겨 놓고 그 책은 정작 보지 못했다. 어린 나이에 그런 책을 썼다는 사실보다 대학원생이라는 점에 더 꽂혔던 듯싶다. 물리학과 대학원생이 대중과 소통하는 글을 썼다는 점이, 그리고 목소리만 들어도 명민함이 묻어나는 이라면 그야말로 스타 탄생을 예감하지 않을 수 없었다. 그리고 그 예감은 현실이 되었다. 『정재승의 과학 콘서트』. 과학 교양 도서의 새 지평을 연 이 책은 2001년에 나왔다.

사람에 대한 인상이 강했던 만큼 책이 나오자마자 열독했다. 겁은 났다. 나 같은 사람이 과연 과학책을 읽어 낼 수 있을까. 예상한 대로 기우였다. 물론, 세세한 항목을 정확히 이해하며 읽어 낸 것은 아니지만 말이다. 그러나 과학이, 또는 물리학이 다루는 영역이 이토록 넓을 수 있다는 사실에 놀

랐고, 이를 풀어 나가는 저자의 글솜씨에 다시 놀랐다. 아마 『정재승의 과
학 콘서트』에 대한 초기 반응은 나와 비슷하지 않았을까 싶다. 이 책이 무
엇을 다룰지는 서문에 잘 나왔으니, 그 내용은 다음과 같다.

> 이 책은 복잡한 사회 현상의 이면에 감춰진 흥미로운 과학 이
> 야기들을 독자와 함께 나누기 위해 쓰였다. 나는 독자들이 이
> 책을 읽고 경제, 사회, 문화, 음악, 미술, 교통, 역사 등 다양한
> 분야에서 전혀 상관없어 보이는 사회 현상들이 서로 밀접하
> 게 연관되어 있으며, 카오스와 프랙털, 지프의 법칙, 1/f 등 몇
> 개의 개념만으로 그 모든 현상들이 그럴듯하게 설명된다는
> 사실에 깜짝 놀라기를 바란다.

지금이야 교양이자 상식이 되었지만, 어떻게 과학 이론이 사회 현상까
지 설명할 수 있느냐는 질문에 대한 답도 이미 서문에 실려 있다.

> 20세기 후반 일련의 과학자들에 의해 '복잡한 시스템을 다루
> 는 과학적 패러다임', 이른바 '복잡성의 과학' 분야가 발전하
> 면서 물리학자들은 자연에서 발견되는 복잡한 패턴들이 어
> 떻게 형성되었으며, 그 속에 담겨 있는 법칙들이 무엇인지 탐
> 구하기 시작했다. 지난 20년 동안 카오스 이론과 복잡성의 과
> 학은 그동안 과학자들이 손대지 못했던 복잡한 자연 현상 속
> 에서 규칙성을 찾고 그 의미를 이해하는 데 새로운 시각을 제
> 시해 왔다. 그리고 사람들이 만들어 내는 행동 패턴, 다시 말

해 '복잡한 사회 현상'에도 관심을 갖기 시작했다. 아직 세상을 다루기에는 부족한 점이 많지만, 물리학자들은 이제야 비로소 그것을 다룰 '용기'를 갖게 된 것이다.

명민한 젊은 물리학자는 서문에 이미 승부수를 던졌다. 무엇을 다룰 것인지, 왜 그것이 가능한지 다 밝혀 놓았잖은가. 그렇다면, 문제는 그 주제를 얼마나 잘 다루었는지에 따라 평판이 나뉠 테다. 대중이 알아먹게 할 만한 글솜씨가 있는지, 다양한 주제를 전문성을 놓치지 않고 설명할 수 있는지, 서로 다른 주제를 하나로 꿰뚫는 주제 의식은 선명한지 등이 평가 항목이 될 수밖에 없을 테다. 29세의 물리학 박사, 그리고 손꼽히는 대학의 연구 교수가 쓴 책이라는 점도 화제의 기폭제가 되었다.

'정재승 팬'이 말하는 정재승

출판계에는 이른바 '정재승 팬'이 있다. 눈에 보이는 상찬과 은밀한 '뒷담화' 수준의 비난이 난무하는 가운데 합리적 기준으로 정재승의 성취와 가능성을 높이 평가한 이들이다. 그 가운데 대표적인 사람이 고(故) 구본준 기자이다. 나중에 책으로도 나온 『한국의 글쟁이들』에서 구 기자는 다음처럼 정재승을 평가한다.

정 씨가 독자들을 사로잡은 가장 큰 요인은 역시 책의 내용과 정재승식 글쓰기였다. 정 교수는 물감을 흩뿌리는 현대 화가 잭슨 폴록의 그림으로 카오스 이론을 설명하고, 통계학이 저지르기 쉬운 오류를 O. J. 심슨 사건으로 보여 주는 식이다. 물리학자들이 경제 영역에 뛰어든다는 등 당시 국내에서는 접하기 어려웠던 다양한 이야기들이 과학을 설명하는 소재로 등장했다. 문화와 과학, 경제와 과학을 연결해 과학을 설명하는 책은 그동안 없었기에 독자들은 열광했던 것이다.

이 글에는 내가 이 책의 특징을 설명한 말이 인용되어 있다. 나는 구 기자에게 정재승의 장점으로 명민함과 기동성을 들었다. 다양한 분야의 신간들은 물론 외국 과학 저널에 나온 논문이나 기사들을 꾸준히 파악해 신속하게 글감으로 활용하는 기동성과, 이런 정보를 엮어 완결된 글로 써내는 명민함을 두루 갖추었다는 것. 예나 지금이나 나도 어쩔 수 없는 '정재승 팬'인 셈이다.

소문난 '정재승 팬'으로 천문학자 이명현이 있다. 그는 나보다 정재승식 글쓰기를 더 높이 평가했다. "흩어져 있는 다양한 콘텐츠를 모두 삼켜서 소화시킨 뒤 치밀한 네트워크 과정을 거친 후 자신의 목소리를 통해서 전혀 새로운 이야기를 다시 토해 냈다."라고 했다. 그리고 내가 미처 보지 못한 정재승의 인문학적 관점에 대해서도 잘 지적했다. "사회 현상에 대한 물리학적 해석에 대한 자신의 견해를 분명하게 밝혀 놓고 있다. 이미 인문학적인 성찰이 녹아 있는 것이다."라며. 이 점은 정재승을 평가하며 기실 많이 놓치고 있는 부분이다. 정재승을 잘 아는 한 물리학자는 사석에서 그를 과학자라기보다는 인문학자라고 해야 진면목이 보인다고 말한 바도 있다. 이명현이 인용한 다음의 글을 읽어 보면 누구나 동의할 성싶다.

파레토의 법칙은 경제적 불평등이 거부할 수 없는 자연의 법칙이자 인간의 숙명인 양 주장하는 것 같아 씁쓸하다. 시스템의 동역학적 특징을 연구하는 물리학자들은 파레토의 법칙이 경제적 불평등을 정당화하는 논리가 아니라 시스템을 재정립하도록 경각심을 불러일으키는 사이렌 역할을 했다고 믿는다. 이제 그들이 해야 할 일은 파레토의 법칙이 성립하게 된 원인을 규명하고, 어떻게 시스템을 변화시켜야 경제적으로 평등하고 정의로운 분배가 이루어질 수 있을지 연구하는 일이다. 인간의 법칙은 변할 수 있는 법칙이기 때문이다.

미래의 정재승에게

『정재승의 과학 콘서트』는 전문가의 호평과 대중의 사랑을 동시에 받으며 판매에 호조를 보였다. 이후 MBC의 한 예능 프로의 선정 도서가 되면서 폭발적으로 읽히기도 했다. 이 책은 2011년 개정 증보판을 내고 새로운 서문과 「10년 늦은 커튼콜」을 수록했다. 10년 세월을 넘어 여전히 사랑받고 있음을 입증하고 있는 셈이다.

구본준 기자의 글에 보면 정재승 교수는 《네이처》 게재 논문과 베스트셀러를 모두 쓰는 과학자가 되고 싶다고 말했다. 그런데 나는 정재승 교수에게 다른 것을 바란다. 《네이처》에 쓴 논문으로 베스트셀러 과학책을 냈으면 싶다. 나는 그 가능성을 김호와 함께 쓴 『쿨하게 사과하라』와 『1.4킬로그램의 우주, 뇌』에서 이미 확인한 바 있다.

『정재승의 과학 콘서트』는 이제 추억의 콘서트다. 그가 선택을 주제로 펼칠 새로운 뇌과학의 콘서트를 기다려 보자.

『우주의 끝을 찾아서』

이강환.
현암사. 2014년

우주의 가속 팽창에 도달하기까지

2011년 노벨 물리학상은 우주가 가속 팽창하고 있다는 관측적인 증거를 찾아낸 천문학자들인 솔 펄머터와 브라이언 슈미트, 애덤 리스에게 돌아 갔다. 물론 더 많은 천문학자들에게 공로가 돌아가야 마땅하지만, 수상자 를 살아 있는 과학자들 중 두세 명으로 제한하는 노벨상의 원칙에 따라서 세 명의 천문학자만 공동으로 노벨 물리학상을 수상했다. 멀리 떨어져 있 는 초신성을 관측해서 우주가 가속 팽창하고 있다는 사실을 발견한 공로 에 대한 화답이었다.

한참 전의 일이지만 나는 한창 초신성 관측에 열을 올리고 있던 브라이 언 슈미트를 만난 적이 있다. 관측을 하러 갔다가, 마침 내가 사용하던 전 파 망원경이 고장이 나는 바람에 수리하는 동안 근처의 다른 천문대를 구 경 삼아 방문했다. 그중 한 천문대에서 슈미트가 초신성 관측을 하고 있었 던 것이다. 슈미트가 자세한 설명을 해 주었지만 그때는 솔직히 그가 수행 하고 있는 관측이 이렇게 충격적인 결과를 밝혀낼 줄은 몰랐다. 사실 당시 에는 슈미트 자신도 우주의 팽창 속도가 어떤 비율로 느려지는가를 확인 하려고 초신성 관측을 하고 있었다. 우리는 이 문제에 대해서 많은 이야기 를 나누었지만 우주가 가속 팽창하고 있다는 생각은 전혀 하지 못했다.

우주의 팽창 속도 비율이 얼마나 느려지는지를 알아내기 위해서 두 초 신성 연구팀이 시작했던 초신성 관측 프로젝트의 결과는 당혹스러웠다. 두 팀 모두 우주가 오히려 가속 팽창한다는 연구 결과에 도달한 것이었다. 여전히 그 정체가 아리송하지만 반드시 존재해야만 하는, 암흑 에너지의 실재를 강력하게 뒷받침하는 관측적인 증거 중 하나가 우주의 가속 팽창이다. 암흑 에너지 문제는 21세기 우주론의 가장 큰 화두이자 난제이기도 하다. 그런 의미에서 암흑 에너지 미스터리를 풀 수 있는 첫 발걸음인 우주의 가속 팽창 발견에 노벨 물리학상이 주어진 것 같다.

우주의 가속 팽창과 암흑 에너지는 상당 기간 우주론의 중심에 머물면서 우리를 경이감에 빠뜨리기도, 당혹스럽게 하기도 할 것이다. 두고두고 이들이 언급될 테니 이쯤에서 이것들의 정체를 한껏 탐구해 보는 것도 좋을 것 같다.

결론보다 더 흥미진진한 천문학의 과정

이 지적 탐험을 시작하기에 좋은 가이드북이 바로 『우주의 끝을 찾아서』다. 이 책은 거부할 수 없는 매력을 듬뿍 지녔다. 우선 본문에 사용된 글꼴이 무척 예쁘다. 눈에 쏙 들어와서 읽기에 편하다. 미적인 완성도가 높아서 책을 읽는 내내 눈이 호강을 했다. 어떤 글꼴인지 궁금해서 이 책의 편집자에게 문자를 날렸다.

"산돌이라고 알고 있는데…… . 본문에 잘 안 쓰이는 서체인데, 한번 써 보자고 으쌰으쌰한 건데 알아봐 주셔서 고맙습니다. :)"

역시 편집자와 디자이너가 고민한 흔적이 독자인 내게도 잘 전달되었던 것 같다. 새로운 글꼴을 책의 본문에 더 자주 사용했으면 좋겠다. 글자의 간격도 적당해서 가독성을 높이는 데에 도움을 주는 것 같다.

『우주의 끝을 찾아서』 표지에서 제목을 쓸 때 사용한 묘한 분홍색도 마음에 든다. 책의 본문 곳곳에도 양념처럼 이 묘한 분홍색이 쓰이고 있다. 책의 테두리에도 묘한 배치로 묘한 분홍색이 깃들어 있다. 이 책은 기본적으로 가속 팽창이라는 과학적 발견에 대한 해설서다. 당연히 논리적인 전개 방식을 통해서 독자들에게 접근하고 있다. 그런데 파격적인 분홍으로 무장한 책의 디자인은 자칫 무미건조할 수 있는 논리의 세계로부터 이 책을 끄집어내겠다는 의지의 표명 같아 보인다.

글꼴은 아름답고 책 디자인은 섹시한 핑크빛 과학책이다. 하지만 이 책의 진짜 매력은 내용 자체에 있다. 문득 오래전에 인기를 끌었던 추리 드라마 「형사 콜롬보」가 떠올랐다. 이 드라마는 시작하자마자 범인이 누구인지 친절하게 알려 준다. 범인도 보통은 자신의 범죄를 숨기지 않는다. 형사콜롬보도 누가 범인인지 알고 있다. 시청자도 마찬가지다. 다만 물질적인 증거가 없을 뿐이다. 콜롬보는 냉철한 추리를 통해서 범인이 자백을 하게 만들거나 발뺌하지 못할 물증을 찾아내곤 한다.

『우주의 끝을 찾아서』는 「형사 콜롬보」 같은 책이다. 이 책의 화두가 가속 팽창이라는 사실을 책의 첫머리에서부터 밝히고 있다. 우주가 가속 팽창하고 있다는 사실이 이 책의 결론이라는 것을 독자들은 미리 알아차리고 마는 것이다. 그 공로로 2011년 노벨 물리학상이 세 명의 천문학자에게 돌아갔다는 이야기도 책 서두에 해 버린다. 이 발견이 암흑 에너지의 존재와 관련해서 중요하다는 해석도 들려준다. 범인을 미리 밝히듯 내용과 결론을 미리 펼쳐 보여 주면서 이 책이 시작된다.

「형사 콜롬보」나 이 책이나 결론보다 더 흥미진진한 '과정'이 존재한다는 것을 다시 일깨워 주고 있다. 이미 알고 있는 사실이 왜, 어떻게 그렇게 되었는지를 찾아 나서는 여행이야말로 가장 지적인 모험일 것이다. 이강환은 이런 지적 여행의 훌륭한 가이드다.

천문학은 다른 과학 분야에 비해 대중의 관심을 비교적 많이 받기 때문에 대중을 상대로 한 책도 상대적으로 많고 그중에는 훌륭한 책들도 많이 있다. 여기에 별 의미 없는 책을 하나 보태 독자들의 선택에 혼란을 주고 싶지는 않다. 그래서 이 책은 단순한 정보의 전달보다는 과학자들이 실제로 어떤 방식으로 새로운 사실을 알아내는지 그 과정을 보여 주고자 노력했다. 과학자들의 연구 결과는 논문으로 발표된다. 그러나 일반인이 과학자들이 쓴 논문을 직접 접하기는 쉽지 않다. 이 책에서는 과학자들이 논문에서 관측 자료들을 어떻게 표현하고 어떻게 해석하는지를 조금이나마 알려 주기 위해서 실제 논문에 실린 자료와 그래프들을 그대로 소개했다. 조금은 생소할 수도 있지만 차분히 따라가다 보면 과학자들이 자료를 분석하고 해석하는 방법을 어렴풋이나마 이해할 수 있을 것이다.

과학책의 친절한 품격

『우주의 끝을 찾아서』는 이강환의 바람처럼 과학적 결과가 형성되는 과정을 잘 기술한 책이다. 이미 알고 있는 범인의 범죄 사실을 형사가 어떻게 논리적으로 추적하는지 보는 것 같은 스릴 넘치는 책이다. 우주의 가속 팽창이라는 결론에 도달하기까지, 과학자들이 쏟은 온갖 열정과 노력의 흔적이 이 책 속에 담겨 있다. 글꼴의 아름다움과 디자인의 섹시함을 넘어서, 내용과 전개 방식의 담백하면서도 친절한 품격이 느껴지는 책이다. 그래서 이 책은 어쩌면 두고두고 읽을 책은 아니겠다는 생각이 든다. 책을 한번 읽기 시작하면 마지막 장을 넘기기 전까지는 결코 빠져나올 수 없는 마력을 지닌 책이다. 단박에 읽어야 한다. 단박에 읽힌다.

> 이 책은 국립 과천 과학관 덕에 나올 수 있었다. 이곳에서 각
> 계각층의 사람을 만날 수 있었고, 사람들이 어떤 것을 궁금해
> 하며 어떤 설명을 원하는지 이해할 수 있었다. 대중을 대상으
> 로 하는 강연 기회를 그 누구보다 많이 얻을 수 있었고 이 책
> 도 바로 그 결과물이다. 국립 과천 과학관과 그곳에서 과학
> 문화 발전을 위해 최선을 다하고 있는 직원들은 우리나라 과
> 학의 소중한 자산이다.

이 책을 쓴 이강환은 최전선에서 과학이라는 화두를 갖고 대중과 만나는 사람이다. 그가 겪고 느꼈던 것들이 이 책에 고스란히 녹아들어 있다. 『우주의 끝을 찾아서』는 결코 쉬운 책이 아니다. 다루는 내용이 과학자들도 쩔쩔매는 프런티어의 과학이고 여전히 난제 중의 난제로 꼽히기 때문이다. 여기서 이강환의 솜씨가 돋보인다. 그는 사람들이 무엇을 듣고 싶어 하는지 알고 있다. 어려운 내용을 그저 쉽게 비유적으로 이야기하는 것이 아니라 친절하게 서술한다. 아름답고 섹시한 하드웨어에 담백한 문체로 내용을 담았다. 그의 무기는 상대방에 대한 배려에서 나온 친절함이다.

국내 저자들이 직접 쓴 대중 과학책이 여전히 부족한 현실에서 이 책은 무척 소중한 역할을 하고 있다. 그저 책 한 권을 더하지 않겠다는 저자의 결의가 그저 공허한 외침이 아니라 완성된 작품으로 승화되었기 때문이다. 섹시함과 담백함, 그리고 어려움과 친절함이 오묘한 분홍빛으로 잘 버무려진 전주비빔밥 같은 책이 바로 『우주의 끝을 찾아서』다.

책을 읽는 내내 흥미진진했고, 색깔에 흥분했고, 흐뭇했다. 무엇보다 반가웠다.

2부

인간을 사유하는
가장 과학적인
방법

　　과학책을 읽는 데에는 뜻밖에 진입 장벽이 높다. 외국과 달리 문과와 이과가 일찌감치 나뉘고, 문과에서는 수학과 과학을 충분히 공부하지 못하는 풍토 탓이다. 그럼에도 나와 세계와 우주를 둘러싼 객관적 진리에 대한 지적 열망이 있는 (문과 출신) 독자들은 과감히 과학책에 도전하고자 한다. 물론, 한계가 있다. 공식과 숫자가 나오면 지레 포기하기 마련이다. 이런 공포감을 달래 주는 대표적인 책 제목이 아마도 『시인을 위한 물리학』이 아닐까 싶다. 제목만 보면, 숫자와 그래프, 공식 없이 물리학의 고갱이를 전해 줄 법하니 말이다. 그러나 그런 책은 찾아보기 힘들다. 수학적 단순성으로 우주의 원리를 설명하고자 하는 과학 앞에서 일반인들은 그야말로 '문송'일 수밖에 없다.

　　그러다 보니, 쏠림 현상이 벌어진다. 철학적 사유력으로 읽어 볼 만한 과학 분야는 역시 생물학이다. 거기에다 최근 과학이 결국에는 인간을 이해하는 데 치중하다 보니, 이 분야의 책들을 열독하게 마련이다. 처음에는 재미있을 터다. 사고 실험에 머물렀던 넓은 의미의 인문학적 인간 본성론에 비해 과학은 좀 더 구체적이고 실증적이며 도전적이다. 그러나 자꾸 겹쳐 읽다 보면 실망감이나, 심지어 불쾌감을 느끼게 된다. 오늘의 정치 상황과 문화적 편견에서 자유로운, 그야말로 순수한 인간 본성을 알고 싶었으나, 결국에는 과학자의 가치관이나 세계관이 반영된 듯한 결론을 마주치기 때문이다.

　　인정한다. 과학은 사회적, 시대적 맥락에서 벗어날 수 없다. 그런데 이것을 일깨워 주는 것도 결국에는 과학(의 정신)이다. 가설을 세우고 입증할 자료를 찾아내고 이를 바탕으로 총체적인 인간 본성을 해명하는 일련의 과정은, 절대 비판할 수 없는 진리의 성채가 아니라, 토론과 논쟁을 통해 한 걸음 더 나아간 인간 본성을 찾는 발판이 될 뿐이다.

　　그러니, 불편하다고 외면하지 말고 제대로 읽어 보는 것이 좋다. 인문학이 오랫동안 톺아본 인간에 대한 이해와 어느 지점에서 '협화음'하는지, 어느 지점에서 '불협화음'하는지 확인하는 과정에서 스스로 어떤 (상대적) 답을 찾아낼 수 있으니 말이다. 과학이 말하게 하자. 그리고 꼼꼼히 이해하고 철저히 비판해 보자. 그때 인간에 대한 새로운 인식의 지평이 열릴 테니 말이다.— 이권우

『내 안의 유인원』

프란스 드 발. 이충호 옮김.
김영사. 2005년

우리 마음은 보노보와 침팬지의 전쟁터

빌 게이츠(Bill Gates)가 추천해 화제가 된 데이비드 브룩스(David Brooks)의 『인간의 품격(The Road to Character)』은 상반된 인간 본성을 '아담 I'과 '아담 II'로 분류한다. 아담 I은 커리어를 추구하고 야망에 충실하며 무언가를 건설하고 창조하고 생산하고 발견하려 한다. 또한 드높은 위상과 승리를 원하며 간단명료한 실용주의 논리를 따른다. 한마디로 이력서를 채울 덕목을 중시하니, 경제학의 논리라 보면 된다. 이에 비해 아담 II는 고요하고 평화로운 내적 인격을 갖추고 싶어 하며 옳고 그름에 대한 분별력을 원한다. 더불어 친밀한 사랑을 원하고 자신을 희생하려 하고 초월적 진리에 순응하며 살길 바라며 창조와 자신의 가능성을 귀하게 여기는, 한마디로 도덕적 논리를 따른다. 우리 내면은 두 아담이 다투는 전쟁터인 셈이다.

임건순이 쓴 『순자』 해설서 『순자, 절름발이 자라가 천 리를 간다』에는 예상한 대로 성선설과 성악설이 나온다. 맹자가 말하는 성(性)은 타고날 때 부여받은 것으로 어떤 내적 성질이나 본질을 뜻한다. 순자는 성을 보는 관점이 다르다. 자연 발생적으로 인간이 보이고 드러내는 욕망과 감정이거나, 인간이 살아가기 위해 보이는 경향이나 성향을 뜻한다. 본성이라는 측면에서 보면 선이고, 욕정이라는 관점에서 보면 악인데, 여기서 말한 악은 기독교적 의미가 아니라 치우치고 이치에 어긋나며 위험하고 혼란스러운 거라 한다. 성선이든 성악이든 배움으로 선을 되찾거나 선으로 바뀔 수 있다는 공통점이 있다. 그래서 이들은 유가로 묶인다.

그런데 유독 진화 생물학에서는 인간 본성을 폭력성과 이기성만으로 규정하는 이론이 대세를 이루었다. 이의를 제기할 적마다 자연 선택에는 도덕이 없다고 강변했다. 바라는 바를 바탕 삼아 자연을 보지 말라는 뜻이다. 프란스 드 발(Frans de Waal)이 쓴『내 안의 유인원(*Our Inner Ape*)』은 영장류 를 거울삼아 인간 본성을 탐구한 책이다.

왜 인간 본성의 폭력성과 이기성에 주목했는가

잘 알다시피, 유인원과 인간은 공통 조상에서 갈라져 나왔다. 저자에 따 르면, 판(*Pan*) 속에 속하는 침팬지와 보노보는 250만 년 전에 갈라졌고, 인 간은 550만 년 전에 판 속의 조상에서 갈라져 나왔다. "행동은 화석으로 남 지 않는다." 그래서 영장류를 관찰하고, 그 결과를 이론화하면 인간 본성 의 실마리를 얻을 수 있는 법이다. 만약 이 책도 인간 본성의 폭력성과 이 기성만을 강조했다면 굳이 읽어 볼 만한 가치가 없을지도 모른다. 이미 그 것을 말해 버린 책들이 수두룩하니 말이다.

저자의 주장을 살피기 전에 먼저 물어볼 게 있다. 왜 진화 생물학자들은 인간 본성의 폭력성과 이기성에 방점을 찍어 왔을까. 저자는 "가장 문명화 된 사회라 여겼던 유럽의 심장부에서 자행된 만행"에 대한 과학적 변명이 라 본다. 제2차 세계 대전 당시 벌어진 가공할 폭력을 이해하려고 동물과 인간 행동을 비교하는 연구가 빈번했는데, "문명의 얇은 단판을 뚫고 나와 인간의 고결한 성품을 밀어낸 것은 우리의 유전자 속에 숨어 있던 동물의 본성과 비슷한 무언가가 틀림없다."라고 보았다는 말이다. 리처드 도킨스 가『이기적 유전자(*The Selfish Gene*)』를 펴내며 "진화는 스스로 돕는 자를 돕 기 때문에 이기심은 우리를 끌어내리는 결점이 아니라 변화의 원동력"이 라 말했을 때는 공교롭게도 로널드 레이건과 마거릿 대처가 사회 해체를 선언하며 극단적 신자유주의를 추구하던 때와 일치한다.

인간의 폭력성과 이기성을 뒷받침한 유인원은 침팬지다. 이들은 폭력적이고 권력에 굶주려 있으며, 지극히 수컷 중심이다. 침팬지가 원숭이를 사냥해 두개골을 박살 내 산 채로 잡아먹었다는 보고도 있다. 또 자신의 세력권 너머까지 방심한 적을 뒤따라 포위한 뒤 잔인하게 때려죽이는 모습도 관찰되었다. 이때 폭력은 동족을 대상으로 행해진 것이다. 이른바 도살자 유인원의 면모가 확실해졌다. 그렇다면 우리는 '카인의 후예'인 셈이다.

침팬지와 보노보 사이에서 인간 본성 탐구의 균형을

저자는 침팬지 집단에서 나타나는 폭력성과 이기성을 부정하지 않는다. 그가 우리가 함께 주목해야 할 유인원으로 내세운 것은 보노보였다. (프란스 드 발은 침팬지와 보노보를 두루 연구했다.) 이 유인원은 침팬지와 전혀 달랐다. 보노보끼리는 생명을 위협하는 전쟁이나 사냥이 없었다. 또 수컷의 지배도 없었다. 오히려 암컷의 지배, 협력적인 성격, 사회 조화를 목적으로 한 섹스가 특징이었다. 침팬지가 종횡무진 서부를 누린 무법자 형이라면, 보노보는 낭만과 쾌락을 즐기는 히피 형이라 할 만하다.

꼭 짚고 넘어갈 문제가 있다. 그렇다면 진화 생물학자들은 왜 보노보에 관한 보고는 의미 있게 평가하지 않았는가라고. 저자는 이들이 '베토벤의 오류'를 저질렀기 때문이라 말한다. 이 말은 과정과 결과가 서로 비슷해야 한다는 가정을 일컫는다. 베토벤 음악이 완벽하니, 그 음악을 구상하고 작곡한 공간도 정갈했으리라 믿는 것은 큰 착오다. 실제로 베토벤의 아파트는 난장판이기 일쑤였고, 베토벤은 입성이 남루해 부랑자로 오인당한 적도 있다. 과정과 결과는 서로 별개인 법이다. 그럼에도 "자연 선택은 무자비하고 가혹한 제거 과정이므로 그 결과로 잔인하고 무자비한 생물이 탄

생할 것이라고 믿었다." 하지만 진화가 우리에게 말해 주는 것은 이런 것
이 아니다. 폭력과 이기성만이 생존과 번식에 유리하다고 할 수는 없다. 협
력과 유대, 그리고 이타성이 더 유리할 수도 있다.

하나 더 있다. 베르트 횔도블러(Bert Hölldobler)와 에드워드 윌슨(Edward
O. Wilson)은 과학자를 이론가와 박물학자로 나누었다. 이론가는 특정 문
제에 관심을 기울이며, 그 문제를 해결해 줄 최선의 생명체를 찾게 마련이
다. 유전학자가 초파리를 선택하는 이유를 짐작하면 된다. 박물학자는 자
신이 다루는 생명체가 들려주는 이야기에 주목한다. 그 이야기에 깊이 파
고들면 이론적으로 중요한 의미를 발견할 수 있다 믿고 특정 동물 집단 자
체에 주목한다. 그동안 침팬지를 돋을새김한 것은 다분히 이론가적 관점
에서 인간 본성을 말해 온 탓이다. 나치의 만행을 설명하고 신자유주의의
장점을 설득하는 것과 침팬지의 특징은 밀접한 관련이 있었다. 역시 과학
은 현실에서 유리되어 있지 않다. 이제, 유인원을 통해 본 인간 본성 탐구
는 균형을 이룬다. 저자는 말한다.

> 요점은 인간이 침팬지와 보노보의 집단 간 행동을 모두 지니
> 고 있다는 사실이다. 인간 사회의 관계가 나쁜 경우는 침팬지
> 집단 사이보다 훨씬 나쁘지만, 관계가 좋을 경우에는 보노보
> 집단들 사이보다 훨씬 좋다. 우리의 전쟁은 침팬지의 '동물적
> 인' 폭력을 훨씬 넘어서는 방식으로 일어난다. 그렇지만 이웃
> 간의 좋은 관계에서 주고받는 이익은 보노보 집단 사이에서
> 보다 훨씬 크다. 인간 집단은 단순히 섞여 어울리면서 섹스를
> 나누는 것 이상으로 큰일들을 할 수 있다.

내 안의 유인원을 넘어서

인간 본성을 규명하려는 노력은 계속되었다. 뇌과학의 발전이 한몫했다. 도덕적 딜레마를 던져 주고 실험자를 뇌 판독 장치에 집어넣었다. 실험 결과, 도덕적 결정이 확장된 새겉질 표면에서 일어나지 않고 과거의 감정 중추를 활성화하는 것으로 나타났다. 이는 도덕적 결정이 수백만 년 전에 일어난 사회적 진화의 결과라는 뜻이다. 저자는 이 사실이 다윈의 진화론과도 맞는다고 힘주어 말한다. 게임 이론도 이기성과 이타성을 규명하는 데 적절히 활용되었다. 죄수의 딜레마이든 최후통첩이든, 인간에게는 이기성도 이타성도 있음을 증명했다.

그런데 내심 이런 과학 실험이 불편하다. 본성, 그러니까 궁극의 그 무엇을 파헤치겠다는 것 자체를 탓할 수는 없다. 하지만 이런 책을 읽을 적마다 인간은 "본성의 유전 프로그램을 맹목적으로 연기하는 배우라고 생각지 않는다."라는 말을 되뇌고 싶다. '빈 서판' 이론을 옹호하는 것도 아니며, 실존이 본질에 앞선다는 장폴 사르트르(Jean-Paul Sartre)를 더는 옹호하지 않는다. 분명히 우리에게는 타고난 바가 있으며 구조에 얽매여 있다. 그렇다면 중요한 것은, 타고난 우연 때문에 더 많은 부와 권력을 누리는 사회적 불평등을 해소하는 정의론은 무엇인지 고민하고, 구조를 타파해 실존에 더 많은 자유를 주는 길은 무엇인지에 더 관심을 기울이는 일 아닐까?

내 안에 유인원이 있다. 그것은 두말할 바 없이 침팬지와 보노보일 터다. 그러나 나는 두 유인원을 넘어서고 싶다. 생존과 번식을 넘어서 더 영원한 그 어떤 가치를 추구하고 싶다는 말이다. 결국에는 처절하게 실패하더라도. 그래서 인간이라 믿으며!

『초협력자』

마틴 노왁. 허준석 옮김.
사이언스북스. 2012년

협력의 자서전

> 말러의 「3번 교향곡」은 40억 년에 걸친 지구 생명의 이야기
> 이기도 한 협력의 궁극적인 발현을 이해하려는 나의 장정과
> 함께 울려 퍼졌다. 1893년과 1896년 사이에 쓰인 이 교향곡
> 은 말러의 작품 중 가장 긴 것으로 그 연주 시간은 거의 2시
> 간에 이른다. 이 교향곡은 우주에 대한 범신론적 전망이자 거
> 대한 음악 시이며 위대한 창조의 사다리를 하나씩 오르는 형
> 식으로 구성된 자연에의 송가다. 이 교향곡에 대한 나의 애정
> 은 1990년 초반 옥스퍼드에 머물던 초기 시절로 거슬러 올라
> 간다. …… 셀도니언 극장의 딱딱하고 불편한 의자들 위로 내
> 삶 전체가 펼쳐지고 있었다.

좀 거창해 보일까? 지난 20여 년 동안 "눈부시게 휘황찬란한" 인물들과 협
력하며 그가 생물계에서 가장 창조적인 힘이라 믿는 협력의 원리를 찾아
과학의 여러 다양한 영역을 탐험한 한 과학자가 자신의 지난 연구들을 되
돌아보는 느낌이 이러하다면 어떨까? 우리네 방식으로 그 과학자의 논문
과 저서가 (확인해 보니) 430여 편이 넘고, 그 가운데 《네이처》 48편, 《사이
언스》 16편이라면 좀 달리 보이겠는가?

마틴 노왁(Martin Nowak) 자신이 본인의 연구 주제와 가장 잘 맞는다고
말하는 구스타프 말러(Gustav Mahler)의 「3번 교향곡」을 틀고, 그의 자서전
격인 첫 대중서 『초협력자(SuperCooperators)』의 책장을 넘기며 오스트리아
의 빈 대학교에서 시작해 영국 옥스퍼드 대학교와 미국 프린스턴 대학교

를 거쳐 하버드 대학교에 이르는 그의 연구 여정을 다시 따라가 본다.

눈부시게 휘황찬란한 대가들

마틴 노왁은 1965년 오스트리아 빈에서 태어났다. 학생 시절 장래 희망은 의사였으나, 우연한 기회에 분자 생물학 책을 읽고는 1983년 빈 대학교의 생화학과에 진학한다. 그는 첫 대학 수업을 다음과 같이 기억한다. 그리고 일생의 중요한 운명을 마주한다.

> 1983년 10월 나는 대학 첫 수업에서 '여자들'과 마주쳤다. 이전에 만났던 여자들보다 훨씬 많았고 고맙게도 모두 한 곳에 모여 있었다. 약리학 분야에 여자 입학생 수가 많았던 덕분에, 600명 중 3분의 2가 여성이었고 이제 강의실에서 내 주위에 온통 여자들이 있었다. 남학교에만 다녔던 터라서 나는 천국에 온 것 같았다. 그중 얼마 안 되는 화학과 학생들 속에 우르줄라가 있었는데, 그녀는 나처럼 대학의 혹독한 기초 수학을 따라잡기 위해서 애쓰고 있었다. 6년 후 우리는 결혼했다. 지금도 수학 문제를 푸는 능력 덕에 내가 간택된 것은 아닌지 의심해 보곤 한다.

익살스러운 저자의 아직은 풋풋했던 혈기 왕성하던 시절을 보는 듯해 재미있다. 이어 그와 연구 여정을 함께하게 될 "눈부시게 휘황찬란한" 인물들을 만나게 되는데, 면면이 대단한 사람들이다.

노왁은 대학 3학년 이론 화학 수업을 통해서 후에 준종 모형(quasispecies

model)으로 유명한 페테르 슈스터(Peter Shuster) 교수를 만나 그의 학생이 되어 졸업 연구를 하고 대학원에 진학한다. 그러던 중 수학에 빠져들게 된 계기는 바로 슈스터와 함께 한 알프스 연구 여행에서 빈 대학교 수학과의 카를 지크문트(Karl Sigmund) 교수를 만나 게임 이론의 '죄수의 딜레마' 문제에 대해 알게 된 것이다. 그의 연구 방향에 중요한 변화가 일어나 이후 빈 소재 수학 연구소에서 박사 과정을 밟게 된다.

> 알프스 오두막에서 죄수의 딜레마를 처음 접하자마자 나는 얼어붙는 듯했다. 사실 마침 그때 카를이 내 죄수가 되었다. 그는 차를 가지고 오지 않았기 때문에 나는 빈까지 그를 태워 주기로 했다. 우리 아버지가 지금도 타고 다니시는 폴크스바겐 차를 타고 이튿날 돌아오는 길에 우리는 이 딜레마에 관해 이야기를 나누었다. 카를을 내려 준 후에도 나는 그에게서 시선을 뗄 수 없었다. 머지않아서 나는 빈 소재의 수학 연구소에서 그와 박사 논문을 준비하게 되었다. 이 연구소를 거친 내 선배들로는 위대한 물리학자 루트비히 볼츠만, 논리 수학자 쿠르트 괴델, 그리고 유전학의 아버지 그레고어 멘델이 있었다.

그가 학위 과정을 밟은 수학 연구소와, 쿠르트 괴델(Kurt Gödel)과 루트비히 볼츠만(Ludwig Boltzmann)이 머물렀을 그 동네 커피숍의 분위기에 대한 자부심이 대단하다. 그후 박사 학위가 끝나 갈 무렵 카를의 제안으로 옥스퍼드 대학교의 로버트(밥) 메이(Robert May)에게 박사 후 연구원으로 지원하게 된다.

결혼을 막 치르고, 영국의 옥스퍼드 대학교로 떠나는 날의 험한 날씨와 분위기를 그는 이렇게 묘사한다.

> 이후 9년간 지속될 신혼 여행을 위한 기차에 오른 것이 1989년이었다. 짐이 든 일곱 개의 가방과 두 대의 자전거를 짊어지고 말이다. 차고 바람이 많이 부는 날씨였다. 전함 같은 회색 하늘이 험상궂게 폭우를 퍼부었다. …… 기차가 어둠 속으로 들어설 무렵 내 아내는 눈물을 흘렸다. 이튿날 운하를 왕복하는 페리가 우리를 내려놓자 처음 마주하는 영국이 눈에 들어왔다.

영국의 첫인상이 상상했던 것과 달라 그는 크게 실망했다. 하지만 그는 곧 그곳을, 그리고 그곳의 학풍을 좋아하게 된다.

> 사우스팍스 로드에 위치한 정나미 떨어지는 콘크리트 더미인 옥스퍼드 대학교 동물학과에 마련된 나의 새 연구실로 마침내 걸어 들어갔을 때, 현실은 나의 기대로부터 또 한 번 멀리 달아나 버렸다. 조류 및 다른 동물들의 모습이 담긴 포스터가 벽을 차지하고 있었고 단 하나의 방정식이나 그래프도 눈에 띄지 않았다. 내가 제대로 찾아온 걸까? 그랬다. 그리고 이내 나는 내가 여기 온 게 행운이라는 것을 알게 되었다. 이곳에는 격식이란 게 별로 없었다. 오스트리아의 위계적인 학

문 체계에서는 바쁜 교수님들을 하찮은 학생들이 감히 귀찮게 하는 일이 거의 없었는데, 이곳은 달랐다. 나는 위대한 윌리엄 해밀턴부터 리처드 사우스우드 경, 리처드 도킨스, 폴 하비, 그리고 존 크렙스까지 이르는 석학들과 커피 한잔 혹은 오후 차를 마시며 격 없이 대화할 수 있었다. 이는 매우 흥분되는 일이었다.

그는 1997년에 옥스퍼드 대학교 동물학과의 수리 생물학 교수가 되었고, 케블 대학(Keble College)의 선임 연구원이었다. 이즈음 또다시 그에게 새로운 변화가 찾아온다.

옥스퍼드를 떠날 마음은 전혀 없었다. …… 하지만 몇 달 뒤 나는 고등 연구원으로 와 달라는 놀라운 제안을 받게 되었다. 당시 원장인 필립 그리피스가 이론 생물학을 주제로 마련된 고등 연구원 최초의 프로그램의 책임자로 나를 초빙한 것이다. 이 프로그램은 뉴욕의 자선가인 레온 레비가 후원했다. 정말 믿을 수 없는 기회였다. 동료들의 반응은 엇갈렸다. 밥은 연구원에서 제안한 내용을 꼼꼼하게 검토하더니 생각할 수 있는 최고의 것보다 훨씬 더 좋다고 결론지었다. 그는 너무나 기뻐했고 고등 연구원으로 가야 한다고 말했다. 자기라면 그렇게 했을 거라고 말했다. 존 메이너드 스미스는 가지 말라고 했다.

다른 곳에서 듣기 힘든 비밀스러운 이야기가 흥미진진하다. 다음 대목에서는 애잔하기까지 하다.

> 영국을 영원히 떠나기 전 마지막으로 밥을 보았을 때, 밀려드는 향수와 감정을 주체하기 힘들었다. 그는 에드먼드 휘태커와 조지 네빌 왓슨이 저술한 응용 수학 책인 『현대 해석학 강의』를 건넸다. 그는 이 오래된 책을 비행기 사고로 사망한 자신의 지도 교수 로버트 샤프로스에게서 물려받았다. …… 밥은 책에 '로버트 샤프로스가 로버트 메이에게'라고 써 두었다. '샤프로스'라는 이름 옆에 밥은 '전자를 띤 보손의 초전도성을 최초로 관찰한 사람'이라고 적어 두었다. 바로 밑줄에 그는 '로버트 메이가 마틴 노왁에게'라고 덧붙였다. 우리 둘은 감동의 눈물을 흘렸다.

이쯤에서 '지칠 줄 모르는 협력자'인 카를과 밥에게 헌정하는 이 책의 의미를 알 수 있다.

'초협력자'가 되기 위한 다섯 가지 협력의 메커니즘

내가 생각하는 『초협력자』는 상호 배신이라는 죄수의 딜레마를 이겨 내고 협력하게 되는 원리와 진화에서의 협력, 그리고 협력의 진화를 연구해 온 노왁의 20여 년 연구 여정에 대한 자서전이다. 책의 구성 순서대로 한 번 읽고, 중요한 등장 인물의 이름과 시기를 기록해 그 순서를 빈-옥스퍼드-프린스턴-하버드 순으로 맞추어 가며 다시 읽어 보자. 인물들에 대한 묘사가 풍부한, 소설 같은 그의 자서전이 나온다. 서사적이고 구체적인 묘사가 강한 그의 문체는 마치 소설을 읽는 느낌을 준다. 게임 이론, 진화와 협력에 관한 논문들에서나 마주하던 "눈부시게 휘황찬란한" 대가들과 저자의 인간적인 만남을 좀 엿볼 수 있는 것이 이 책의 가치가 아닐까?

죄수의 딜레마와 이를 해결하는 다섯 가지 협력의 메커니즘, 첫째, 반복에서 오는 직접 상호성, 둘째, 평판으로 나타나는 간접 상호성, 셋째, 공간과 연결 구조에 따른 협력의 창발, 넷째, 다수준의 집단 선택, 그리고 다섯째, 혈연 선택을 기술한 여섯 장의 설명은 구체적인 예를 상세히 설명하지 않았고 좀 급한 듯 간결하게 기술한다. (어떤 이유인지 이 책에는 표가 한 개만 있고, 그림은 하나도 없다. 심지어 논문의 특정 그림을 지칭하면서도 싣지 않았다. 수학자의 책이나 수식도 없다.) 좀 더 친절한 책인 경북 대학교 최정규 교수의 『이타적 인간의 출현』 2009년 개정 증보판을 참고해 함께 읽으면 좋을 것이다.

언어를 통해 직접 상호성과 간접 상호성을 포함한 다섯 가지 협력의 원리를 온전히 활용할 수 있는 인간에게 '초협력자'라는 멋진 이름을 걸어주고, 미래의 세대와도 협력할 수 있는 인간이 되길 기대하는 저자의 메시지는 우리에게 주는 교훈이 크다.

연주 시간이 1시간 45분인 레너드 번스타인(Leonard Bernstein) 지휘, 빈 필하모닉 오케스트라가 연주하는 말러의 「3번 교향곡」이 몇 차례나 돌았을까? 부드러운 선율의 6악장이 다시 시작되고 있다.

『이타적 인간의 출현』(개정증보판)

최정규.
뿌리와이파리. 2009년

협력의 수수께끼를 푸는 열쇠

오후 6시 36분, 지하철 5호선 천호역 왕십리 방향. 열차는 이미 승강장에 들어와 속도를 줄이고 있었다. 승강장의 노란선 밖에서 안전하게 기다리던 남성의 몸이 갑자기 균형을 잃고 앞으로 숙여진다. 남성은 다시 균형을 잡으려 한 발 앞으로 내디디며 몸을 돌렸지만, 그의 몸은 순식간에 승강장과 열차 사이의 공간으로 떨어져 끼이고 만다. 바로 뒤에서 현장을 목격한 시민이 망설임 없이 그 남성을 꺼내려 달려든다. 다행히 열차는 멈추었으나 남성의 끼인 몸이 빠져나오질 못한다. 이때 누가 시키기라도 한 듯 열차를 기다리던 사람들이 열차의 벽에 기대어 열차를 밀어 올린다. 열차에 타고 있던 승객들도 모두 나와 돕는다. 이때 33톤의 객차를 들어 올리고 비로소 남성을 구할 수 있었다. (「한국의 지하철 영웅들」이라는 영상의 한 장면이다.)

이러한 이타적인 행동은 비단 인간만의 습성은 아니다. 감전된 동료를 구하기 위해 위험을 감수하고 달려든 원숭이에게서도, 벌집을 지키려 목숨을 걸고 장수말벌을 에워싼 꿀벌들에게서도 나타난다. 이러한 이타성은 어디에서 오는 것일까? 최정규 경북 대학교 교수의 『이타적 인간의 출현』은 게임 이론으로 이기적인 생존의 경쟁에서 협력의 관계가 어떻게 살아남아 우리에게 전해졌는가를 이야기한다.

배신은 항상 유리한 것일까

게임 이론은 사람들(보통 '행위자' 혹은 '참가자'라 한다.) 사이의 상호 의존적인 의사 결정 과정을 설명한다. 게임 이론의 모든 참가자는 합리적인 결정을 하고, 남들도 합리적인 결정을 할 것을 안다고 가정한다. 또 남들도 모든 참가자가 합리적인 결정을 할 것을 안다는 것을 안다. 마치 거울 속의 거울 속의 거울 속의 나를 보는 듯이 무한히 확장되는 논리 속에서, 의사 결정의 결과로 돌아오는 손익을 따져 보상(보통 보수라 한다.)을 높이는 전략을 분석하는 것이다.

게임 이론의 출발점으로 유명한 '죄수의 딜레마'는 이렇다. 한 사건의 범인으로 의심되는 두 사람을 기소하기 위해서는 이들의 자백이 필요한 상황이다. 이를 위해 경찰은 다음과 같이 교묘한 방법을 계획한다. 서로 입을 맞추지 못하도록 두 사람을 각자 다른 장소로 데리고 가 다음과 같은 제안을 하는 것이다. 만일 두 사람 모두 자백을 하면, 각각 5년형이 선고될 것이다. 반면 모두 끝까지 범죄 사실을 부인한다면, 예전의 사소한 범죄 사실만으로 1년형이 선고될 것이다. 하지만 한 사람이 자백을 하고 다른 사람은 끝까지 부인하는 경우, 자백한 사람에게는 반성문만 쓰도록 하겠지만, 끝까지 부인한 사람에게는 위증 혐의까지 더해 7년형이 선고되도록 할 것이다. 이 경우 두 용의자는 어떻게 행동하게 될까?

게임 이론의 참가자는 어떤 상황에서든 자신에게 유리한 선택을 한다. 상대가 자백을 하는 경우를 먼저 생각해 보면, 나도 자백을 하면 5년형을 받고, 입을 다물면 7년형을 받는다. 자백이 유리하다. 이번에는 상대가 범죄 사실을 부인해 준다면, 나는 자백을 해 반성문만 쓰든가, 함께 무죄를 주장하며 1년형을 받을 수 있다. 이번에도 자백이 유리하다. 상대의 어떠한 선택에도 자백이 유리하다. 이렇듯 상대방을 배신하고 자백을 하는 것이 항상 유리한 전략이 된다. 하지만 상대방도 이와 같은 생각을 한다는 데 함정이 있다. 모든 참가자가 협조를 하게 되면 각각 1년형만을 살게 되어 전체적(사회적)으로 최적이다. 하지만 역설적이게도 서로 배신을 선택해 각각 5년형을 살게 된다. 배신하는 것이 합리적이고 경제적인 것인데, 결과는 서로 씁쓸하다.

여러 참가자들이 함께하는 문제에서도 이러한 상황은 나타난다. 바로 '공유지의 비극' 문제다. 목축업이 발달한 어느 마을에 누구나 맘껏 소를 풀 뜯게 할 수 있는 공유지가 있다. 모든 농부가 무제한으로 공유지에 소들을 방목하면, 풀이 자라는 속도보다 더 빨리 소비되어 공유지는 점점 황폐해지고 결국 풀이 모두 없어질 것이다. 농부 개개인의 입장에서는 소가 풀을 많이 뜯도록 하는 것이 이익이겠지만, 공유지를 잘 유지해 계속 이용하려면 서로 방목을 절제해야 한다. 이를 위해서 이틀에 한 번만 공유지를 이용하기로 하는 자율적인 약속이 있다고 할 때, 과연 농부들은 어떻게 할까?

이때에도 '나 하나쯤이야.'라고 생각하고 약속을 지키지 않는 쪽이 '경제적'이다. 역설적이게도 그러다 보면 공유지는 곧 황무지가 되어 오래 사용하지 못하게 되겠지만 말이다. 이런 문제는 공해상에서 조업하는 각국의 선박들 사이에도 있고, 잘 관리되지 않는 공동 휴게실 환경 문제에도 있다. 함께 사는 룸메이트와 청소를 두고 다투는 일이 빈번하지 않은가! 공유지의 비극 문제를 바로 두 명이 참가하는 문제로 줄이면 죄수의 딜레마 문제가 된다. 이렇듯 배신이 유리한 것이고, 항상 무임승차하는 사람은 있으며, 공공재를 위한 시장은 실패할 수밖에 없을까?

협력의 원리

죄수의 딜레마에 따르면, 모두가 협조해 사회적으로 최적의 상태를 만들 수 있음에도 불구하고, 이기심으로 서로가 자신에게만 유리한 전략을 선택하게 되면 모두가 최악의 상황에 도달하게 된다. 개인의 이익 추구를 강조하다 보면 도덕이 얼마나 취약한지, 우리가 흔히 볼 수 있는 이타적인 행동과 협력이 왜 이해하기 어려운 일인지 알 수 있다. 그럼에도, 개미와 꿀벌같이 협력하는 사회성 동물이 있고, 우리 인간도 이타적인 행동을 한다. 이 암울한 이론 속 이기심의 고리를 끊고, 따뜻한 현실로 나올 수 있는 원리는 무엇일까?

책의 7장부터는 협력의 수수께끼를 하나씩 풀어 나가기 위한 일곱 개의 열쇠를 제시한다. 바로 첫째, 혈연 선택 가설, 둘째, 반복-호혜성 가설, 셋째, 유유상종 가설, 넷째, 값비싼 신호 보내기 가설, 다섯째, 의사소통 가설, 여섯째, 집단 선택 가설, 일곱째, 공간 구조 효과가 그것이다.

윌리엄 해밀턴은 1963년 「이타적 행위의 진화(The evolution of altruistic behavior)」에서 이렇게 말한다. "적자생존이라는 원칙에도 불구하고 이타적 유전자가 번성할 수 있는가는 이타적 행동이 이타적 행위자에게 이득을 주는가의 여부가 아니라 이타적 유전자에게 이득을 주는가의 여부로 판별되어야 한다." 유전자의 시각에서 보자면 리처드 도킨스가 『이기적 유전자』에서 주장한 바와 같이, 행위자는 유전자를 보유하고 그 명령에 따르는 유전자의 그릇에 불과해진다.

예로 들고 있는 꿀벌의 경우, 꿀벌의 수벌은 배수(2n)가 아닌 단수 염색체(n)만을 갖는다. 배수인 모든 수정란은 여왕벌이나 일벌이 되는데, 이로 인해서 여왕벌과 일벌들 사이에는 유전적 근연도가 0.5가 아닌 0.75로 높아진다. 따라서 일벌들은 직접 번식을 하지 않아도 여왕벌을 통해서 상당한 유전자를 퍼뜨릴 수 있다. 여왕벌과 벌집을 지키려는 외견상 이타적으로 보이는 행동은 유전자들의 이기적인 동기에서 비롯된 결과일 수 있다. 해밀턴은 이를 간단히 다음과 같이 표현한다. "한 사람을 살리려고 자기의 목숨을 희생할 용의가 있는 사람을 찾기란 쉽지 않지만, 두 명의 형제를 구하기 위해 자기 자신을 희생하거나 여덟 명의 사촌을 구하기 위해 자기 자신을 희생할 용의가 있는 사람은 많이 발견할 수 있다."

하지만 이렇듯 혈연 관계에서만 이타적 행동이 관찰되는 것은 아니다. 게임의 반복성과 이에 따른 보복으로 협력의 원리를 설명하는 것이 반복–호혜성 가설이다. 함무라비 법전에 쓰여 있는 "눈에는 눈, 이에는 이."의 원리는 반복되는 게임에서 좋은 전략으로 작동한다. 1984년 로버트 액설로드(Robert M. Axelrod)의 실험에서 협조로 게임을 시작해, 상대방의 이전 전략을 그대로 따라 하는 호혜성의 전략이 좋은 성적을 거두었다. 이러한 호혜적 행동은 식량을 공유하는 흡혈박쥐나 서로 털 다듬어 주는 침팬지의 관계에서 자주 관찰되고, 식량을 공유하는 수렵 채집 부족에게서도 이러한 '조건부 협력'이 보고되었다.

호혜적 인간 대 경제적 인간

그렇다고 우리가 직접적인 호혜성을 염두에 두고 조건부 협력만을 하는가? 그렇지는 않을 것이다. 공공재 게임과 최후통첩 게임을 통해서 살펴본 경제학과 사회 심리학의 실험들은 반복적이지 않은 게임에서도 참가자들의 이타적 협력을 보고한다. 오히려 좀 더 적극적으로 배신을 하는 참가자에게는 자기에게 손해가 되더라도 비용을 들여 이를 응징하는 '이타적 보복'의 성향을 보인다. 이를 반복–호혜성 가설과 구분해 저자는 강한 호혜성을 갖는 '호혜적 인간(Homo Reciprocan)'이라고 표현한다. 경제학에서 흔히 가정하는 이기적이며 합리성에 기초한 경제적 인간(Homo Economicus)에 대비되는 표현이다.

'경제 이론이 인간을 얼마나 설명해 주는가?' 외견상으로는 이타적으로 보이나 이해타산의 기초가 깔려 있는 혈연 선택과 반복-호혜성 가설은 가장 많이 받아들여지는 주요한 두 이론이지만, 직접 우리 사회에 적용하는 것에는 무리가 있다. 유유상종, 집단 선택, 그리고 국지적 공간 구조 효과 등은 그 대안으로 진정한 이타적인 행위 속성이 어떻게 유지되고 진화적으로 유리한 사회적 환경이 될 수 있는지를 설명할 수 있다.

> 이러한 과정을 통해서 인류는 친족의 범위를 넘어서서, 그리고 게임이 반복되지 않는 경우에도 다른 사람들을 돕고자 하는 행위적 특성을 발전시켜 왔다. 그리고 이러한 행위적 특성은 이타적 협조 행위뿐 아니라 사회 규범으로부터 이탈하는 사람들에게 징계나 보복을 하는 행위적 특성까지 포함하여 진화해 왔을 것으로 예측된다.

바로 '이타적 인간'의 출현이다.

경제학자이자 사회학자인 최정규 교수는 어떠한 이론적 사실보다 다음을 강조하고 싶지 않았을까 한다.

> 때로 사람들은 물질적, 금전적 유인에 의해 이기적으로 행동한다. 하지만 사람들은 완전히 이타적으로 행동하기도 하고, 또 어떤 경우에는 공평성 내지는 형평성을 중요한 행동과 가

치판단의 기준으로 삼음으로써 강한 호혜성에 따라 행동하기도 한다. 이 경우 물질적, 금전적 유인보다도 규범, 관습, 제도가 사람들의 행위를 인도하는 나침반이 된다.

다시 처음의 '지하철 영웅들'로 돌아가 보자. 그 사고는 사실 10년도 전인 2005년 10월 17일의 이야기다. 지금은 혼잡한 승강장 거의 대부분에 스크린도어가 설치되어 이런 사고가 줄었다. 스크린도어는 고맙게도 안전하게 승객들을 보호해 주지만, '물질적, 금전적' 유인을 추구하는 기업은 '규범과 제도'를 무시하고 스크린도어 수리 작업을 하도록 직원을 열악한 환경으로 내몰았다. 2016년 5월 구의역에서의 사고는 분명 일어나지 않을 수 있었던 안타까운 사고였다.

현재의 우리는 경제적 논리에만 사로잡혀 강한 호혜성 발현이라는 수만 년 인류 진화 역사의 반대 방향으로 가며, 결국 이타성마저 잃고 진화적으로 취약한 종으로 전락하고 있는 것은 아닐까?

『오래된 연장통』(증보판)

전중환.
사이언스북스. 2014년

인간의 마음은 오래된 연장통이다

> 먼 훗날 나는 훨씬 더 중요한 연구 분야가 열리리라 본다. 심
> 리학은 새로운 토대 위에 서게 될 것이다.

150여 년 전 찰스 다윈이 『종의 기원』의 말미에서 이렇게 예언했을 때, 그
이야기를 귀담아듣는 사람은 거의 없었다. 그러나 20세기 후반부터 일군
의 학자는 이런 다윈의 전망을 현실로 만들었다. 1980년대 중반 이들은 진
화의 산물인 인간 본성을 규명하려는 자신의 연구에 이름을 붙였다. 바로
'진화 심리학(evolutionary psychology)'이 탄생하는 순간이었다.

　진화 심리학은 인간이라면 누구나 똑같이 가지고 있을 마음의 틀에 관
심을 갖는다. 그 마음의 틀은 수백만 년 동안 인류의 조상이 아프리카 초원
에서 수렵 채집 생활을 하면서 맞닥뜨린 온갖 문제를 해결하는 과정에서
만들어졌다. 『오래된 연장통』의 저자 전중환은 이 마음의 틀을 '오래된 연
장통'에 비유한다.

> 인간의 마음은 톱이나 드릴, 망치, 니퍼 같은 공구들이 담긴
> 오래된 연장통이다. …… 우리의 마음은 어떤 배우자를 고를
> 것인가, 비바람을 어떻게 피할 것인가, 포식동물을 어떻게 피
> 할 것인가 등 수백만 년 전 인류의 진화적 조상들에게 주어졌
> 던 다수의 구체적이고 현실적인 문제들을 잘 해결하게끔 설
> 계되었다.

진화 심리학은 이 오래된 연장통의 실체를 파악하는 것이야말로 인간을 이해하는 첫걸음이라고 주장한다. 과연 그럴까? 한국에서 맨 처음 진화 심리학 박사 학위(「가족 내의 갈등과 협동에 관한 진화 심리학적 연구」)를 받은 저자는 첫 책『오래된 연장통』에서 그 힘을 유감없이 보여 준다.

진화 심리학을 스케치하다

『오래된 연장통』은 지난 40년간 진화 심리학이 쌓은 연구 성과를 요령 있게 스케치했다. 머리말에서 "진화 심리학에 대한 묵직한 입문서를 원하시는 분들은 이 책을 즉시 내려놓으"라고 겸손을 떨었지만, 나는 개인적으로 진화 심리학에 호기심을 느끼는 지인이라면 누구에게나 이 책을 추천한다. 고백하자면, 사석에서 이런 얘기를 늘어놓고 으쓱해한 적도 여러 번이다.

대다수 포유류 암컷은 배란 직전에 발정기에 도입하며, 이 기간 동안 여러 수컷과 성관계를 맺는다. 인간은 이런 발정기가 없다. 남성은 물론이고 여성도 (신경을 쓰지 않는 한) 배란 여부를 확인하기 쉽지 않다. 그러나 진화 심리학의 최근 연구 결과를 보면, 인간의 발정기는 사라지지 않았다. 이 책의 설명을 들어 보자.

> 우리 조상들이 진화한 원시 환경에서 모든 여성이 자식에게 우수한 유전적 형질을 전달해 주는 섹시한 남편들을 얻은 건 아니다. …… 따라서 여성은 유전적 이득을 얻을 가능성이 열리는 가임기에만 섹시한 외간 남자와의 혼외정사를 추구하게끔 진화했을 것이다. 이 이론은 다음과 같은 예측을 한다.

> 배란 주기상에서 가임기에 있는 여성은 좋은 유전자를 지
> 닌 남성을 남편감이 아닌 성관계 상대로 선호하는 경향이 있
> 을 것이다. …… 아니나 다를까, 눈두덩이 불거지고 코와 턱
> 이 발달한 남성적인 얼굴, 어깨가 넓고 근육이 탄탄한 남성적
> 인 신체, 분위기 있는 저음의 남성적인 목소리, 남자답게 크
> 고 훤칠한 키에 대한 여성들의 선호는 가임기가 되면서 뚜렷
> 한 상승 곡선을 그렸다. …… 성관계 상대로서의 매력도 평가
> 에서 가임기 여성은 비가임기 여성보다 거칠고 남성적인 사
> 내의 체취를 보통 사내의 체취보다 더 선호했다.

이런 이야기는 또 어떤가.『오래된 연장통』이 반복해서 지적하고 있듯이 인간의 마음은 수백만 년 전 아프리카 초원의 수렵 채집 생활에서 겪어야 했던 문제를 잘 풀게끔 진화했다. 불과 1만 년 정도밖에 안 되는 농경 생활이나, 길어야 200년이고 짧으면 수십 년에 불과한 도시 생활이 마음의 진화에 영향을 줬을 가능성은 적다. "우리 안에는 석기 시대의 마음이 들어 있다."

이렇다 보니, 인간의 마음은 현대의 일상 생활 속에서 갖가지 불행한 결과를 초래한다. 예를 들어 보자. 먹을거리가 부족한 수백만 년 전 아프리카 초원에서 인류의 조상은 열량이 높은 음식을 달게 느끼게끔 마음이 진화해 더 많은 에너지원을 섭취했다. 그러나 이런 본성은 단 것이 지천에 있는 현대에서 각종 성인병을 일으키는 원흉으로 작용한다.

야한 동영상(포르노)에 흥분하는 남성도 마찬가지 예다.

인류가 진화한 환경에서 야한 동영상은 없었다. 남성이 야한 동영상에 등장하는 여성의 모습을 감상할 때, 남성의 두뇌는 그 모습이 실제 여성이 아니라 점과 선이 조합된 허상이라는 것을 깨닫지 못한다. 동영상 속의 여성과 성관계를 할 수 없다는 사실을 모르는 남성의 두뇌는 동영상을 보면서 아무런 실익도 없이 심장 박동 수를 높이며 발기를 시킨다.

얼마나 흥미로운 이야기인가! 이처럼 진화 심리학은 마음의 틀이 어떻게 빚어졌는지 설명하고, 그것을 확인하는 과정에서 미처 알지 못했던 인간의 비밀을 발견하면서 영향을 확대해 왔다. 『오래된 연장통』은 진화 심리학이 철학, 예술, 종교, 미학, 경제 등을 바라보는 시각을 어떻게 바꾸고 있는지 알려 준다.

걸출한 과학자 작가의 탄생

『오래된 연장통』은 매혹적인 책이다. 이 책을 읽다 보면, 자기도 모르게 진화 심리학이 '오래된 연장통'의 비밀을 하나씩 해명해 인간을 더 깊이 있게 이해하는 데 도움을 줄 수 있다고 수긍하게 된다. 2010년에 초판이 나오고(2014년에는 개정 증보판도 나왔다.) 진화 심리학을 더 깊이 있게 소개하는 책이 여러 권 나왔는데도 이 책의 가치가 여전한 이유도 이 때문이다.

가끔 이 책을 권하다 보면, 진화 심리학이 받는 부당한 오해를 접한다. 전중환을 비롯한 진화 심리학자 여럿이 정확하게 반박했듯이, 진화 심리학은 오래된 연장통의 비밀을 탐구하는 데에서 멈춘다. 인간이 '원래' 그런 모습이었다고 해서 그러니 '지금' 그렇게 살아야 한다고 주장하는 것은 명

백한 오류다. (자연주의 오류)

하지만 인간의 마음이 안고 있는 어떤 경향을 파악할 수 있다면 온갖 정치, 경제, 사회, 문화의 문제를 해결하는 데 있어서 유용한 참고 사항이 될 수 있다. 정치적으로 좌파든 우파든 진화 심리학을 통해서 얻은 인간에 대한 통찰은 세상을 이해하는 시각을 더욱더 깊게 해 줄 수 있다. 진화 심리학에 대한 통찰과 인간사에 대한 탐구가 절묘하게 결합되어야 하는 이유가 여기에 있다.

그런 점에서 나는 좋아하는『오래된 연장통』의 저자 전중환에게 불만이 있다. 그는 언론에 기고한 에세이를 묶어서『본성이 답이다』를 펴냈다. 반쯤은 수사적인 표현이라도 "본성이 답"이라고 외치고 나면, 진화 심리학의 통찰은 엉뚱한 이데올로기적 효과를 낳을 수 있다. 강조하건대, 본성은 "답"이 아니라 인간을 구성하는 하나의 "조건"일 뿐이다.

마지막으로 하나만 덧붙이자.『오래된 연장통』은 최재천, 정재승, 장대익 등을 잇는 또 한 명의 걸출한 '과학자' 작가를 탄생시킨 책이다. 장담컨대, 이 책은 한국 과학책의 스타일을 한 차원 높인 작품으로 오랫동안 기억될 것이다.『오래된 연장통』을 과학 고전으로 꼽은 선정에 고개를 끄덕일 수밖에 없는 또 다른 이유다.

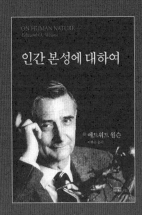

『**인간 본성에 대하여**』(신장판)

에드워드 윌슨. 이한음 옮김.
사이언스북스. 2011년

왜 그 과학자는 물벼락을 맞았나

1978년 2월 15일. 과학자 여럿이 모인 학술 회의 자리에서 한 과학자가 자기 강연 차례를 기다리고 있었다. 그때 한 젊은 여성이 앉아 있는 그에게 다가가 머리 위에다 얼음물 한 주전자를 쏟아부었다. 동시에 다른 이들 몇몇이 연단에 올라가 그를 조롱하는 현수막을 흔들었다. "윌슨, 당신은 완전히 틀렸어(Wilson, you're all wet)." 요즘 같으면 소셜 미디어에서 몇 날 며칠 화제가 되었을 이 봉변의 주인공은 하버드 대학교 생물학과 교수 에드워드 윌슨이다. 그는 1975년에 『사회 생물학(Sociobiology)』을 펴내고 나서 "빈부 격차나 성차별과 같은 기존의 사회적 불평등"을 옹호하는 과학자로 비판받았다.

윌슨이 예고한 "하등동물인 아메바의 군체부터 현대 인간 사회에 이르기까지 모든 생물 행동의 사회학적 기초를 자세히 탐구하는" 사회 생물학은 채 빛을 보기도 전에 우생학과 같은 사이비 과학으로 낙인 찍혔다. 하지만 윌슨은 봉변을 당하고도 강연을 포기하지 않았고, 바로『인간 본성에 대하여(On Human Nature)』를 펴낸다. 이 책은 그에게 퓰리처 상을 안겼다.

사회 생물학의 승리

오랜만에 윌슨의 『인간 본성에 대하여』를 다시 읽으면서 여러 생각이 들었다. 윌슨이 그런 봉변을 당한 지 40년이 지난 지금 사회 생물학의 성적표는 어떨까? 일단 진화 생물학의 통찰을 (동물의 한 종인) 인간까지 확장해 보려는 윌슨과 그의 동료의 영향력은 여전히 제한적이다. (주류 사회 과학에서 사회 생물학은 여전히 찬밥 신세다.)

하지만 적어도 (이런 게 존재한다면) 교양 시장에서 사회 생물학은 확실히 시민권을 얻었다. 도킨스의 『이기적 유전자』와 윌슨의 『인간 본성에 대하여』 등으로 시작한 사회 생물학, 또 (이름을 슬쩍 바꾼) 진화 심리학은 전 세계 과학 교양 출판 시장의 마르지 않는 샘물이다. 그 명백한 증거가 바로 우리 시대의 새로운 과학 고전 목록을 표방한 '과학 고전 50'의 책들이다. 여기서 다소 엄격한 기준을 잡더라도 사회 생물학으로 분류할 만한 책은 50권 가운데 7권이나 된다. 윌슨의 동료 존 올콕(John Alcock)이 이미 2001년에 『사회 생물학의 승리(The Triumph of Sociobiology)』에서 공언했던 일이 적어도 교양 시장에서는 기정사실이 되었다. 그리고 그 과정에서 윌슨이 맡았던 과학자, 또 글쟁이로서의 중요한 역할은 아무리 강조해도 지나치지 않다. 『인간 본성에 대하여』는 그 생생한 증거다.

신자유주의 시대의 과학?

여기서는 『인간 본성에 대하여』를 둘러싼 맥락을 살펴보자. 1978년 윌슨이 당한 봉변에는 분명히 1970년대 미국 대학의 분위기가 한몫했다. 오늘날 미국 사회에서 대학은 학교 밖에서는 씨가 마른 좌파의 영향력이 그나마 남아 있는 곳이다. 68 운동, 반전 운동, 또 마오쩌둥이 이끈 문화 혁명 등의 세례를 받은, 이른바 '신좌파'가 득세했던 1970년대에는 그 영향력이 훨씬 더했다. 윌슨이 근무하던 하버드 대학교 역시 마찬가지였다. 특히 스티븐 제이 굴드, 리처드 르원틴(Richard Lewontin), 조너선 벡위드(Jonathan Beckwith) 같은 교수와 학생 들은 과학 기술과 자본주의의 공모에 대한 문제 의식을 벼르던 중이었다. 이런 그들에게 "인간 본성" 운운하는 윌슨의 사회 생물학은 분명히 수상쩍게 보였을 것이다. 윌슨과 그의 동료는 이들의 주장이 일종의 허수아비 비판이었다고 여긴다. 그런 측면이 분명히 있다. 하지만 지금 돌이켜 보면, 사회 생물학을 둘러싼 당시의 논쟁은 훨씬 더 넓은 맥락에서 음미해 볼 필요가 있다. 과학 지식과 사회의 상호 작용에 초점을 맞추어 보면 여러 가지 측면에서 재평가할 수 있기 때문이다.

첫째, 굴드 같은 비판자들이 보기에 사회 생물학은 새로운 것이 아니었다. 우생학에 열광한 것은 히틀러만이 아니었다. 그들의 선배 '과학 좌파', 특히 1930년대 영국을 중심으로 활동했던 과학자들은 과학 기술을 통해서 사회주의 유토피아를 만드는 일이 가능하다고 믿었다. 그리고 그 믿음 중에는 생물학을 통한 인류의 '개선'도 포함되어 있었다. 이런 선배의 오류를 비판하면서 등장한 굴드나 르원틴 같은 신좌파 과학자들이 과학 지식이 사회와 상호 작용하면서 낳는 효과에 민감한 것은 어찌 보면 당연한 일이었다. 그들이 보기에, 사회 생물학은 윌슨이나 그의 동료의 부정에도 불구하고, 우생학과 비슷한 사회적 효과를 낳을 가능성이 충분히 있었다.

한 가지 예를 들어 보자. 2014년 8월 20일, 도킨스는 자신의 트위터에 다운 증후군 아이의 낙태를 권하는 짧은 글을 올려서 몰매를 맞았다. 나는 그의 글에서 "부도덕(immoral)"이라는 단어가 먼저 눈에 들어왔다. 그렇다. 그는 다운 증후군 아이를 낳는 일을 부도덕하다고 판단한 것이다. 우생학으로 인류의 '개선'을 꿈꾸던 히틀러나 옛날의 과학 좌파들이 가장 손쉽게 생각했던 것이 바로 '정상' 범주에서 벗어난 이들의 말살이었다. 그러니까, 다운 증후군 아이를 낳는 일을 부도덕하다고 당당하게 이야기하는 도킨스와 우생학을 신봉하던 이들의 거리는 생각보다 멀지 않다. (물론 사회 생물학을 옹호한다고 해서 모두 도킨스 같은 도덕관을 가진 것은 아니다.)

둘째, 하필 1970년대 이후 사회 생물학이 교양 시장에서 주목을 받게 된 이유도 따져볼 필요가 있다. 알다시피, 1970년대 이후부터 지난 40년간은 20세기 역사에서 대반동의 시기였다. 특히 유럽과 미국에서는 연대에 기반을 둔 복지 국가 같은 사회 국가의 비전이 스러지고, '만인의 만인에 대한 투쟁'에 기반을 둔 신자유주의가 득세하기 시작했다. 이 시점에 교양 시장에서 사회 생물학이 득세한 것을 어떻게 이해해야 할까? '이기적 유전자' 같은 전혀 과학적이지 않은 수사를 내세운 책이 수십 년간 전 세계에서 읽히고, (드 발이 『내 안의 유인원』에서 날카롭게 지적했듯이) 호전적인 침팬지가 협력적인 보노보에 비해서 더 주목받았던 것은 분명히 시대상과 연관이 있다.

반면에 (역시 드 발이 꼬집듯이) 어느 순간부터 사회 생물학이나 진화 심리학의 중요한 키워드가 협력, 연대, 공감, 이타심 같은 것으로 바뀌었다. 그렇다면 왜 40년 전에는 이런 키워드가 과학자나 교양 시장에서 주목을 받지 못했을까? 이 질문에 제대로 답하려면 역시 사회 생물학과 사회의 상호 작용에 대한 성찰이 필요하다. 물론 그 전에도 이와 같은 연구가 없었던 것은 아니다. 당장 윌슨의 『인간 본성에 대하여』에서는 책의 뒷부분을 인간의 이타심에 할애하고 있다. 나는 지금 읽어도 『인간 본성에 대하여』가 고전으로서의 균형 감각을 갖추게 된 이유가 바로, 윌슨이 하버드 대학교의 동료 비판자를 의식한 결과라고 생각한다.

왜 '올드 좌파'는 사회 생물학에 열광하나

마지막으로 한 가지만 더 언급하겠다. 윌슨은 『인간 본성에 대하여』에서 진화에서 비롯된 인간 본성(유전자)을 문화를 묶는 '가죽끈'에 비유하고 있다. 그에 따르면, 인간의 문화는 그것을 묶는 가죽끈으로부터 어떤 식으로든 속박을 받을 수밖에 없다. 이런 비유는 또 다른 생각거리를 준다. 사회 생물학의 이런 사유는 구조주의와 다르지 않다. 알다시피, 구조주의는 자율적이라고 믿는 우리의 판단과 행동마저도 이미 존재하는 어떤 구조, 예를 들면 역사, 언어, 습속 혹은 사회적 관계에 의해서 제약을 받고 있다는 생각이다. 카를 마르크스의 사유 역시 전형적인 구조주의의 예다. (이와 관련해서는 내가 쓴 『과학 수다 1』 110~112쪽의 짧은 에세이를 참고하라.)

사회 생물학도 마찬가지다. 진화의 흔적을 연구함으로써 우리의 판단과 행동을 제약하는 어떤 구조를 파악할 수 있으리라는 생각이 바로 그 핵심에 놓여 있다. 마르크스가 '가죽끈'을 역사 속에서 형성된 사회적 관계(자본주의)라고 보았다면, 사회 생물학은 그것을 진화의 흔적(유전자)으로 보는 것이 다를 뿐이다. 이런 점에서 보면 한국 사회의 완고한 좌파 지식인 가운데 몇몇이 최근 사회 생물학에 꽂힌 것도 이해 못 할 바가 아니다. 강력한 구조의 힘이 작용하는 원리를 파악하면, 인간과 사회의 핵심을 파악할 수 있으리라는 생각에서는 그들이 신봉한 마르크스주의와 (그들로서는 새로운) 사회 생물학이 상당히 흡사할 테니까.

나는 굴드 같은 인문주의 과학자가 사회 생물학을 못 견뎌했던 결정적인 이유가 여기에 있다고 생각한다. 윌슨보다 훨씬 영악한 도킨스가 『이기적 유전자』의 마지막 장에서 (따지고 보면 모방과 다를 게 없는) '밈(meme)' 같은 알쏭달쏭한 개념을 내세우며 문화의 자율성을 인정한 것도 마찬가지다. 굴드나 도킨스는 알았다. 한 가지 구조의 힘만으로 환원하기에는 개인의 마음이, 또 그것이 어우러져서 빚어내는 인간사의 복잡성이 상상을 넘어선다는 것을. 『인간 본성에 대하여』가 지금 읽어도 여전히 흥미로운 한 시대를 상징하는 고전이지만, 읽고 나서 답답한 이유가 바로 여기에 있다.

『기억을 찾아서』

에릭 캔델. 전대호 옮김.
알에이치코리아. 2014년

뇌의 비밀, 달팽이는 안다

알파고의 충격이 사람들 마음속에 내면화되고 있는 것 같다. 얼마 전 만난 고등학교 선생님, 택시 기사 아저씨, 헤어 디자이너 등이 이구동성으로 이 야기하는 것을 들었다.

"앞으로 기계가 인간의 모든 일을 대신할 거라면서요?"

기계는 오래전부터 인간의 일을 대신 해 왔다. 19세기 초 증기 기관 방 적기가 인간의 일자리를 위협하자 이에 불안을 느낀 영국의 노동자들은 기계를 파괴하며 저항한다. 일명 '러다이트 운동'이다. 알파고가 주는 위 기감은 증기 기관 방적기와는 차원이 다르다. 일자리를 빼앗는 정도가 아 니라 결국 우리를 지배할지도 모른다. 인공 지능 알파고가 특별한 것은 인 간의 뇌가 작동하는 방식을 모방하기 때문이다. 뇌를 모방한다는 말을 들 었을 때 사람들은 어떤 것을 상상할까? 사람의 손을 모방한 기계라고 하면 대충 머리에 그림이 그려진다. 실제 로봇 팔의 모습은 상상과 크게 다르지 않다. 하지만 뇌를 모방한다는 것은 무엇을 의미할까?

뇌를 모방한다고 했지만, 알파고는 분명 인간과 다르다. 한 가지 예를 들자면, 이세돌과의 시합에서 이겼지만 알파고가 기뻐했는지 알 수 없다. 알파고는 구체적으로 뇌의 무엇을 모방하는 것일까? 언론에 수없이 나온 단어 '딥러닝'에 단서가 있다. 러닝(learning), 그러니까 알파고는 뇌의 학습 능력을 모방한 기계다. 그렇다면 인간의 뇌는 어떻게 학습을 할 수 있는 것 일까?

뇌와 의식에 대한 책들은 많다. 이런 책들은 대개 뉴런의 해부학적인 지 식으로부터 이야기를 시작한다. 뉴런은 뇌를 이루는 세포다. 학습이나 지능이 인간의 뇌가 갖는 특별한 능력으로 느껴질 수도 있지만, 놀랍게도 그렇지 않다. 신경 세포 하나의 수준에서 학습이나 기억과 같은 의식의 핵심 원리를 볼 수 있다. 이런 사실을 알아내는 데 중요한 기여를 한 사람이 바로 『기억을 찾아서(*In Search of Memory*)』의 저자 에릭 캔델(Eric Kandel)이다. 캔델은 세포 내 기억 과정을 알아낸 공로로 1990년 노벨 생리 · 의학상을 받았다.

자서전이자 뇌과학 역사책

이 책에는 두 가지 관전 포인트가 있다. 첫째, 인간이자 과학자인 캔델의 이야기. 여기에는 유대 인이라는 그의 정체성이 강하게 나타난다. 또 과학자로서 캔델이 경험한 것들은 일반인이 잘 모르는 과학자 사회의 이야기다. 여기서도 인간 사회에서 일어나는 모든 일들이 일어나게 마련이다. 둘째, 뇌과학 이야기. 과학 지식을 일목요연하게 정리한 책은 많지만, 그런 지식이 나오게 된 시행착오의 역사를 꼼꼼히 보여 주는 책은 드물다. 캔델이기에 쓸 수 있는 이야기다. 그런 점에서 이 책은 특별하다. 캔델의 자서전이자 뇌과학의 역사책이기 때문이다. 자서전이 바로 역사책이 되는 사람은 많지 않다.

이 책은 캔델이 아홉 살이 되던 1938년 11월 9일 '깨진 수정의 밤 (Kristallnacht)'의 이야기로 시작된다. 이날 독일어권의 수많은 유대 인들이 나치의 폭력에 희생당했다. 유대 인이었던 캔델 가족은 제2차 세계 대전이 시작되기 직전, 오스트리아를 간신히 탈출해 미국으로 이주한다. 홀로코스트의 지옥 문턱에서 가까스로 빠져나온 것이다. 캔델이 살았던 오스트리아의 빈은 당시 예술과 지식의 중심지였다. 캔델은 당시 빈이 지녔던

지적 · 예술적 매력과 뇌과학을 버무려 『통찰의 시대(*The Age of Insight*)』라는 책을 쓰기도 했다. 이런 멋진 도시의 사람들이 왜 갑자기 악랄하고 잔인한 모습으로 돌변한 것일까? 이 사건은 캔델이 일생을 바쳐 인간의 의식을 탐구하는 강력한 동기가 된다.

캔델이 기억의 원리를 발견한 장소는 놀랍게도 인간의 뇌가 아니었다. 거대한 바다달팽이 '군소'의 뉴런이었다. 인간의 뇌를 연구하던 캔델이 군소로 연구 대상을 바꾸려 했을 때, 주변에서 만류하던 이야기가 나온다. 연구 대상을 인간에서 동물로 바꾼다는 것은 의사를 그만두고 생물학자가 된다는 의미이기도 하다. 사실 나 같은 물리학자에게 캔델의 선택은 당연해 보인다. 복잡한 현상을 이해하는 첫 번째 단계는 문제를 최대한 단순히 만드는 것이다. 더 단순해지면 안 되는 정도로 단순화시킨 것이 가장 좋다. 물론 이것은 환원론적 관점이다. 인간의 기억과 같은 고등한 의식이 군소 따위(?)의 뉴런 하나에서 이해된다는 것은 어떤 이에게 기분 나쁠 일일 수도 있다. 한 가지 분명한 사실은 군소가 아니었으면 캔델이 노벨상을 받기는 힘들었을 것이라는 점이다.

뇌과학이 밝힌 기억과 학습의 비밀

캔델이 알아낸 기억과 학습의 비밀은 너무나 단순하다. 원래 뭐든 알고 나면 당연한 법이다. 뉴런이라는 세포는 전기 신호를 입력받아 다시 전기 신호로 출력하는 역할을 한다. 입력은 수천, 수만 개의 다른 뉴런으로부터 들어온다. 들어온 전기 신호가 누적되어 어느 임계치를 넘으면 외부로 전기 신호를 내보낸다. 이게 하나의 뉴런이 하는 일의 전부다. 뉴런과 뉴런 사이는 시냅스라는 부분으로 연결되어 있다. 시냅스는 전기 신호를 화학 신호로 바꾸었다가 다시 전기 신호로 바꾼다. 얼핏 이상하다고 느낄 수 있다. 그냥 전기 신호로 계속 보내면 될 것을 왜 화학 신호로 변환하는 것일까? 여기에 모든 비밀이 숨어 있다.

당신이 이웃한 두 사람과 나란히 손을 잡고 있는 상황을 생각해 보자. 왼쪽 사람이 손을 꼭 쥐면 당신에게 신호가 온 것이다. 당신이 신호를 전달하고 싶다면 오른쪽 손을 꼭 쥐면 된다. 사람이 뉴런이고 맞잡은 손이 시냅스다. 실제 뉴런은 손이 수천 개 달린 괴물이라는 점이 다르다. 시냅스의 특징은 그 세기가 변할 수 있다는 것이다. 당신 손아귀가 세다면 약하게 손을 쥐어도 옆 사람에게 신호가 쉽게 전달될 것이다. 손에 힘이 하나도 없다면 쥐어도 옆 사람이 모를 것이다. 학습을 한다는 것, 기억한다는 것은 바로 시냅스들의 세기를 변화시키는 것이다.

자전거를 처음 탈 때는 다리 근육의 움직임을 일일이 신경 써야 한다. 하지만 자전거를 자꾸 타다 보면 의식하지 않아도 다리가 자동으로 적절히 움직인다. 자전거를 타는 데 필요한 움직임을 일으키는 뉴런들의 연결이 강화된 것이다. 이것이 학습이다. 자전거에서 내리는 순간 자전거 타는 기술을 몽땅 잊어버리는 사람은 없다. 며칠 뒤에 자전거를 타도 쉽게 자전거를 탈 수 있다. 강화된 시냅스의 세기가 장시간 유지된다는 뜻이다. 이것이 바로 기억이다. 캔델은 군소의 뉴런에 인위적으로 전기 자극을 가해 시냅스 결합의 세기가 변하는 것을 관찰하고, 그 결과에 따라 군소의 행동에 변화가 생기는 것, 즉 학습이나 기억의 행위가 생기는 것을 보였다. 알파고의 학습 원리는 군소와 같다. 신경망 회로의 노드라 불리는 것들 사이의 결합 강도를 변화시키는 것이 학습이다. 노드가 뉴런이고 결합 강도가 시냅스인 셈이다.

과학이 만들어지는 과정을 보다

이 책이 가진 또 다른 미덕은 연구 과정을 아주 자세히 기술한다는 점이다. 앞선 사람들이 어떤 연구를 했고, 무슨 문제가 있었으며, 그 문제를 해결하기 위한 아이디어는 무엇이고, 그것을 구현하기 위해 어떻게 실험을 했는지, 그 결과가 의미하는 것이 무엇인지 등을 상세하게 소개한다. 이 분야를 직접 개척한 사람으로서 어느 것 하나 버리기 싫었을지 모르겠다. 위에서 설명한 단순한(?) 원리를 찾기 위해 얼마나 많은 실험과 검증이 필요했는지 저자의 이야기를 따라가다 보면, 과학이 만들어지는 과정에 대한 단서를 얻게 될 것이다.

저자는 의식을 이해하는 일이야말로 현재 과학이 당면한 모든 과제 가운데 가장 중요한 것이라 단언한다. 우주의 근본 원리를 탐구하는 오만한(?) 물리학자로서 완전히 동의할 마음은 없다. 하지만 우주의 근본 원리를 탐구하는 주체가 인간의 의식이라는 것은 인정할 수밖에 없다. 사실 지금 이 글을 쓰는 것도, 이 글을 읽는 것도 모두 인간의 의식이다. 기계 지능이 의식을 가지기 전까지는 말이다.

『스피노자의 뇌』

안토니오 다마지오. 임지원 옮김.
사이언스북스. 2007년

'노무현 혐오'와 '박정희 공포', 닮았다

기자 생활을 하면서 가장 씁쓸했던 경험 한 가지. 2008년 거리에서 이명박 정부의 미국산 쇠고기 수입 개방에 반대하며 시민의 촛불이 환하게 밝혀졌을 때의 이야기다. 2003년 미국에서 광우병이 발생하고 나서 쇠고기 수입이 금지되었을 때부터 거의 5년간 미국산 쇠고기 수입 개방 문제를 추적해 왔던 나로서는 이런 갈등이 일어나게 된 과정을 설명하는 것을 기자의 의무로 여겼다. 자연스럽게 노무현 정부가 한미 자유 무역 협정(Free Trade Agreement, FTA)의 선결 조건 중 하나로 미국산 쇠고기 수입 개방을 강하게 밀어붙였다는 사실을 언급하지 않을 수 없었다. (그 주역 가운데 하나였던 김현종 통상 교섭 본부장이 2017년 7월 산업 통상 자원부 통상 교섭 본부장으로 화려하게 부활했다!)

그런데 이런 사실을 언급하자마자, 차마 옮길 수 없는 욕들이 댓글로 달리기 시작했다. 노무현 전 대통령과 그 정부의 열성 지지자로 보이는 이들이 작성자였다. 노무현 정부 때나 이명박 정부 때나 나는 무차별적인 미국산 쇠고기 수입 개방이 초래할 위험을 지적했다. 그런데 똑같은 사람이 어떤 때는 욕설을 퍼붓고, 어떤 때는 칭찬을 하는 현실. 씁쓸하게도 기자 생활을 하면 할수록 이런 일이 나날이 많아진다. 아무리 여러 가지 사실(fact)을 논리적으로 설명해도, 도무지 들으려 하지 않는 사람들이 좌우를 막론하고 부지기수이기 때문이다. 아, 어디서부터 다시 시작해야 할까? 안토니오 다마지오(Antonio Damasio)의 『스피노자의 뇌(*Looking for Spinoza*)』는 이런 나를 더욱더 절망의 구렁텅이에 빠트렸다.

『스피노자의 뇌』를 읽는 방법

다마지오의 『스피노자의 뇌』는 관심사에 따라서 참으로 다양한 방식으로 읽을 수 있는 책이다. (바로 그래서 고전 대접을 받아 마땅한 책이다!) 예를 들어, 데카르트에서 시작해서 칸트, 헤겔로 이어지는 교과서에 나오는 근대 철학사에만 익숙했던 독자라면 근대 철학의 '별종'이었던 스피노자의 삶에 입문하는 책으로 이 책을 읽어도 좋다. 다마지오는 스피노자에 대한 충만한 '팬심'으로 책의 3분의 1 정도를 할애해서 그의 짧은 평전을 써 놓았기 때문이다. 철학이나 과학에 관심이 많은 독자라면 현재까지도 적지 않은 영향력을 행사하고 있는 심신 이원론, 즉 몸(육체)과 마음의 이분법을 반박하는 책으로 『스피노자의 뇌』를 읽을 수도 있을 것이다. 유한한 몸과는 다른 영원불멸한 마음(영혼)의 존재는 여전히 많은 사람을 사로잡고 있는 통념인데, 이 책은 바로 그런 이분법의 통념을 깨려는 의도로 쓰인 책이기 때문이다.

덧붙이자면, 다마지오는 과학자 역시 이런 통념을 반복하고 있다고 지적한다. 상당수 과학자가 마음의 자리에 영혼 대신 뇌를 가져다 놓고서 몸과 뇌의 이분법이라는 통념을 반복하고 있다는 것이다. 이 책은 바로 이 새로운 이분법을 깨려는 논쟁 속에 놓인 책이기도 하다. (이 논쟁은 내로라하는 뇌과학자 사이에서도 여전히 진행 중인 것으로 알고 있다. 이와 관련해서는 맥스웰 베넷(Maxwell Bennett)과 피터 마이클 스티븐 해커(Peter Michael Stephan Hacker)의 『신경 과학의 철학(*Philosophical Foundations of Neuroscience*)』을 참고하라.)

이성보다는 감성이 먼저!

이제 개인적으로 흥미로웠던 부분을 말할 차례다. 다마지오가 『스피노자의 뇌』에서 공들여 설명하는 대목은 감정, 느낌, 정서의 중요성이다. (그는 이 셋을 세심하게 구분하고 있고, 그것은 그 자체로 중요하지만 여기서는 일단 이런 사실만 언급하자.) 스피노자의 철학에서 감정이 중요한 키워드라는 사실을 기억하는 독자라면, 이제 이 책에서 왜 스피노자가 중요한지도 감을 잡았을 것이다. 그렇다면 왜 감정, 느낌, 정서인가? 다마지오는 뇌의 정서 담당 부분이 손상을 입은 환자가 인지, 계산, 지능 등에 아무런 문제가 없는데도 의사 결정, 대인 관계, 사회생활에 심각한 어려움을 겪는 경우를 지적한다. 즉 인간의 사고 체계에서 이성뿐만 아니라 감성이 결정적인 역할을 하고 있음을 강조한 것이다.

사실 감성의 힘은 훨씬 더 세다. 이 책에 소개된 연구 결과를 하나 더 살펴보자. 예를 들어, 정서적으로 유효한 자극을 일으키는 대상을 아주 빠른 속도로 사람에게 보여 주면서 뇌의 상태를 관찰해 보았다. 당연히 사람들은 자기가 무엇을 보았는지 전혀 알지 못했지만, 뇌의 한 부분인 편도는 활성을 띠는 모습을 보였다. 뇌 깊은 곳에 위치한 편도는 공포나 분노의 정서 촉발에 관여하는 방아쇠다. 그러니까 사람들은 자신이 본 것이 무엇인지 알지도 못한 채 공포나 분노의 느낌부터 가졌다. 그리고 이 사람들은 바로 그런 공포나 분노의 느낌에 맞춤한 자기만의 이야기를 나중에 덧붙였다. 이성보다 감성이 먼저인 것이다.

'노무현' 혐오감 대 '박정희' 공포감

그러니까 이런 식이다. '노무현' 세 글자에 공포나 분노의 느낌이 덧씌워져 있는 사람이라면 그의 사진만 봐도 온몸에 혐오감이 돋는 것이다. 그리고 그 혐오감에 맞춤한 이야기를 만들고 찾는다. '이명박', '박근혜' 혹은

'박정희' 세 글자에 공포나 분노의 느낌이 덧씌워져 있는 사람과 정상적인 의사소통이 불가능한 이유도 마찬가지다.

사실 우리, 호모 사피엔스가 이렇게 생겨 먹은 것은 그 자체로 의미가 있었다. 호모 사피엔스는 덩치가 큰 다른 동물이 먹다 남긴 찌꺼기조차도 구하기가 어려울 정도로 열악한 환경에서 지금과 같은 모습으로 진화해 왔다. 당연히 순간순간마다 생존 투쟁의 연속이었을 것이다. 이런 상황에서 호모 사피엔스의 생존에 가장 필요한 효과적인 재능은 무엇이었을까? 맞다. 눈 깜짝할 새에 일어나는 수상한 움직임이나 갑자기 맞닥뜨린 낯선 동물의 첫인상을 포착해 재빠르게 피하는 능력이야말로 가장 효과적인 생존 재능이었을 것이다. 뇌의 편도 신경 세포가 유쾌한 자극보다는 불쾌한 자극에 반응하는 비율이 높다는 연구 결과가 의미심장한 것도 이 때문이다. 당장 생존 자체를 위협하는 불쾌한 반응에 예민한 게 호모 사피엔스에게는 유리했다.

호모 사피엔스, 이렇게 몰락하는가

이렇게 한때 생존에 도움이 되었던 능력이 달라진 환경에서도 도움이 되리란 법은 없다. 모든 것이 복잡하게 얽혀 있는 21세기에 생존하려면 첫 느낌으로 아군과 적군을 파악하는 능력보다는, 일단 '소통하고' 최선을 다해서 '이해하고' 가능한 한 '공감하는' 협력이 필요하다.

물론 이렇게 소통하고, 이해하고, 공감하는 데도 감성이 필수적이다. 혼란의 시대를 살았던 스피노자의, 또 뇌과학을 통해 감정을 재조명한 다마지오의 의도도 바로 이런 것이었을 터이다. 그런데 어쩌랴. 마치 약육강식의 아프리카 사바나가 재현된 것 같은 사이버 공간에서, 또 종합 편성 채널 속에서 지금 이 순간에도 서로 물어뜯는 데만 여념이 없는 호모 사피엔스가 넘치는 것을.

이렇게 한반도, 또 지구에 사는 호모 사피엔스의 운이 다 되어 가는지도 모르겠다.

『내 안의 물고기』

닐 슈빈. 김명남 옮김.
김영사. 2009년

틱타알릭, 태초와 인간을 잇다

진화란 멸종의 역사다. 멸종으로 생태계에 틈새가 생기면 새로운 생명이 등장해 그 자리를 차지한다. 육상이라는 새로운 터전이 생겼을 때 바다에 살던 척추동물이 육상으로 올라오는 과정을 우리는 상상할 수 있다. 먼저 민물로 옮겨 갔을 것이다. 그러다가 민물과 육상을 오가며 양쪽에서 살았을 것이다. 그후 슬며시 육상으로 삶의 터전을 완전히 바꾸고 말았을 것이다. 실제로 3억 8500만 년 전 지구 암석에는 평범한 물고기 화석들이 흔히 나온다. 3억 6500만 년 된 그린란드 암석에서는 어류로는 보이지 않는 척추동물 아칸토스테가 화석이 나온다. 이 화석에는 목, 귀, 그리고 네 다리가 있다. 양서류 화석이다.

이 이야기가 완성되려면 어류와 양서류의 중간 형태가 있어야 한다. 그렇다면 어디에서 그 중간 형태를 찾을 것인가? 간단하다. 3억 8500만 년 전과 3억 6500만 년 전의 중간 시대, 그러니까 3억 7500만 년 전의 지층에서 우리가 알지 못하는 생명체를 찾아내야 한다. 이때 필요한 것은 단 두 가지. 끈기와 운이 바로 그것이다.

얕은 물에 사는 물고기, 진화의 증거가 되다

시카고 대학교의 해부학 교수인 닐 슈빈(Neil Shubin)은 약 3억 7500만 년 전의 데본기 암석에서 중간 화석을 찾을 수 있을 것이라고 생각했다. 마침 북극의 엘스미어 섬에서 여기에 딱 맞는 노두(지표에 드러난 암석이나 광맥)를 찾았다. 그의 팀은 북극 지방에서 악전고투 끝에 살덩어리 같은 엽상형 지느러미가 있는 물고기 화석을 찾았다. 이 이상한 물고기는 크기가 큰 것이 274센티미터에 달했다. 닐 슈빈은 이 물고기에 '틱타알릭'이라는 이름을 붙였다. 에스키모 말로 '얕은 물에 사는 물고기'라는 뜻이다. 틱타알릭에는 물고기처럼 아가미와 비늘이 있지만, 목과 원시 형태의 팔이 달려 있었다. 틱타알릭을 두고서 진화 생물학자들은 "이 화석은 우리 조상들이 물을 막 떠날 무렵의 모습을 담고 있다."라면서 "창조 과학자들의 주장에 대한 강력한 반증을 찾았다."라고 평했다.

어류와 양서류의 중간 단계가 발견되면서 어류에서 양서류로 진화했다는 가설은 이론이 되었다. 하지만 아직 양서류로 옮겨 가는 과정이 모두 해명된 것은 아니다. 땅에서 살기 위해서는 다리가 필요하다. 물고기 가운데 다리와 비슷한 엽상형(葉狀形) 지느러미가 있는 물고기가 최초의 양서류 조상의 후보에 올랐다. 화석으로 남아 있는 리피디스티안과 1938년 살아 있는 동물로 발견된 실러캐스가 그 주인공이다. 어쨌든 이들은 물에 살던 어류다.

어류에서 양서류로 옮겨 가는 과정에 대한 정보를 제공하는 화석은 그린란드에서도 발견되었다. 3억 7500만 년 전 틱타알릭이 등장한 후 아칸토스테가와 익티오스테가가 그 뒤를 이었다. 익티오스테가는 잘 발달된 발을 가지고 있지만 물고기처럼 꼬리도 달려 있다. 그렇다면 익티오스테가는 발 달린 물고기일까, 아니면 물고기를 닮은 양서류일까? 익티오스테가는 발이 있지만 물속에 잠겨서 부력의 도움을 받지 않았다면 몸을 지탱할 수 없었다. 육상에서는 살 수 없다는 뜻이다. 익티오스테가는 양서류라기보다는 발 달린 물고기였다. 설사 익티오스테가가 육상으로 진출했고 아가미를 잃었다고 하더라도, 현재의 많은 물고기들처럼 공기를 꿀떡꿀떡 마시거나 피부를 통해 산소를 흡수하는 식으로 호흡했을 것이다. 익티오스테가가 발생한 시대는 데본기 말기로 대기 산소가 낮았다. 즉 멸종이 일어났던 시절이다. 다시 말하지만 진화는 그렇게 일어난다. 생존 조건이 나쁠 때는 생물 종의 수는 줄어들지만 이때 새로운 몸의 설계가 일어난다. 산소가 낮은 시기는 진화에 적기였다.

양서류의 조상일 가능성이 익티오스테가보다 더 큰 동물은 페데르페스다. 페데르페스 역시 물에 살던 사지동물이다. 페데르페스처럼 물에 살던 사지동물에 허파가 발생하기 전에 필요한 준비 과정은 복잡했다. 부력이 있는 물을 벗어나 공기 중에서 무거운 몸을 지탱하기 위해서는 필연적으로 손목, 발목, 등뼈, 그리고 어깨띠와 골반이 변해야 했다. 이 모든 과정을 마쳐야 비로소 최초의 육생 양서류라고 생각할 수 있다. 허파의 자리를 만들기 위해 등뼈와 흉곽이 변해야 했으며 원시적인 허파를 완성하려면 복잡하고 표면적인 넓은 주머니가 필요하다. 그리고 그 주머니 내부 표면 전체에 혈관이 분포되어 있어야 한다. 동시에 순환계에도 변화가 일어나서 이곳으로 피를 효율적으로 보낼 수 있어야 한다.

이렇듯 물에서 뭍으로 올라오는 과정은 생명의 내부 구조를 전체적으로 바꿔야 하는 험난한 과정이었다. 이 과정은 무수히 나뉘어서 진행되었다. 그것을 말해 주듯이 물고기에서 양서류로 전이하는 중간 화석이 이미 다섯 종이나 발견되었지만 소위 '창조 과학자'들은 여전히 중간 화석과 잃어버린 고리 타령을 하고 있다.

우리는 물고기의 후손

틱타알릭은 어류의 이야기를 들려주는 데 그치지 않는다. 틱타알릭은 우리 몸에도 남아 있다. 틱타알릭 이전의 모든 물고기들은 두개골과 어깨가 일련의 뼈로 연결되어 있어서 몸통을 돌리면 목도 함께 돌아갔다. 그러나 틱타알릭의 머리는 어깨와 떨어져 자유롭게 움직였다. 틱타알릭이 작은 뼈 몇 개를 잃어버린 덕분이다. 양서류, 파충류, 조류, 포유류 그리고 사람이 공유하는 특징이다. 인체 골격 모든 부분의 속성이 틱타알릭을 거쳐 물고기까지 거슬러 올라간다. 여기에는 팔다리와 목 같은 해부학적 특징뿐만 아니라 후각, 시각, 청각과 같은 감각까지 포함된다. 이를 두고서 닐 슈빈은 틱타알릭을 "내 안의 물고기(Your Inner Fish)"라고 표현했다.

나는 최근 30대 젊은이들과 『내 안의 물고기』를 함께 읽고 토론했다. 이 책에 대한 몇 친구의 느낌을 덧붙인다.

"책을 읽으면서 해부학을 통한 진화론 강의를 듣는 느낌이 들었다. 인체의 주요 기관들이 어디에서 유래되고 현재의 모습을 어떻게 갖추게 되었는지 보여 주는 과정들이 마치 레고 블록들을 쌓고, 또는 그 블록들을 빼고 넣으면서 현재의 완성된 모습을 만들어 나가는 것을 보는 듯 흥미로웠다. 당연하게 생각되어 온 내 몸의 모든 기관들과 그것들이 작동하는 원리는 당연한 것이 아니었다. 모두 그렇게 되어야만 하는 이유와 근원이 있었던 것이다. 변화하는 환경에 적응하고 종의 생존을 위해 생명은 자원의 최대 효율을 끌어내는 과정을 수십억 년 반복해 오고 있다."(함경석)

"프랑스 소설의 제목 느낌을 주는 이 책은 내가 물고기로부터 시작되었다는 새로움을 안겨다 주었다. '우리의 조상은 원숭이다.'에서 더 올라가 물고기로 진화를 설명해 줄 뿐 아니라 각각의 기관들을 비교, 대조하면서 그림과 함께 풀어 주니 친절하기도 하고, 재미도 있고, 보는 내내 딴 생각을 할 수가 없었다."(이수지)

"사람 혹은 모든 동물의 생체 기관들이 물고기에서 시작된 한 가지 과정의 변주의 결과들이라니, 극히 단순한 규칙인데 나의 세계관을 흔들 정도로 엄청난 이야기다. 우선 진화론 산책을 통해 개념적으로 이해를 하고 있었던 종 간의 연결 고리를 각 기관별로 조목조목 화석의 발견과 유전자 실험의 결과를 토대로 보여 주는데, 내 머릿속에 종이 울리는 듯한 감동을 주었다."(김은숙)

"한없이 나는 겸손해져야 하고 내가 이루어져 있음에 감사해야 한다는 것을 이 책을 통해 다시금 되새기게 되었다. 그리고 우리 몸의 기원을, 생명의 역사를 복원하기 위해 보이지 않는 곳에서 노력한 수많은 과학자들의 노력에도 경이를 표할 수밖에 없다."(함동진)

『왜 사람들은 이상한 것을 믿는가』

마이클 셔머. 류운 옮김.
바다출판사. 2007년

회의주의자 선언

어이없는 일로 아들을 잃은 부부에게 말했다. "K라는 글자가 보이는군 요." 그러면서 덧붙였다. "케빈인가요? 아니면 켄인가요?" 그 말을 들은 여 성이 울음을 터트렸다. 그리고 갈라진 목소리로 말했다. "케빈이에요." 지 켜보던 사람들이 탄성을 질렀다. 어찌 이리도 용하단 말인가, 하는 표정이 역력했다. 하지만 그녀의 목에 걸린 다이아몬드 목걸이 한복판에 K자가 새겨져 있는 것을 눈여겨본 사람은 없었다.

늘 비합리적인 믿음을 비판하고 폭로하는 데 전념해 왔다. 과학적 회의 주의를 통해 미신을 몰아내고 진정한 과학 정신을 세상에 알려 왔다. 그런 데 어찌 이런 일이 일어나고 말았는가.

경주용 자전거를 타고 한참 달리는데 커다란 우주선 한 대가 환한 빛을 비추며 나란히 날았다. 자전거를 멈추게 하더니 외계 생명체가 우주선에 타라고 꼬드겼다. 분명히 탔는데, 그 안에서 무슨 일이 벌어졌는지는 기억 나지 않는다. 퍼뜩, 정신 차리고 보니 다시 자전거로 도로를 달리고 있었 다. 도대체 그 90분 동안 무슨 일이 벌어진 것일까?

최근 국내에도 선보여 많은 정기 구독자를 확보한 《스켑틱(*Skeptic*)》의 발행인이자 편집자 마이클 셔머(Michael Shermer)가 쓴 『왜 사람들은 이상 한 것을 믿는가(*Why People Believe Weird Things*)』에 나온 믿거나 말거나 한 일 이다. 전자는 미국 NBC의 토크쇼 「뉴에이지」에 나온 심령술사 제임스 반 프라그의 이야기다. 후자는 저자 자신이 사이클 경주 대회에서 등수를 올 리려고 무리하다 본 일종의 환각이었다. 신이하고 기이하다고 여기고, 이 런 것들이 현실이라 믿는 사람들이 많다. 이성적이거나 과학적인 설명을 해도 도무지 설득되지 않는 철옹성인 사람도 많다. 그럴 때마다 한마디씩 내뱉지 않을 도리가 없다. "이 개명천지에 어찌 그따위를 믿을까?" 하고 말이다. 그런데 저자는 그 답을 알고 있다. 혹세무민하는 심령술사의 정체를 열정적으로 폭로하는 그에게 한 여성이 말했다. 비통한 세월을 살아 온 이들의 희망을 짓밟다니 "온당치 못한 짓"이라고 말이다.

저자가 냉혹한 이성주의나 교조적인 과학주의자와 구별되는 것은 이런 이들을 보는 따뜻한 시선 덕이다. 그도 인간적으로는 충분히 이해한다. 심령술사와 함께 녹화할 때 자신을 제외한 모든 사람이 그가 성공하기를 바랐던 마음을.

> 현실이 견딜 수 없게 압박해 오면, 우리는 쉽게 미혹되어, 점술가와 손금쟁이, 점성술사와 심령술사에게서 확신을 보장받으려 한다. 삶의 크나큰 불안들을 완화한답시고 던져진 약속과 희망의 말들이 맹습을 해 오면, 우리가 가진 비판 능력은 무너지고 만다.

저자가 보기에 (심령술사, 과학 소설 신봉자, 기억 회복 운동, 개인숭배, 창조론, 홀로코스트 부정론자 같은) 사이비 과학과 마술적 사고는 뭇사람에게 파우스트의 거래를 제안한다. 위안과 희망을 주는 대신 기꺼이 의혹을 버리라고. 왜 그럴까? 그럴 때 비로소 사이비들의 주머니가 두둑해지게 마련이잖은가.

따지고 보면 믿을 만해서 믿는 것이 아니라, 믿으려고 믿는다고 볼 수 있다. 이 대목에서 다시 저자의 인간적인 면모를 느낄 수 있다. 믿음과 희망에 판돈을 거는 인간들을 비난하지 않고, 과학도 알고 보면 삶의 불안을 이겨 낼 희망을 주려고 애쓴다는 점을 돋을새김한다. 사이비를 버리고 진짜를 믿으라고 넌지시 권유한다. 과학자들도 "수수께끼들에 매료되고, 세상에 경이로움을 느끼고, 그처럼 짧은 시간에 많은 것을 이룩한 인간의 능력에 찬사를 보낸다. 우리는 쌓여 가는 노력과 지속적인 성취를 통해 불멸을 추구한다. 우리 또한 영원에 대한 희망이 충족되기를 바"라는 법이다.

믿으려고 믿는다

그렇다면 사람은 왜 얼토당토않은 것을 믿고, 믿으려 할까? 첫째, '크레도 콘솔란스(credo consolans)', 즉 내 마음을 달래 주기에 믿는단다. "느낌이 좋다, 편안하다, 위로가 된다."면, 그러니까 믿기를 바라는지라 믿는 셈이다. 일례로 죽고 난 다음 펼쳐질 삶을 고민해 보자. 사후가 있든 없든, 사후의 삶을 바라지 않을 사람이 누가 있겠는고. 그의 말대로 어쩌면 "우리를 더 기분 좋게 하는 것을 믿는 것은 지극히 사람다운 반응"인 법이다.

둘째, 즉석 만족이다. 우리 정서로 보자면 점치러 가거나 사주 보는 일을 떠올리면 된다. 맞아서이거나, 믿어서가 아니잖은가. 어찌 보면 가장 값싸면서 가장 듣고 싶은 말을 가장 빠르게 들을 수 있어 그곳에 가곤 한다.

셋째, 단순성이다. 즉석 만족과 긴밀히 연결되어 있는 바, "복잡하고 예측하기 힘든 세상살이를 단순하게 설명해 주면, 그 믿음에 대해서 아주 쉽게" 만족하게 되는 데다 "삶의 복잡한 미로를 시원하게 관통하는 단순한 길"을 얻었다 착각하기 쉽다.

넷째, 사이비들이 말하는 바가 "도덕과 의미에 대해 단순하고 즉각적이고 위안이 되는 규범을 제공"하기 때문이다.

마지막은, 앞엣것들을 한마디로 정리하면, 영원히 마르지 않는 희망 탓이라 한다. 인간이야말로 "언제나 더 나은 수준의 행복과 만족을 찾아 앞날을 내다"보려 하는 종이지 않던가.

저자는 진화의 관점으로도 사이비 과학과 마술적 사고를 믿으려는 경향을 설명한다. 인간은 패턴을 추구하고 인과 관계를 찾아내도록 진화했다. 패턴을 찾을 적에 제일 중요한 일은 의미 있는 것과 의미 없는 것을 구별하는 데 있다. 인간의 뇌는 이 일을 능숙하게 해내지 못했다. 그리하여 두 가지 유형의 사고 오류를 저지르는데, I형 오류는 거짓을 믿는 것이고 II형 오류는 참을 거부하는 것이다. 당연히 인류의 생존을 위해서는 이에 맞서는 두 가지 적중 유형이 있다. I형 적중은 거짓을 믿지 않고, II형 적중은 참을 믿는다. 인간의 믿음 엔진은 이 오류와 적중을 번갈아 저지르며 진화했다. 저자는 이 믿음 엔진의 진화에는 두 가지 조건이 있었노라 말한다. 하나는 자연 선택이다. "주변 환경에 대한 불안을 마술적인 사고를 통해 덜게도 해" 주는 상황을 이해해야 한다는 것. 두 번째는 '스팬드럴'이다. 스티븐 제이 굴드나 리처드 르원틴이 말한 대로 "진화되면서 어쩔 수 없어 만들어진 부산물"로 보자는 뜻이다. 이상의 것을 종합해 보면, UFO, 외계인 납치, ESP, 심령 현상을 믿는 이들은 I형 오류를 저지른 셈이고, 창조론자와 홀로코스트 부정론자는 II형 오류를 저지른 셈이다.

과학에서는 최종의 정답이란 없다

셔머의 글을 읽으며 크게 공감하는 대목은 과학이란 무엇인가를 정리하는 부분이다. 창조론자와 법정 투쟁을 하면서 윌리엄 오버턴은 전문가들의 도움을 받아 과학의 본질적 특징을 "첫째, 과학은 자연 법칙의 인도를 받는다. 둘째, 과학은 자연 법칙을 기준으로 설명해야만 한다. 셋째, 과학은 경험 세계에 비추어 시험 가능하다. 넷째, 과학이 내린 결론들은 시험적이다. …… 다섯째, 과학은 오류 가능하다."라고 정리했다고 한다. 이 특징을 부인하려는 어떤 의도나 음모도 이성과 과학의 이름으로 부정해야 마땅하다. 그런데 이 책을 읽으며 시종일관 저자의 태도에 믿음이 갔던 데에는 넷째와 다섯째 항목도 힘주어 말하는 대목 때문이었다.

진정한 회의주의는 사이비 과학과 마술적 사고에만 맞서지 않는다. 오늘의 과학적 결과물이 유일한 진리인 양 떠벌리는 것도 비판 대상으로 삼아야 한다. 그렇지 않다면, 가짜 신상을 과학의 신상으로 대체하는 일밖에 되지 않을 터다. 저자는 확실하게 말한다.

> 과학에서는 최종적인 정답이란 없다. 오직 다양한 정도의 확률만 있을 뿐이다. 과학적 '사실'조차도 잠정적으로 동의를 표하는 게 합리적이라 할 수 있을 정도로만 확증된 결론일 따름이며, 그렇게 이루어진 합의는 결코 최종적이지 않다. 과학은 일련의 믿음들에 대한 긍정이 아니라, 끊임없이 반박과 확증에 열려 있는 시험 가능한 지식 체계를 구축하는 것을 목표로 하는 탐구의 과정이다.

이상한 것들을 믿는 것은 거짓 희망이라는 동아줄에 매달려 고통스러운 현실에서 벗어나려는 몸부림이다. 과학은 그 동아줄이 썩었다고 얘기하고, 설혹 가혹한 기다림의 시간이 필요하더라도 이성의 힘으로 진짜 동아줄을 엮자고 말한다. 그런데 과학의 위대함은 여기에서만 비롯하지 않는다. 자신을 절대의 자리에 놓지 않는 정신에 있다.

거짓 믿음만 회의의 대상이 아니다. 과학도 회의와 반증의 대상이다. 우상이 되는 순간, 그것은 과학이 아니다. 책을 덮으며 나도 감히 회의주의자라 말하겠다고 결심한 이유다.

3부

사회의 과학적
조감도

　　최근 세상이 돌아가는 이치를 기존 학문의 틀에서 벗어나 다양한 시각에서 이해하려는 노력이 이루어지고 있다. 합리적인 방법들은 서로 통하기 나름이라 다른 길로 접어들어도 일관되게 합당한 이치를 따라 온다면 같은 결과의 장소에 도달한다. 서로 다른 길로 오며 자신만이 발견한 풍경을 마음 들떠 이야기하는 것이 학문하는 즐거움 아닐까?

　이러한 시류에 맞춰 '사회 물리학(social physics)'이라는 말이 유행이다. 얼핏 서로 상당히 먼 거리에 있을 법한 사회학과 물리학을 합쳐 놓은 이 단어는 생각보다 긴 역사를 가지고 있다. 사회 물리학이라는 단어는 벨기에의 천문학자이자 사회 통계학자인 랑베르 아돌프 자크 케틀레가 그의 저서『인간과 능력 개발에 대하여』(1835년)를 통해 세상에 처음 내놓은 것으로 알려져 있다. 지금으로부터 180년도 더 이전의 일이다. 우리나라에서는 어린 8세의 나이에 즉위한 조선의 24대 왕 헌종의 원년이고, 유럽에서는 찰스 다윈이 비글 호를 타고 갈라파고스 제도에 도착한 해이기도 하다. 패러데이와 로렌츠가 전자기 유도 법칙을 발견하며 전자기학이 싹트고 있던 때이니 물리학 분야에서도 상당히 일찍 개념이 잡힌 셈이다.

　그때는 고전 역학의 완성 이후 천문학이 발전하던 시기로 측정의 오차를 줄이기 위해 함께 발전한 확률 이론과 통계학이 발전하던 시기이다. 최신 확률 이론과 통계학을 바탕으로 우리가 다 파악할 수도 없을 다양한 변수로 인해 너무나도 복잡해 보이는 사회 현상에서 그 기저의 통계적 법칙을 찾고자 하는 케틀레의 노력은 당시 다른 학문의 상당한 비판이 있었음에도 불구하고 나름 과학적이었다.

　과학자들은 이제 또 다른 도구를 들고 왔다. 불가능해 보이던 다양한 종류의 사회 데이터를 모으고 있고, 이를 빠른 컴퓨터로 분석하고 있다. 예전보다 정밀한 수준의 예측과 모형 검증이 가능해졌다. 인간을 보다 잘 이해하게 되었다. 우리는 여전히 조절할 수 없는 많은 변수와 사회 현상의 복잡도에 압도되지만, 한줄기, 한줄기씩 세상을 이해해 나가고 있다. 물리학 이론은 다양한 변수로 엮인 복잡계 시스템의 예측 불가능성을 이미 증명했지만, 큰 틀에서의 보편적 법칙을 찾아내는 데 성공해 나가고 있다. 우리 인류는 이렇게 스스로를 되돌아보는 능력을 배워 나가고 있다.─손승우

『사회적 원자』

마크 뷰캐넌. 김희봉 옮김.
사이언스북스. 2010년

물리학에서 찾는 사회 과학의 미래

2015년 12월 30일. 그해 과학계 마지막 뉴스는 원자 번호 113, 115, 117, 118까지 네 개의 새로운 원자 발견이 공식적으로 인정되었다는 소식이었다. 이제 주기율표가 7주기까지 118개 원자로 모두 빈틈없이 채워졌다. 대단한 일이 아닐 수 없다. 그러나 이에 대한 국내 언론과 국민들의 반응은 100여 년에 걸친 과학계의 과업에 대한 찬사보다는, 인접국 일본이 그 가운데 한 원소를 발견했다는 것에 대한 부러움과 질투에 더 가까웠다. 아마도 100여 년 전부터 자행된 일제 수탈 역사를 미봉하려는 실망스러운 '위안부 합의안'이 불과 이틀 전에 발표되었기 때문에 더욱 그랬을 것이다.

원자에 대한 이야기와 인접국 사이의 깊은 역사적 갈등, 그에 따른 국민들의 정서가 과연 한 틀 안에서 이야기될 수 있을까? 전혀 관계없어 보이는데 말이다. 마크 뷰캐넌(Mark Buchanan)의 『사회적 원자(The Social Atom)』에서는 이러한 사회 현상에 대한 통계 물리학의 호기로운 도전이 소개된다. 이 책에서 저자 마크 뷰캐넌은 《네이처》의 편집자로서 목격해 온 인간 세상사에서 수학적 규칙성을 찾으려는 시도와 복잡계 과학을 직접 연구했던 경험을 바탕으로 '사회 물리학'의 대변인이 되어, 우리에게 세상을 보는 새로운 시각과 그 잠재적 가능성을 제시하고 있다.

원자의 발견 이후, 플라스틱, 반도체 그리고 다양한 신소재와 같은 현대 물질 문명의 산물이 가능하게 된 것은 원자들의 성질을 이해하고, 새로운 원자를 발견하며, 그 원자들 사이의 결합과 배열 방법에 따른 새로운 물성을 연구해 온 현대 과학, 특히 응집 물질 물리학의 눈부신 성과가 있었기 때문이다. 물리학자는 원자와 분자라는 기본 요소의 성질을 이해하고, 그 결합과 배열에서 오는 무한한 패턴을 반복된 실험으로 탐구한다. 같은 탄소 원자로 이루어져 있지만 연필심과 다르게 다이아몬드가 아름답게 빛나는 것은 무수히 많은 원자들이 특별한 결합과 배열을 하고 있기 때문이다. 이렇듯 서로 영향을 주고받는 무수히 많은 원자들의 성질과 그 결합 규칙에서 오는 자기 조직화의 원리, 그리고 그에 따른 패턴을 연구하는 것은 응집 물질 물리학과 성공적으로 함께 발전한 통계 물리학의 고유 영역이다.

사회 문제도 결국은 사회를 이루고 있는 '사회적 원자'인 개인과, 그 상호 작용을 이해하면 어느 정도 이해가 되지 않을까? 개인이 어떻게 행동하며 남들과 어떻게 영향을 주고받는지 알면, 사회적 원자가 서로 얽혀서 만드는 유행과 사회 계급, 대중 운동, 협력과 전쟁 같은 사회 현상을 이해할 수 있지 않을까? 이러한 질문에서 이 책의 이야기는 시작된다. 물론 물리적 원자와 사회적 원자 사이에는 큰 차이가 있다. 물리적 원자는 언제나 같지만, 사회적 원자인 사람은 변하고 적응하며 사회 조직에 반응한다. 그런 면에서 인간 개인의 행동을 완벽하게 예측할 수는 없겠지만, 그렇다고 사회 현상에 대한 물리학적 접근이 불가능한 것은 아니다. 원자와 마찬가지로 사람도 패턴을 따른다!

이 책에 소개된 몇 가지 예를 살펴보자. 노르웨이 스피츠베르겐 섬의 툰드라 지대에는 마치 사람이 살았던 흔적처럼 지름 2미터 정도의 정교한 원형 돌무더기 둔덕들이 모여 있다. 누군가 쌓으려면 오랫동안 세심하게 노력해야 했을 이 돌무더기들은 사실은 땅이 얼었다 녹는 과정을 반복하는 동안, 어느 시간이 제각기 다른 흙과 돌무더기가 저절로 만든 자연 현상이다. 이를 과학자들은 간단한 자기 조직화 과정을 가정한 컴퓨터 시뮬레이션으로 밝혀낸다. 여기에 인간의 지성이나 활동은 전혀 관여치 않았다.

이번에는 인간의 활동에서 비슷한 예를 보자. 1980년대 헝가리 부다페스트 교통 당국은 출퇴근 시간대 교통난을 해소하고자 버스의 운행 편수를 늘렸다. 오히려 사람들은 버스를 너무 오래 기다려야 한다거나 버스 서너 대가 한꺼번에 온다고 불평했다. 이것은 버스 기사나 누군가가 악의적으로 행동한 결과일까? 버스의 배차 간격을 아무리 똑같게 출발시켜도, 버스는 간격을 일정하게 유지하지 못할뿐더러 오히려 무리지어진다. 원리는 이렇다. 한 버스가 승객이 많은 곳에 정차하면 많은 승객을 태우느라 정차 시간이 길어진다. 바로 뒤의 버스는 승객이 앞차만큼 많지 않아 정차 시간이 짧아진다. 이런 과정이 반복되면 버스는 자연스럽게 무리지어진다. 바로 버스들의 자기 조직화이다. 유명한 토머스 셸링의 인종 분리 연구나 디르크 헬빙의 군중의 이동과 탈출 상황 연구에서도 구성 요소 사이의 간단한 행동 원리에서 오는 자기 조직화와 패턴을 이해하는 것이 중요하다.

사람도 원자처럼 패턴을 따른다

이렇듯 사회 현상을 이해하기 위해서 사회적 원자의 행동 원리를 잘 이해해야 할 필요가 있다. 최근 심리학의 결과들은 인간을 합리적인 계산 기계보다는 유연한 사고 본능을 가진 존재로 본다. 대니얼 카너먼(Daniel Kahneman)의 "두 시스템"으로 대변되는, 시시때때로 실수를 저지르는 인간의 생각은 수백만 년의 진화를 겪으면서 형성된 뇌의 구조와 기능 속에 그 단서가 있다. 인류는 역사의 99퍼센트를 소규모 집단으로 방랑하면서 수렵과 채집에 적당하도록 적응하며 살아 왔다. 현재 우리의 행동을 결정 짓는, 조상들의 생존을 유리하게 했던 본능은 이성적인 계산과는 거리가 멀고, 위험을 감수하는 것을 싫어한다. 이런 특성을 가진 사회적 원자는 시행착오를 겪으면서 빠르게 적응하며 배운다. 다른 원자를 흉내 내고, 동질적인 원자에게는 협력하고, 다른 집단의 원자에게는 배신을 한다. 바로 인류 역사에서 협력적인 개체의 집단으로 생존하고, 인접한 다른 집단에게는 경쟁하고 배척해 온 진화의 결과물이다.

하지만 이렇게 변덕스럽고 복잡해 보이는 사회적 원자의 특징을 무조건 모두 반영하는 것이 능사는 아니다. 전체의 패턴에 기여하는 핵심적인 요소만 남겨 두고 나머지는 버리는 단순화에 바로 사회 물리학의 강점이 있다. 이 부분을 논의하는 7장은 물리학자인 저자의 자부심이 느껴져 이를 다음과 같이 옮겨 본다.

> 물리학의 강점은 언제나 어림짐작에 있다. …… (물리학에서의 중요한 결론들은) 잡다한 세부 사항에 의존하지 않는다. 핵심은 과도하게 단순화된 모형이 제대로 작동한다는 것이 아니라, 진짜로 중요한 몇몇 세부 사항을 제대로 짚은 모형은 많은 것을 설명할 수 있다는 것이다.

마크 뷰캐넌의 『사회적 원자』는 인간사에 숨은 수학적 규칙성을 찾는 다양한 시도들을 풍부한 사례로 보여 주어 일반인도 사회 물리학에 대해 관심을 갖도록 해 준다. 참고 문헌의 최신 연구까지 읽어 본다면 사회 물리학 연구의 출발점이 될 수 있을 만큼 그 목록이 잘 갖추어져 있다.

이와 함께 읽었으면 하는 책이 있다. 2015년 아시아태평양 이론물리센터 올해의 책으로 선정된 김범준의 『세상물정의 물리학』은 우리 주변에서 마주치는 다양한 사회 물리학의 사례를 더 쉽게 설명한다. 최근 심리학의 발전으로 알아낸 인간 사고의 본능에 좀 더 관심이 있다면 대니얼 카너먼의 『생각에 관한 생각(*Thinking, Fast and Slow*)』을 추천한다. 인간을 포함한 자연의 다양한 자기 조직화 현상에 대해 알고자 한다면 페르 박(Per Bak)의 『자연은 어떻게 움직이는가?(*How Nature Works*)』를 읽어 보시라.

사회적 원자, 다른 사회적 원자를 만날까

처음의 주기율표 이야기로 돌아가 상상력을 발휘해 보자. 과연 사회적 원자에게도 주기율표가 있을까? 다른 족의 원자가 있고 같은 자원을 두고 경쟁한다면, 우리 '인간 족' 원자들은 또 무리를 이루어 협력해, 다른 족 원자들과 경쟁하며 몰아낼 것이다. 당장은 전쟁이 불가피할 것이다. 게임 「스타크래프트」 속 저그와 프로토스, 혹은 영화 「브이(V)」의 다이애나가 떠오른다. 우리 인류와는 전혀 다른 진화의 과정을 거쳐 아주 다른 사고 본능을 가진 다른 족 원자들과의 조우. 이쯤 되면 '우주 사회학'을 연구해야 될 것이고, 인류는 또다시 다른 방향으로 진화해 살아남아 다른 족 원자들과도 공존하는 본능을 익힐지도 모른다. 그러한 사회학은 좀 더 복잡하지만, 어쩌면 그 관계가 현대의 물질 문명처럼 찬란하고 풍요롭지는 않을까?

몇 년 전 동료와 나누었던 이야기의 한 가지에서 이런 결론에 도달했다. "해리 셀던은 분명 미래의 사회 물리학자야." 해리 셀던은 아이작 아시모프(Isaac Asimov)의 과학 소설 『파운데이션(*Foundation*)』의 등장 인물로, '심리 역사학'으로 거대 은하 제국의 붕괴를 예측한다. 여기서 '심리 역사학'은 수학적 확률론, 정치학, 사회학, 심리학, 경제학 등이 결합된 것으로 그려지고 있다. 『사회적 원자』를 읽은 사람은 셀던에 대한 나의 결론에 동의할 것이라 믿는다.

『링크』

앨버트 바라바시. 강병남, 김기훈 옮김.
동아시아. 2002년

응답하라, 네트워크!

인기리에 방영을 마친 텔레비전 드라마 「응답하라 1988」을 포함한 모든 「응답하라」 시리즈의 오프닝에는, 비록 주제곡은 그 시대에 따라 달라지지만, 배경에 잡음처럼 들어간 "삐—지-지-직" 하는 PC 통신 시절 모뎀 연결 소리가 공통적으로 나온다. 그 효과음의 정체를 알아차리고 그 소리가 전해 주는 '연결됨'의 두근거림과 애절함에 공감하는 사람이 이제는 얼마나 될까? 「응답하라」 시리즈가 다룬 첫 번째 시대, 1997년에 개봉한 영화 「접속」을 보여 준다면 그 느낌을 전달할 수 있을까?

「응답하라」 시리즈의 다음 이야기가 처음의 1997년에서 더는 과거로 가지 않는다면, 2002년이 될 거라는 기대가 많다. 내가 기억하는 2002년에는 밀레니엄 버그의 공포가 가시고, 미니홈피 '싸이월드'가 인기를 끌기 시작했으며, 많은 사람들이 이제 호출기 대신 휴대 전화를 들고 다닐 때였다. 제16대 대통령 선거를 앞두고 선거 운동이 치열했고, 지금과 다르게 남북 관계가 좋았으며, 2002 한일 월드컵에 대한 기대와 열기로 들떠 그해 여름에는 그 어느 해보다 뜨겁고도 시원하게 보냈다. 개인적으로는 아주 다른 의미로 특별한 해였는데, 나는 그해에 카이스트 물리학과 대학원생으로 복잡계 및 통계 물리 연구실에 합류할 수 있었다.

당시 인기 있었던 보아의 「No. 1」을 주제곡으로 하고, "삐—지-지-직" 하는 PC 통신 연결 소리와 함께 나의 「응답하라 2002」로 기억을 되돌려 본다. "삐—지-지-직."

그 시절 우리에게 찾아온 『링크』

월드컵은 이미 끝나고 가을을 기다리던 2002년 늦여름. 2001년 가을에 카이스트에 새로 부임한 정하웅 교수의 복잡계 및 통계 물리 연구실은 꾸려진 지 1년밖에 되지 않은 상태였다. 하지만 연구실에서는 매주 국제 학술지에 새롭게 출판된 복잡계 네트워크 연구 논문을 읽고 토론하는 열띤 세미나가 이어졌다. 나는 그해 여름 복잡계 네트워크에 대한 총설 논문의 공부를 끝내고, 최신 연구 결과를 추적하며 독자적인 연구 주제를 막 고민하던 중이었다. 그때 공부한 논문이 바로 앨버트 바라바시(Albert Barabasi)가 《리뷰스 오브 모던 피직스(*Reviews of Modern Physics*)》에 2002년 1월 발표한 「복잡계 네트워크의 통계 역학(Statistical mechanics of complex networks)」이다.

그즈음은 인터넷의 사용이 활발해지고 싸이월드와 같은 미니홈피와 소셜 미디어에 대한 대중의 관심이 본격적으로 일어나던 시기로, 국내 학계에서도 복잡계 네트워크에 대한 관심이 폭발적으로 증가했다. 이름도 복잡해 보이는 복잡계 네트워크 이론을 쉽게 설명해 줄 과학 교양 서적에 다들 목말라하던 시기였다. 그때 나는 바라바시의 대중서 『링크(*Linked*)』의 번역본을 운 좋게도 미리 읽을 수 있었다. 그 임무를 충실히 수행하지는 못한 것 같지만, 교정지에서 오탈자를 찾고 번역문에서 어색한 용어나 과학적 오역을 찾는다는 명목이었다.

『링크』는 15장(이 책에서는 장의 개념을 재미있게 '링크'라고 표현했다.)으로 이루어져 제법 두툼하지만, 첫 장을 읽기 시작하면 중간에 멈추기 어렵다. 바라바시는 그의 첫 교양서 『링크』에서 다양한 등장 인물의 에피소드를 서사적으로 표현해 종종 읽는 이들에게 즐거운 시공간 여행을 선사한다.

위대한 수학자 레온하르트 오일러(Leonhard Euler)의 임종을 지키기 위해 1783년 러시아 상트페테르부르크로, '여행하는 수학자' 에르되시 팔(Erdös Pál)을 만나러 1920년 헝가리 부다페스트로, 다시 1965년 리오 카다노프(Leo Kadanoff)의 미국 일리노이 주로 정신없이 달린다. 과학 대중서가 마치 소설처럼 읽히는 것은 바로 그의 폭넓은 배경 지식과 과학자의 글에서는 보기 드문 훌륭한 서사가 어우러진 데에 있다. 에르되시와 구둣가게 소년의 대화에서는 천진난만하고 독특하면서도 어느 누구와도 수학에 대한 진지한 이야기를 시작할 수 있을 것 같은 그의 개성이 느껴지며, 대화를 직접 듣는 현장감마저 느껴진다.

한 붓 그리기에서 시작된 네트워크 과학

초등학교에서 배웠던, 연필을 종이에서 떼지 않고 모든 선을 한 번만 지나 그림을 완성하는 '한 붓 그리기'는 어떻게 21세기를 지배하는 네트워크 과학이 되었을까? 이에 대한 답을 찾고 싶은 사람들과 '이게 무슨 뚱딴지 같은 소리야?'라고 질문을 이해하지 못한 사람은 이 책『링크』를 꼭 읽어 보길 권한다. 우리가 매일 사용하는 인터넷이, 틈만 나면 수시로 확인하는 카카오톡과 페이스북 같은 소셜 미디어가, 전 세계의 항공망이, 세포 안의 단백질과 신진 대사 물질이, 기업들의 이사회 구성원과 주식들의 관계가 모두 복잡계 네트워크 이론의 지배를 받는다.

한 붓 그리기를 수학적으로 설명한 이는 레온하르트 오일러였다. 그는 1736년 쾨니히스베르크 다리 문제를 만들고, 쾨니히스베르크를 가로지는 프레겔 강에 걸린 일곱 개의 다리를 오직 한 번만 건널 수 있는 경로가 있는가를 묻는다. 여기서 쾨니히스베르크에서 두 지류가 만나는 프레겔 강이 얼마나 넓은지, 그 사이에 위치한 크네이포프 섬이 얼마나 아름다운지, 그 섬과 육지들을 연결하는 일곱 다리가 얼마나 큰지는 이 문제에서 전혀 중요하지 않다. 단지 중요한 것은 육지와 섬에 해당하는 네 개의 점이 있고, 그 사이를 연결하는 일곱 다리는 그 점을 연결하는 선들로 표현 가능하다는 것을 알며, 이를 점과 선을 연결한 '네트워크'로 추상화하는 데 있다. 이로써 문제는 경로를 찾는 사람의 재주보다는 네트워크의 속성에 달린 것이 된다.

이렇듯 문제의 구성 요소 간의 핵심적인 연결만을 간추린 네트워크의 구조는 우리 주변의 복잡한 세계를 이해하기 위한 열쇠가 된다. '실제 네트워크의 구조는 어떻게 생겼을까?', '그 구조와 성장을 지배하는 법칙이 있을까?'와 같은 질문들이 바로 복잡계 네트워크 이론의 출발점이다.

이에 대한 첫 번째 시도가 바로 '네트워크의 점들은 확률적으로 마구잡이로 연결되어 있다.'라고 보는 '무작위 네트워크 이론'이다. 에르되시와 알프레드 레니(Alfréd Rényi)는 자연이 따를 수 있는 가장 단순한 방법인 무작위성을 가정해, 그동안의 획일적인 정규 격자의 틀에서 벗어났을 뿐 아니라, 수학적으로 아름다운 이론을 정립했다. 이때가 1959년이다.

그후 마크 그라노베터(Mark Granovetter)를 위시한 사회학 분야의 연구는 사회 연결망이 몇 개의 강한 클러스터로 이루어져 있으며 이것을 약한 연결이 이어 주는 구조임을 밝혔다. 무작위 네트워크 모형에서 이것을 수정하기 위해, 1998년 던컨 와츠(Duncan J. Watts)와 스티븐 스트로가츠(Steven Strogatz)는 '작은 세상 네트워크' 모형을 제안한다. 하지만 작은 세상 네트워크도 무작위 네트워크와 마찬가지로 연결선 수의 분포가 정규 분포와 같은 종형을 따른다.

종형 연결선 수 분포는 대규모 네트워크 자료가 확보되면서 대부분의 실제 네트워크와는 다르다는 것이 밝혀진다. 실제 네트워크들은 생각보다 큰 연결선 수를 갖는 점들이 많은 '멱함수 법칙'을 따르는 긴 꼬리 분포를 보인다. 이것은 80/20의 법칙으로 더 유명한 롱테일 분포에 해당하는 것이다.

이로부터 저자인 바라바시 팀이 연결선 수 분포가 멱함수 법칙을 따르는 '척도 없는 네트워크' 모형 연구에 이르게 되는 여정을 다섯 번째 장에서부터 본격적으로 서술한다. 척도 없는 네트워크 발견을 학술지에 보고하고, 그 구조를 설명하기 위한 성장과 선호적 연결의 알고리듬 모형을 찾는 과정이 역동적이고 긴박하게 그려지는데, 연구자의 아드레날린이 읽는 이에게까지 느껴진다.

인터넷 웹페이지의 연결 구조에서도, 논문을 함께 쓴 공동 저자들의 사회 연결망 구조에서도, 영화에 함께 출연한 할리우드 배우들의 네트워크에서도, IBM의 컴퓨터 칩셋의 회로도에서도, 미국 서부 전력망과 예쁜꼬마선충의 신경망에서도 모두 멱함수 법칙을 따르는 연결선 수 분포가 나타난다.

어차피 네트워크는 멱함수 법칙이다!

도대체 멱함수 법칙은 무슨 의미가 있고, 왜 중요할까? 이런 근본적인 질문에 관심이 있는 독자라면 6장을 361쪽의 노트와 함께 찬찬히 살펴보면 좋을 것이다. 사실 이 문제는 통계 물리학의 상전이와 임계 현상에 관계된 심도 있는 논의를 품고 있다. 혹 척도 없는 네트워크의 발견을 응용하고 적용하는 데에 관심이 더 많다면, 10장 이후에 다양한 적용에 대한 논의가 펼쳐진다. 그 이후는 중간부터 읽는다고 해서 이해에 큰 문제가 되지는 않는다.

「응답하라」 시리즈가 한창 인기 있을 때 "어. 남. ○.(어차피 남편은 ○○○이다.)"라는 말이 있어, 드라마 속 미래의 남편을 찾는 즐거움에 찬물을 끼얹는 글들이 있었다. 이제 급격한 성장기를 지나 여러 학문 분야에 응용되는 단계에 접어든 복잡계 네트워크 이론의 연구자들에게는 "어. 네. 멱."이 통할 것이다. "어차피 네트워크는 멱함수 법칙이다." 하지만 방심은 마시라. 정환을 남편으로 확신했다가 택이인 것을 보고 소위 '멘붕'을 겪은 시청자들이 많지 않았던가. 14년 전 카이스트 연구실에서 시작한 복잡계 네트워크 연구는 내 연구 인생의 큰 부분을 차지하게 되었고, 이제 나는 학생들을 지도하고 있다.

몇 단계를 거치면 네트워크 연구의 선구자인 에르되시 팔에게 닿을 수 있는지를 뜻하는 에르되시 넘버가 있다. 책 본문에서 바라바시의 에르되시 넘버가 4라기에, '이제 나는 적어도 6은 되겠구나!' 생각했다. 그래서 미국 수학회(American Mathematical Society, AMS)에서 제공하는 서비스를 이용해 내 에르되시 넘버를 확인해 보았다. 그런데 의외의 경로로 4가 되었다. 최근에 『세상물정의 물리학』을 펴낸 것으로 알려진 성균관 대학교의 김범준 교수 그룹과 논문을 썼는데, 김범준 교수는 톰 브리튼이라는 스웨덴의 수리 생물학자와 논문을, 다시 브리튼은 스웨덴의 수학자 스벤테 얀슨과 논문을 썼다. 얀슨은 에르되시와 함께 쓴 논문이 있다.

돌이켜보면 인생의 중요한 분기점에는 의외성도 많고 불확실성도 많다. 내가 그때 그저 좋아했던 것들이 나의 미래를 이 정도로 결정할 줄이야! 다시 「응답하라」의 마지막 내레이션을 빌려 마무리해 본다.

연구에 대한 열정으로 "뜨겁고 순수했던, 그래서 시리도록 그리운 그 시절. 들리는가, 들린다면 응답하라." 나의 2002년이여!

『동시성의 과학, 싱크』

스티븐 스트로가츠. 조현욱 옮김.
김영사. 2005년

세상물정의 동기화

『세상물정의 물리학』을 내놓아 과학 강연은 물론 인문학 강의에까지 단골 초청 연사가 된 김범준 성균관 대학교 교수는 과학자 특유의 엄밀하고 깔 끔한 강의 진행은 물론이고 청중의 흥미를 이끌어 내는 탁월한 능력을 가 지고 있다.

　그 특기 가운데 하나는 '모두 함께 참여해 강연을 만들어 가기'인데, 강 연의 시작을 장식하는 것은 '함께 박수치기'이다. 상황은 대략 이렇다. 사 회자의 소개로 앞으로 나온 그는 좋은 강연의 시작을 기대하는 청중들의 박수를 받는다. 그 박수는 "흐드러지게" 핀 벚꽃같이 하나하나 작은 박수 소리가 제각각이다. 물론 그 더해진 음량은 풍부하고 듣기 좋다.

　이내 박수가 잦아들면, 그는 이번에는 다시 다른 사람의 박수 소리에 귀 를 기울이며 소리를 맞추어 보려 노력하며 박수를 쳐 보라 주문한다. 처음 에는 바로 전의 흐드러진 작은 꽃 같으나, 어느덧 결이 맞기 시작해 "짝짝 짝짝" 일정한 리듬을 탄다. 그러면 그는 이렇게 말하며 강의를 시작한다.

　"신기하게 박자가 맞았네요?"

　함께 맞추어 치라고 해서 박자 맞추어 박수를 쳤는데, 신기하단다. 이쯤 되면 청중들은 무슨 소리인가 한다. 그는 다시 묻는다.

　"그런데 그 박자는 누가 맞추어 주었지요?"

　분명 그들은 함께 1초에 2번 정도의 "짝짝짝짝" 박수를 누구의 지휘도 따르지 않고 치고 있었다. 누가 1초에 단 2번만 치라고 시킨 것도 아닌데 말이다.

　처음의 흐드러진 벚꽃 같은 박수를 다시 생각해 보자. 알려져 있기로 사람들은 보통 1초에 4회 정도의 빠르기로 박수를 친다고 한다. 하지만 어떤 사람은 좀 천천히 3회 정도의 빠르기로 치고, 열정적인 기대를 가지고 있는 사람은 5회 이상으로 친다. 사람들의 박수 치는 빠르기는 제각각이고 그 시작하는 순간도 서로 다르다. 그래서 흐드러진 게 듣기 좋다. 그런데 다른 사람과 맞추려 노력하는 순간 1초에 2회라는 동시에 함께 치는 박수가 만들어졌다. '그 박자는 정말 누가 맞추었지?' 이런 생각이 일기 시작할 때, 그의 강연은 본격적으로 시작된다. '동기화(synchronization)'라는 물리 현상으로 청중의 관심을 이끄는 데 성공한 것이다.

곤충도 동기화를 한다

스티븐 스트로가츠의 『동시성의 과학, 싱크(Sync)』도 바로 이에 대한 이야기이다. '이런 자발적 박자 맞춤은 무슨 쓸모가 있을까?' 우리는 이미 알고 있다. 훌륭한 공연의 끝에 앙코르를 요청할 때! '이렇게 해도 너희가 안 나올래?' 하듯이 관객은 결맞은 박수를 친다. 이때 관객은 분명 목적을 가지고 협력했다.

곤충도 이렇게 한다면 믿겠는가? 1900년대 초 동남아시아를 다녀온 서구 여행자는 강둑을 따라 길게 이어진 어마어마한 반딧불이 무리가 한꺼번에 빛을 냈다 껐다 하는 낭만적 광경에 대한 이야기를 가지고 돌아왔다. (모든 종의 반딧불이가 그렇지는 않다.) 과학자들은 수천 마리의 작은 곤충이 정확하게 발광 시기를 맞추었다는 것이 믿기지 않았다. 사실 (아름다움을 미처 느끼기도 전에) 당혹스러웠다. 1917년에 무려 《사이언스》에 실린 글은 대략 이렇다.

> 20년쯤 전에 나는 반딧불이가 동시에, 혹은 동조해서 빛을 내는 것을 보았다. 아니 보았다고 생각했다. 나는 내 눈을 믿을 수 없었다. 왜냐하면 곤충들이 그런 일을 한다는 것은 분명 자연의 모든 법칙에 어긋나는 것이기 때문이다. 그러나 나는 곧 수수께끼를 풀었다. 그 같은 현상은 눈꺼풀이 경련을 일으켰거나, 아니면 눈꺼풀을 위아래로 갑자기 움직인 탓에 생긴 착시에 불과하다. 반딧불이와는 어떤 관련도 있을 수 없다.

1577년 탐험대의 항해 일지에서부터 300년 동안 동일한 관측이 보고되어 왔던 현상에 대한 반론치고는 그리 과학적이지 않다. 1960년대가 되어서야 통제된 실험으로 실제로 특정 종의 수컷 반딧불이가 다른 반딧불이의 반짝임에 리듬을 맞추어 시간을 고쳐 맞출 수 있는 내부 진동자를 가지고 있다는 것이 밝혀졌다. 반짝이는 반딧불이 무리는 함께 일정한 신호를 보내서 다른 반딧불이의 리듬을 조절하고, 자신도 다른 반딧불이의 신호를 받아 주기를 조절한다.

이러한 자기 조직화의 과정에는 전체에게 명령하는 우두머리나 리듬을 정교하게 맞추기 위한 특별한 지능을 필요로 하지 않는다. 단지 몸 어딘가에 다른 반딧불이의 불빛에 맞추어 자동으로 조절되는 하나의 작은 메트로놈 같은 진동자만이 필요할 뿐이다. 신호가 전달될 적당한 조건이 갖추어지면 언제나 멋진 동기화가 이루어진다. 이런 결맞은 발화는 실제로 암컷 반딧불이를 '신방'으로 끌어들이는 데 유리하다. 이를 위해 수컷들은 협력적으로, 그리고 경쟁적으로 불빛을 낸다. "이렇게 해도 너희가 안 나올래?"

우리 주변의 동조 현상을 찾아라

이러한 동조 현상은 우리 주변에 실로 다양하다. 현대 산업에서 꼭 필요한 레이저는 수조 개의 원자들이 동일한 주파수와 위상의 광자를 함께 동시에 방출해 강력한 빛으로 만들어진다. 초전도체 내에서는 수많은 전자들이 일렬로 동시에 함께 행진해 저항 없이 전기가 흐를 수 있도록 한다. 이런 초전도체는 뇌 자기와 같은 극도로 미세한 자기장을 측정하는 조지프슨 접합에 사용되고, 자기 부상 열차를 움직이게 한다.

생물에서의 동조는 더 놀랍다. 심장의 모든 세포는 일사불란하게 심장의 동방결절이라는 1만 개의 세포 덩어리로 이루어진 조직의 신호를 받아 일정한 주기로 박동한다. 동방결절에서는 하나의 세포가 아닌 다수의 세포가 함께 안정적이고 규칙적인 주기를 만들어 낸다. 마치 함께 결맞게 치는 박수는 누가 정해 준 주기가 없지만, 일정하고 좀처럼 깨지지 않는 안정된 주기를 갖는 것과 같다. 뇌에서 뉴런들의 동기화는 뇌파로 나타난다. 바로 우리가 어떤 인식을 하거나 기억을 할 때, 우리의 뇌 특정 영역은 동기화된 발화가 일어나고 이로 인해 뇌파가 변한다. 또, 체온의 주기적 변화와 수면의 주기성 등 신체 리듬을 만들어 내는 시상하부 앞 시신경 교차상핵이 빛에 동조되어 우리는 지구와 같은 일주기를 만들어 낸다.

이렇듯 세포끼리 동기화되고, 조직끼리 기관끼리 동기화된다. 좀 더 큰 개인 단위에서는 기숙사와 같은 곳에서 공동생활을 함께 오래 한 여성들은 월경 주기가 수컷 반딧불이의 발화처럼, 또 하위헌스가 발견한 흔들리는 배 안의 두 시계추처럼 동기화된다.

스티븐 스트로가츠는 그의 책 『싱크』에서 반딧불이의 동조 원리와 박수의 결맞음, 인간 수면의 주기 등 다양한 분야에서 진행되는 동기화 연구 이야기를, 연구자들의 생생한 묘사와 함께 여러 일화들을 통해 재미있게 풀어 나간다. 사실 20년 동안 그의 연구 주제였던 동기화 문제는 구라모토 모형으로 대표되는 '연립 비선형 미분 방정식'을 푸는 지난한 문제이다. 보통손으로 풀다 지쳐, 컴퓨터로 풀다 안 되면, 다양한 패턴의 방법으로 이해하는 복잡계 연구의 한 학문 분야이다. 그런데 놀랍게도 이 책에는 수식이 한줄도 등장하지 않는다!

멘토이자 친구였던 이에게 바치는 과학 고전

스트로가츠는 1980년에 프린스턴 대학교 수학과를 최우등으로 졸업하고, 마셜 장학금을 받아 케임브리지 대학교로 진학했지만, 무료하기만 했던 영국 생활 중에 '중대한 발견'을 하고 나서 하버드 대학교 응용 수학과에서 박사 학위를 받는다. 박사 후 연구원 이후, MIT와 코넬 대학교에서 교수로 재직하는 동안 그의 수학 인생에 대한 생생한 이야기가 이 책 한 장한 장에 모두 녹아 있다.

그중 한 장면을 소개하면 다음과 같다. 바로 그가 무료한 대학원 생활중 케임브리지 트리니트 가의 헤퍼 서점에서 아서 윈프리(Arthur Winfree)의 『생물학적 시간의 기하학(*The Geometry of Biological Time*)』을 발견한 것이다. 평생의 연구의 방향을 잡는 중대한 순간이었다.

> 책을 읽는 나날이 새로운 기쁨의 날이었다. …… 나는 생전
> 처음으로 앞으로 나아가야 할 학문적인 길이 펼쳐지는 것을
> 보았다. 흥분해서 윈프리에게 편지를 썼다. 어디로 가야 수리
> 생물학 대학원 과정을 밟을 수 있는지 알려 달라는 내용이었

다. 2주일 후 퍼듀 대학교 주소가 찍힌 편지를 받았을 때 내 심장은 빠르게 고동치기 시작했다. 봉투를 뜯자 푸른 줄이 쳐진 학교 용지에 붉은 매직펜으로 휘갈겨 쓴 글씨가 드러났다. 윈프리의 친필 답장이었다.

스티븐 스트로가츠,
물론, 당연히 내게 와야만 하네.
아서 윈프리.

…… 그때쯤 윈프리는 나의 영웅이 되어 있었다.

이 순간에 어찌 흥분하지 않을 수 있으랴. 그후 윈프리는 스트로가츠의 연구 생활에 많은 영향을 준 것은 물론 이 책 『싱크』의 집필에도 모든 단계에서 도움을 주었다. 하지만 슬프게도 아서 윈프리는 뇌종양을 극복하지 못하고 2002년 11월 5일 60세의 일기로 세상을 떠난다. 영국과 미국에서 이 책의 초판이 출판된 2003년 이전의 일이다. 이 책의 모든 장에 그에 대한 애정이 묻어나는 이 결과물을 직접 보면 좋았을 텐데 말이다. 하여 스트로가츠는 다음과 같은 헌정사로 이 책을 아서 윈프리에게 바친다. (번역은 필자.)

To Art Winfree
Mentor, inspiration, friend.
(나를 북돋아 주던 멘토이자 친구, 아서 윈프리에게.)

168

이번에 아시아태평양 이론물리센터의 '과학 고전 50'에 뽑힌 이 책의 원작 『싱크』는 그만한 가치가 있다. 하지만 현재의 한국어판에는 몇 가지 아쉬운 점이 있다. 첫째, 이 책은 2005년 초판 발행 이후 절판되었다. 일부 중고 서점에서 높은 가격으로 팔리고 있고 도서관에서 빌려 볼 수는 있지만, 아쉽지 않을 수 없다. 둘째, 사회 과학을 전공한 번역가께서도 옮긴이의 말을 통해 인정하는 바와 같이, 자연 과학의 전문 내용을 옮기는 데 어려움이 많았던 듯하다. 전체적으로 내용의 흐름이 자연스럽고, 특히 스트로가츠가 즐겨 쓰는 서사가 잘 번역되었다. 무엇보다 좋은 점은 번역서가 빨리 나와 주었다. 하지만 동기화와 복잡계 관련 전문 용어에 있어서는 아쉬운 점이 많다. 셋째, 이 책의 영미판은 분명 헌정사가 책의 처음에 있다. 그런데 슬프게도 한국어판에는 헌정사가 없다. 편집자가 이 책의 의미를 제대로 알았다면 꼭 있어야 할 부분이라고 생각한다. 물론 아서 윈프리는 돌아가셨고, 한국어를 읽지 못하시겠지만 말이다.

아시아태평양 이론물리센터의 '과학 고전 50'으로 선정된 이번 기회에, 이런 점들이 보완된 새로운 한국어판이 재출간되어 독자를 만날 수 있길 기대해 본다.

『원자 폭탄 만들기』

리처드 로즈. 문신행 옮김.
사이언스북스. 2003년

시대와 과학이 충돌하는 곳

2016년 5월 27일, 버락 오바마(Barack H. Obama) 미국 전 대통령은 일본 히로시마를 방문해서 평화 공원에서 위령비에 헌화하고 전쟁에서 숨진 무고한 희생자들을 기렸다. 미국의 현직 대통령이 히로시마를 방문한 것은 역사상 처음 있는 일이다.

에릭 홉스봄(Eric Hobsbawm)은 20세기를 '극단의 시대(Age of Extremes)'라고 불렀다. 러시아 혁명과 대공황, 제1·2차 세계 대전, 냉전과 달 착륙, 전자 공학의 발달과 베를린 장벽 붕괴 등 20세기를 수놓은 사건들은 분명 이전의 어떤 세기보다도 극적이었고, 격렬하게 전 지구적으로 거대한 영향을 미쳤다. 그러면 그중에서도 가장 중요한 사건, 20세기를 대표할 수 있는 단 하나를 꼽으라면 무엇을 택할까? 여러 의견이 있겠지만 나는 원자 폭탄이야말로 20세기를 아우르는 가장 중요한 상징이라고 생각한다.

원자 폭탄, 물리학과 역사의 교차점

원자 폭탄은 현대 물리학의 최신 성과와 제2차 세계 대전이라는 거대한 사건이 극적으로 교차하는 지점이다. 그것은 인간이 아직까지 알지 못했던 세계에 도달했음을, 이전에는 상상도 할 수 없었던 능력을 가지게 되었음을 나타내는 사건이며, 동시에 과학이 더는 단순한 도구가 아니라 인간의 손을 벗어날 수도 있는 가공할 힘이 되었음을 알려 주는 묵시록이다.

다른 한편 원자 폭탄은 제2차 세계 대전의 종전을 상징하는 사건이며, 동시에 팽창을 거듭하던 제국주의의 종식과, 새로운 세계 질서의 시작을 알리는 신호였다. 나아가서 냉전 시대에 원자 폭탄은 균형을 강제하는 숨은 추였다. 핵무기가 없었다면 냉전이 그런 모습으로 전개되었을까? 냉전으로만 남아 있었을까?

결과론이지만 핵무기가 없었다면 세상은 훨씬 불안정했을 수도 있고, 적어도 지나간 20세기와 같은 모습은 아니었을 것이다. 따라서 원자 폭탄은 전쟁 무기로서가 아니라 정치적 도구로서 의미가 더 컸다고 할 수 있다. 과학 분야에만 한정해서 보아도, 원자 폭탄의 개발은 당시까지의 현대 물리학 지식의 집대성이자, 거대과학이라는 새로운 과학 활동의 전범이 되었고, 이후 국가와 과학 연구의 관계를 설정하는 데 커다란 영향을 끼쳤다.

원자 폭탄에 대해서는 수많은 자료와 책이 넘쳐 난다. 전쟁사의 입장에서, 과학사의 관점에서, 혹은 참여한 과학자의 생애를 통해서 우리는 엄청난 정보를 접할 수 있다. 하지만 그중에서 단 한 권의 책을 골라야 한다면 아마도 가장 많은 사람이 바로 이 책, 리처드 로즈(Richard Rhodes)의 『원자 폭탄 만들기(The Making of the Atomic Bomb)』를 꼽을 것이다. 그럴 정도로 이 책은 원자 폭탄이라는 사건에 대한 가장 방대하고도 중요한 기록이다.

리처드 로즈는 불우한 어린 시절을 보냈으나, 우수한 성적으로 예일 대학교에 진학했다. 졸업 후에는 저널리스트로서 여러 권의 책을 썼는데, 1986년에 출판되어 퓰리처 상을 수상한 『원자 폭탄 만들기』는 그의 저서 중에서도 역시 가장 중요한 작품이다. 이 책은 그밖에도 전미 도서상과 비평가상을 휩쓸었고, 수십만 권이 팔렸으며 10개국 이상의 언어로 번역되었다. 원자 폭탄이 단순한 무기가 아니듯이, 『원자 폭탄 만들기』는 과학과 정치, 수많은 사람의 삶과 역사가 한데 어우러진 장대한 책이다. 로즈는 수많은 등장 인물들이 원자 폭탄을 만들어 가는 과정을 꼼꼼히 기록할 뿐 아니라, 그들의 삶과 배경까지 입체적으로 묘사해서 20세기의 거대한 드라마를 완성했다.

원자 폭탄에 응축된 20세기 전반기 물리학사

이 책의 내용 중 가장 중요한 부분은 원자 폭탄이 가능하기까지 20세기 전반기의 물리학 발전을 서술하는 부분이다. 이러한 내용을 담은 책도 많이 있지만, 로즈는 물리학자가 아니면서도 이 책에서 매우 정확하고도 유려하게 원자와 원자핵의 물리학이 발전해 온 과정을 묘사하고 있다.

기원전 5세기에 처음으로 도입된 원자 개념은 근대 과학에서 되살아나 물리학과 화학의 여러 국면에 커다란 도움을 주면서 발전해 갔다. 그러나 20세기에 이르기까지 원자란 아직 물리학의 세계에서 시민권을 획득하지 못한 가상의 개념이었다. 그러다가 20세기를 코앞에 둔 시점에서 빌헬름 뢴트겐(Wilhelm C. Röntgen)이 엑스선을 발견하고, 조지프 톰슨(Joseph J. Thomson)이 전자를, 앙투안 앙리 베크렐(Antoine Henri Becquerel)이 방사선을 발견했다. 이렇게 새로 발견된 현상들을 기반으로 뉴질랜드 출신의 어니스트 러더퍼드(Ernest Rutherford)를 비롯한 과학자들은 원자에 대해서 많은 것을 밝혀내어, 단숨에 원자의 연구를 물리학의 중심으로 만들었다.

그뿐 아니라 러더퍼드는 아마도 원자의 구조에 대해서 가장 중요한 점을 밝혀냈다. 바로 원자에는 원자핵이 존재한다는 사실이었다. 이로써 원자에 대한 관념이 완전히 새로 태어났다. 러더퍼드가 원자핵의 존재를 제안한 1911년부터 약 20년 동안 물리학에서 가장 중요한 일은 원자핵과 전자로 이루어진 원자를 설명하는 일이었다.

이것은 믿을 수 없을 만큼 어려운 문제였는데, 당시 등장한 물리학의 새로운 세대들은 이 어려운 문제를 더욱 믿기 어려운 방식으로 해결해 냈다.

원자의 구조를 설명하는 이 새로운 물리학을 양자 역학이라고 부른다. 이 것은 과학의 역사에서 유례를 찾아보기 어려운 찬란한 승리였고, 거대한 발전이었다. 양자 역학을 통해서 과학자들은 주기율표를 이해할 수 있게 되었고 화학을 이론적으로 뒷받침할 수 있게 되었다.

자연스럽게 물리학자들의 관심은 원자핵을 이해하는 일로 넘어갔다. 1932년 제임스 채드윅(James Chadwick)이 중성자를 발견함으로써, 과학자 들은 원자핵의 구조에 대해서도 제대로 연구할 수 있는 기초를 갖게 되었 다. 러더퍼드가 이끄는 케임브리지의 그룹을 비롯해서 프랑스의 졸리오퀴리(Joliot-Curie) 부부가 이끄는 퀴리 연구소, 베를린, 괴팅겐, 뮌헨 등의 여러 독일 대학들, 엔리코 페르미(Enrico Fermi)의 로마 그룹, 그리고 코펜하겐의 닐스 보어(Niels Bohr) 연구소 등 당대 물리학의 중심지에서는 핵의 여러 가지 성질에 대해서 활발하게 연구가 진행되고 있었다. 그러면서 지도자 격의 물리학자들은 이미 핵에서 에너지를 꺼내는 일이 가능할 것이라는 예측을 내놓고 있었다.

한편으로 독일에서 나치가 정권을 잡으면서 유럽의 정치는 급박하게 돌아가기 시작했다. 우선 유대 인 차별이 법제화되면서 수많은 유대 인들이 직장을 잃었고, 과학자들도 예외가 아니었다. 일대 탈출 러시가 일어났다. 아인슈타인은 미국 프린스턴 고등 연구소의 제의를 받아 이미 독일을 떠나 있었고, 제1차 세계 대전에 참전해서 유대 인이지만 법의 규제를 받지 않는 제임스 프랑크(James Franck)는 항의의 표시로 사표를 던졌다. 막스 보른(Max Born)과 같은 명망 있는 학자도 예외는 아니어서 허겁지겁 영국 과 미국에서 일자리를 구해야 했다. 러더퍼드나 보어 같은 사람들은 이들을 구하려고 애썼으나, 별다른 업적도, 명성도 없는 젊은이들에게까지 구원의 손길이 가기는 어려웠다.

1938년 겨울, 마침내 독일의 오토 한(Otto Hahn)과 프리드리히 슈트라스만(Friedrich Wilhelm "Fritz" Strassmann)은 우라늄 원자핵이 느린 중성자에 의해 붕괴된다는 것을 확인했고, 한의 오랜 동료로서 스웨덴에 망명해 있던 엘리제 마이트너(Elise Meitner)와 마이트너의 조카 오토 프리슈(Otto Frisch)가 이를 이론적으로 뒷받침했다. 이 소식은 보어를 통해 미국에 전해졌고, 곧 여러 실험실에서 확인되었다. 드디어 새로운 힘, 새로운 에너지가 인간의 눈앞에 드러난 것이다.

새로운 힘에 깃든 천사와 악마의 두 얼굴

하지만 새로운 힘이 나타났다고 해서 곧바로 인간이 그것을 다룰 수 있는 것은 아니다. 우라늄의 붕괴 현상을 이해하고 제어하기 위해서는 아직도 보어와 페르미 등의 당대의 지성들이 수년을 더 노력해야 했다. 그러는 사이에 1939년 9월 마침내 히틀러가 폴란드를 침공하면서 제2차 세계 대전이 발발했다. 또한 2년 뒤 일본이 하와이 진주만의 미군 기지를 기습하면서 미국 역시 전쟁에 참가하게 되었고, 전선은 태평양으로 확대되어 말 그대로 전 세계를 뒤덮게 되었다. 이 과정에서 과학은 정치와 밀접하게 얽혀 돌아가게 될 수밖에 없었는데, 이때 독특한 역할을 맡은 사람이 헝가리 출신의 실라르드 레오(Szilárd Leó)다.

이 책에는 무수히 많은 20세기 물리학의 영웅들이 등장하지만, 다른 책에 비해서 이 책에서 유독 돋보이는 사람이 실라르드다. 실라르드는 사실 중성자에 의한 원자핵의 붕괴와 연쇄 핵반응을 가장 먼저 생각해 내고, 그로부터 얻은 새로운 에너지에 천사와 악마의 두 얼굴이 있을 수 있다는 것을 가장 먼저 깨달은 사람이다. 그는 또한 미국에서 원자핵 붕괴 과정을 처음으로 연구해서 확립시킨 사람 중 하나이기도 하다. 그리고 원자 폭탄의 역사에서 더욱 중요한 역할을 맡은 사람이기도 한데, 그 역할이란 바로 원자 폭탄의 가능성을 미국 대통령에게 알려서 폭탄 프로젝트를 시작하도록 한 것이다. 이렇듯 원자 폭탄 프로젝트의 시작에 중요한 역할을 한 사람이면서, 그는 또 누구보다도 먼저 원자 폭탄의 위험성을 강력히 경고하고, 실제로 폭탄을 사용하는 것을 반대한 사람이기도 하다. 하지만 실라르드는 특유의 몽상적인 기질과, 거대 담론을 좋아하는 성격 때문에 정작 맨해튼 프로젝트가 시작된 뒤에는 그다지 중요한 역할을 맡지 못했다.

마침내 프로젝트가 시작되고 본격적으로 폭탄 연구가 시작되었다. 이 책의 후반부는 로스앨러모스에서 수행된 폭탄의 설계 및 지난한 개발 과정, 그리고 바깥 세계에서 동시에 일어난 전쟁의 진행 과정을 꼼꼼히 그리고 있다. 버클리 대학교의 이론 물리학자 오펜하이머(Julius Robert Oppenheimer)가 연구소의 소장으로 선임되었고, 그해 12월 사람의 손으로 원자핵 반응을 제어하는 최초의 원자로 실험이 성공함으로써, 이제 핵에너지는 인간의 손 안에 들어왔다. 그리고 다음 해 4월 로스앨러모스에 연구소가 문을 열었다. 모든 것은 1945년 8월 6일의 히로시마를 향해서 수렴해 간다. 그리고 그날이 왔다. 이것은 분명 인류가 겪은 가장 끔찍한 순간일 것이다. 결코 잊히지도 않을 것이고 잊어서도 안 될 사건이었다. 로즈는 히로시마에 대해서도 여러 피해자들의 진술을 삽입해 최대한 생생하게 묘사해 놓았다.

원자 폭탄 이야기, 그후

마지막 부분은 전쟁 이후의 세계와 과학자들의 이야기다. 원자 폭탄의 이야기는 끝났지만 과학자들은 다른 가능성에 대해서도 알고 있었다. 이미 핵무기는 정치와 떼어 놓을 수 없게 되었고, 냉전은 시작되고 있었다. 하지만 그 뒤의 자세한 이야기는 저자의 또 다른 대형 논픽션인『수소 폭탄 만들기(Dark Sun)』를 보는 것이 좋겠다.

지난 2016년 8월 6일은 히로시마에 원자 폭탄이 떨어진 지 71년이 되는 날이었다. 당시 히로시마에는 인구의 10퍼센트 이상이 징용 노동자, 군인이나 군속, 혹은 일반 시민으로 살고 있던 조선인이었고, 따라서 피해자 열 명 중 하나는 조선인이었다. 그토록 많은 조선인이 한꺼번에 목숨을 잃었지만 전후의 혼란 속에서 그들을 수습해 줄 사람이 있을 리 없었다.

조선이 해방을 맞은 뒤, 남쪽과 북쪽에 각각 정부가 수립되고 수십 년이 지나도록 조선인 원폭 희생자에 대해서는 일본 정부는 물론 해방된 나라의 남쪽도 북쪽도 관심을 두지 않았다. 1970년에 이르러서야, 민단 히로시마 본부에서 조선인 원폭 희생자를 위한 추모비를 세웠다. 그러나 아직도 조선인 피폭자에 대해서는 잘 알려지지도 않았고 배상이나 보살핌도 제대로 주어지지 않았다. 피폭 후 귀국한 사람들에 대해서 아직 완전한 실태 조사조차 이루어지지 않았다고 한다. 이들 중 여러 사람들은 아직도 일본 정부를 상대로 법정에서 싸우고 있다. 조선인 원폭 피해자 문제에 관심이 있는 분은『원자 폭탄, 1945년 히로시마… 2013년 합천』또는 합천 평화의 집 등을 참조하시기 바란다.

당시 히로시마에서 오바마 전 대통령은 처음으로 한국인 피해자에 대해서도 언급했다고 한다.

ⓒ 김영사

『이중 나선』

제임스 왓슨. 최돈찬 옮김.
궁리. 2006년

문제적 인간의 노벨상 수상기

'고전'이란 무엇일까? 국어 사전의 정의대로라면, "오랫동안 많은 사람에게 널리 읽히고 모범이 될 만한 문학이나 예술 작품"이다. "오랫동안 많은 사람에게 널리 읽힌" 책이야 논란의 여지가 적다. 하지만 "모범이 될 만한"의 부분에 오면 저마다의 기준이 다를 수밖에 없다. 고전 선정을 둘러싼 논란이 끊이지 않는 것도 이 때문이리라. 그렇다면 과학 고전이란 무엇일까? 역시 이 분야에 관심 있는 이라면 제목 정도야 한 번쯤 들어 본 적이 있는 책이어야 할 것이다. 하지만 그보다 더 중요한 것은 "모범이 될 만한"이 아닐까? 그런 점에서, 나는 제임스 왓슨(James Watson)의 『이중 나선(*The Double Helix*)』이 이번 '과학 고전 50' 목록에 낀 것이 마뜩하지 않다. 이 책이 널리 읽힐 만한 책인지 의문이기 때문이다.

여동생을 미끼로 노벨상을 받아 볼까?

1953년 4월 25일, 영국의 과학 잡지 《네이처》에 고작 900단어로 쓰인 한 쪽짜리 논문이 실렸다. 당시 각각 25세, 37세였던 제임스 왓슨과 프랜시스 크릭(Francis H. C. Crick)이 대를 이어 생명의 비밀을 전달하는 유전 정보가 이중 나선 구조로 꼬여 있는 DNA 안에 새겨져 있음을 세상에 공표한 것이다. 왓슨과 크릭은 이 논문에 실린 업적을 인정받아 1962년 노벨 생리·의학상을 수상했다. 그러나 이들에게 노벨상을 안겼던 이 논문을 다시 읽는 이들은 거의 없다. 대신 많은 이들은 1968년 왓슨이 '혼자서' DNA의 이중 나선 구조를 밝히기까지의 뒷이야기를 담은 『이중 나선』에 눈길을 보낸다. (당시 왓슨은 '성공한' 40세의 과학자였다.)

사실 나도 이 책을 세 번이나 통독했다. 고등학교를 졸업하고 대학에 들어갈 때까지 남는 시간 동안 한 번 읽었고, 몇 년 전에 고등학생을 대상으로 한 잡지에 기고할 독후감 때문에 한 번 더 읽었다. 그리고 이번에 이 글을 쓰기 위해서 다시 한번 책을 읽었다. 필요에 따라서, 그때그때 뒤적거린 것까지 염두에 두면 이 책을 읽은 횟수는 훨씬 더 늘어날 것이다.

출퇴근 시간에 단숨에 읽어 내려갈 수 있는 이 책은 과학 지식이 아니라, 바로 그 과학 지식을 만드는 '사람'에 초점을 맞추고 있다. 왓슨은 생명의 유전 정보가 어떻게 세대를 이어 가며 전달되는지 밝히는 과정에서 자신을 포함한 과학자들이 어떻게 경쟁했는지 시시콜콜한 내용까지 생생히 전달하고 있다.

25세의 열정 빼놓고는 아무것도 없었던 초짜 과학자 왓슨은 게임의 규칙을 이렇게 파악하고 있었다. 이 게임에서 자신이 이기면 단숨에 최고의 과학자가 되겠지만, 진다면 그저 그런 과학자로 살다가 잊힐 것이라고. 그래서 그는 자신보다 12살이 많지만 역시 별 볼 일 없었던 크릭과 함께 승리를 위해서 온몸을 던진다. 이런 식이다. 왓슨은 자신의 경쟁자였던 모리스 윌킨스(Maurice H. F. Wilkins)가 누이동생 엘리자베스 왓슨과 점심을 같이 먹는 모습을 보면서 이런 생각을 한다. '윌킨스가 진정으로 내 누이를 좋아하게 되면, DNA에 대한 엑스선 연구를 자연스럽게 함께할 기회가 오지 않을까?' 자기 여동생까지도 게임의 승리를 위한 수단으로 동원하려 했던 것이다. 물론 이 '미인계'는 실패로 끝난다.

심지어 왓슨은 승리를 위해서 부정행위도 서슴지 않았다. 그는 또 다른 경쟁자였던 여성 과학자 로절린드 프랭클린(Rosalind Franklin)이 찍은 엑스선 회절 사진을 훔쳐보고서야 DNA 이중 나선 구조를 확신할 수 있었다.

하지만 그는《네이처》논문은 물론이고 이 책에서도 프랭클린의 공을 인정하는 데 인색했다. 오히려 정반대다. 이 책에서 프랭클린은 사소한 일에도 버럭 화를 내는 "깐깐하고 욕심 많은" 성격이 괴팍한 사람으로 묘사된다. 그의 평가대로라면 프랭클린은 인간미도 없을 뿐만 아니라 창의력이라곤 찾아볼 수 없는 과학자처럼 보인다. 심지어 "여성스러움과 거리가 먼 여자"라면서 "안경을 벗고 머리를 조금만 우아하게 손질하면 나을 텐데." 하고 비아냥거리기까지 한다.

왓슨은 1968년 『이중 나선』이 나오고 나서 DNA 이중 나선 구조에 대한 프랭클린의 기여를 둘러싼 논란이 확산되자, 1980년 개정판에 프랭클린의 연구 업적을 높이 평가하는 후기를 마지못해 덧붙였다. (국내의 번역본에 붙어 있는 후기는 그러니까 12년 만에 쓴 것이다.) 하지만 진짜 속내는 여전히 이런 건지도 모른다. '못된 로지(프랭클린)는 DNA 사진을 찍고서도 그 구조를 제대로 해석하지 못했다고! 다 내가 한 거야!'

위대'했던' 과학자의 민낯

어쨌든 최종 승자는 프랭클린이 아니라 왓슨이었다. 그리고 프랭클린은 (노벨상을 받을 만한 여러 업적을 남겨두고) 1958년 37세의 젊은 나이로 세상을 뜨고 말았다. 그 이후에 왓슨은 노벨상을 받았고, 과학사의 한 장면을 자기 입장에서 정리한 『이중 나선』을 펴냄으로써 역사를 자기 것으로 만들었다. 그러니 『이중 나선』은 경쟁이 난무하고 심지어 사기도 서슴지 않는 20세기 후반의 과학 활동을 예고하는 역사적인 기록으로 앞으로도 여러 차례 언급될 만한 책임은 틀림없다. 또 (지금도 마찬가지이지만) 20세기 중반 과학계에서 여성 과학자로 살아가는 일이 얼마나 힘들었는지를 증명하는 기록으로도 앞으로 수차례 언급될 것이다.

하지만 나는 이 책에서 "미지의 세계를 향한" "생명에 대한 호기심"으로 "진리를 추구하는" 본받을 만한 과학자의 참모습을 발견할 수 없었다. 성공을 위해서 물불 가리지 않는 치기 어린 20대 청년의 모습과, 그것을 나중에 자기 입맛대로 포장하는 '성공했으니 옳다.'라는 천박한 가치관을 가진 덜 떨어진 기성세대의 흔하디흔한 모습을 한 번 더 확인했을 뿐이다.

아니나 다를까? DNA 이중 나선을 발견하고 나서 과학 연구자라기보다는 과학 행정가로서 경력을 쌓기 시작한 왓슨의 말년은 그다지 좋지 않다. 2014년 12월 4일, 그가 자신이 1962년 받았던 노벨상 메달을 경매에 내놓은 것은 단적인 증거다. 그가 사실상 사회적으로 매장되고 나서, 이렇게 노벨상 메달을 경매에 내놓은 사정도 자업자득이다. 왓슨은 "동성애 성향의 태아를 낙태할 수 있다."(1997년 2월)라거나, "멍청한 하위 10퍼센트의 사람은 치료를 받아야 한다."(2003년 2월) 등의 발언으로 구설에 오른 것도 모자라, 2007년 10월에는 '흑인은 백인보다 지적 능력이 낮다.'라는 취지의 발언을 길게 쏟아 내고서 "인종 간 지능의 우열 유전자가 앞으로 10년 안에 발견될 수 있을 것"이라고 결정타를 날렸다. 여러 인종이 함께 사는 미국 같은 나라에서 이런 발언이 용납될 리가 없다. 결국 그는 모든 공직에서 강제 은퇴를 당하고서, 몇 년 만에 생활고를 호소하며 노벨상 메달을 경매에 내놓았다. (한 가지 궁금증. 전 세계에서 들어오는 『이중 나선』 인세만 하더라도 상당할 텐데? 회당 수천만 원 받는 강연 수익이 없어지면서 호화로운 생활을 유지하기 어려워진 것이겠지.)

『이중 나선』은 앞으로도 오랫동안 읽힐 책이다. 20세기 과학의 역사, 특히 생명 과학의 역사에 관심 있는 이라면 누구나 한 번쯤 읽어 볼 책임에는 틀림없다. 하지만, 왓슨을 위대한 과학자의 역할 모형이라도 되는 양 이 책을 청소년 필독서로 지정하는 바보 같은 짓은 이제 제발 그만 하자. (나라면 과학자를 꿈꾸는 청소년이나 과학자로서의 경력을 시작할 대학(원)생에게 제임스 왓슨이 아니라 조너선 벡위드의 『과학과 사회 운동 사이에서(*Making Genes, Making Waves*)』 같은 책을 읽히겠다.)

『해커스』

스티븐 레비. 박재호, 이해영 옮김.
한빛미디어. 2013년

컴퓨터는 인간에게 과연 무엇인가

2016년에는 유독 엄청난 과학적 사건이 많았다. 2월에 아인슈타인의 일반 상대성 이론에서 예측한 중력파가 사상 처음으로 발견되었고, 3월에는 구글의 자회사 딥마인드에서 개발한 바둑 프로그램 '알파고'가 최정상의 프로 기사에게 승리했다. 전자는 경탄과 함께 중력파 천문학이라는 미지의 세계에 대한 기대를 가져온 반면, 후자는 놀라움과 함께 일종의 공포까지 가져왔다. 지금까지 컴퓨터와 인공 지능이 가져올 미래에 대해서 막연하게만 생각해 왔는데, 이제 그것이 멀지 않다는 것을 실감하게 되었기 때문이다. 우리나라 사람들은 일반적으로 서구보다 바둑에 대해 더 잘 알고 있기 때문에 알파고의 승리를 더 충격적으로 느꼈을 수도 있다.

사실 컴퓨터가 인간보다 빠르고 정확하게 연산을 하는 거야 누구나 다 아는 일이다. 알파고가 그토록 놀라운 것은 바둑이라는 "정확한 답을 모르는 문제"에 대해서도 사람보다 나은 대답을 내놓는다는 일일 것이다. 그렇게 할 수 있는 이유는 사람보다 '낫다'라는 것을 바둑에서는 최종적인 승리라는 형태로, 정량적으로 정의할 수 있기 때문이다. 즉 컴퓨터는 계산으로 환원시킬 수 있다면 훨씬 복잡하고 일견 추상적으로 보이는 일까지도 할 수 있다는 것을, 이번 이벤트가 잘 보여 준 것이다. 그러니까 진정한 승리자는 바둑의 수를 정량화시키는 데 성공한 알고리듬이라고 해야 할 것이다. 하지만 그러한 알고리듬을 실시간으로 수행해서 바둑을 "둘 수 있게" 만든 하드웨어의 능력도 간과해서는 안 된다.

컴퓨터의 역사에는 사실 이번 알파고의 승리처럼 예상을 뛰어넘는 새로운 발전과 극적인 사건들이 많았다. 그리고 그러한 사건을 일어나게 한 가장 중요한 원동력 중 하나는, 개인적인 이익이나 필요와는 상관없이 컴퓨터 그 자체의 무한한 가능성을 탐구하느라 삶을 불살랐던 사람들이었다. 그런 열정, 그런 문화, 그런 삶을 보여 주기 위해 미국의 저널리스트 스티븐 레비(Steven Levy)는 『해커스(*Hackers*)』를 썼다.

컴퓨터의 가능성을 발견한 MIT 천재들

해커라는 말은 요즈음 주로 컴퓨터와 네트워크의 보안 시스템에 침입해 여러 가지 사건을 일으키는 테크놀로지 무법자를 가리키게 되었지만, 이 책에서는 다소 결이 다르게 쓰이고 있다. '해크(hack)'란 원래 나무를 거칠게 베거나, 초목을 베어 길을 트는 것을 말하는데, 오래전부터 MIT에서 흘러 다니던 은어였다고 한다. 1950년대 후반 복잡한 시스템을 가지고 장난질하는 것을 즐기던 기술 마니아들이 이 말을 쓰면서 '해킹'이라는 말은 차츰 고유한 의미를 띠어 갔다. 그리고 이들이 컴퓨터에 매달리면서, 해킹은 점점 컴퓨터를 가지고 실험과 창조적인 장난을 하는 것으로 굳어졌다.

레비는 초기 해커들이 만들어 낸 해커의 윤리에 주목했다. 여기서 중요한 점은 누구나 여하한 일이 있어도 컴퓨터에 접근할 수 있어야 하고, 모든 정보는 개방되어야 하며, 중앙의 권력은 믿을 수 없으니 분권화되어야 한다는 것이었다. 해커는 오로지 그들의 해킹에 의해서만 심판받아야 하며, 나이나 지위와 같은 기준으로 판단되어서는 안 된다.

레비는 이것을 "컴퓨터 자체의 우아하고 유려한 논리와 결합되어 있는 듯한 공통의 철학"으로 파악했다. 그것은 개방성과 나눔, 그리고 분권화의 철학이었다. 이런 관점에서, 레비가 이 책에서 말하는 해커란 "컴퓨터 속에서 마술을 발견하고 그 자체를 자신의 삶으로 살아갔고, 모든 사람을 위해 그 마술을 호리병 속에서 해방시켜 준 사람들"이다.

이 책은 컴퓨터가 인간의 삶에 들어오는 세 장면을 그리고 있다. 각 장면의 주역들은 모두 해커들이다. 특히 2016년 초 타계한 마빈 민스키(Marvin Lee Minsky)나, 인공 지능이라는 말을 만든 존 매카시(John McCarthy)같이, 인공 지능 선구자들의 연구소에서 1960년대 초반에 컴퓨터를 가지고 온갖 일들을 하던 사람들이 바로 해커들의 선구자들이다.

민스키는 1960년대 초반 MIT에서 인공 지능 연구를 시작할 때부터 공공연하게 인간의 뇌를 "고기로 된 두뇌"라고 표현해서 소란을 불러일으키기도 했다. 이 말에 함의되어 있는 것처럼 그는 일찌감치 '고기' 아닌 다른 것으로 만들어진 두뇌를 상상했고, 언젠가는 컴퓨터가 사고 능력을 가지게 될 것이라고 진지하게 믿었던 것이다. 매카시 역시 컴퓨터가 지능을 가질 수 있다고 믿고 그 가능성을 추구했다. 그래서 그들의 연구는 컴퓨터를 정해진 사용 목적에 맞게 사용하는 것이 아니라, 오히려 반대로 컴퓨터를 통해 무슨 일을 할 수 있을지 그 가능성을 탐구하는 것이었다. MIT의 해커들은 이러한 그의 목적에 꼭 맞는 사람들이었으므로 매카시와 민스키는 그들을 후원하고 키워 주기 위해 노력했다.

MIT 해커들은 원래 당시 학교에서 운용하는 거대한 메인 프레임 컴퓨터 주위를 맴돌며 프로그래밍에 미쳐서 컴퓨터의 온갖 가능성을 탐구하던 사람들이다. 1960년대에 이들이 다루었던 컴퓨터는 최초로 트랜지스터를 사용한 미니컴퓨터 가운데 하나인 디지털 이퀴프먼트 코퍼레이션(Digital Equipment Corporation)의 PDP 시리즈였다. 해커들은 이 컴퓨터의 시스템을 개발하고 발전시켰다. 그러나 무엇보다도 그들은 컴퓨터로 새로운 일을 하기 원했고, 그래서 컴퓨터로 음악을 연주한다든지, 우주 전쟁 게임을 만든다든지 하는, 이전에는 상상하지 못했던, 동시에 대체 그 비싼 기계로 왜 그런 짓을 하는지 모를 일들을 하곤 했다.

1960년대 후반에 접어들며 컴퓨터가 여러 분야에서 점차 본격적으로 중요해지자, 이들이 맡은 일들도 차츰 유용성을 따지게 되었다. 몇몇 사람들은 여전히 해킹에 몰두했지만, 어떤 사람들은 MIT를 떠났고 차츰 MIT에서 해커의 시대는 저물어 갔다. MIT의 해커 한 사람은 이렇게 말했다.

> 전에는 사람들의 태도가 '야! 여기 신기한 기계가 있다. 우리 이 기계가 어떤 일을 할 수 있는지 알아보자.'라는 식이었지요. 우리는 그런 식으로 로봇 팔을 만들었고 언어를 해부하고 우주 전쟁을 즐겼지요. 하지만 이제 우리는 국가적 목표에 따라 우리가 하는 일의 성과를 입증해야 합니다. …… 우리는 과거가 우리의 유토피아였고 우리의 문화였다는 것을 깊이 느낍니다. …… 저는 그 모든 것들이 사라져 버리는 것이 아닌가 하는 걱정이 듭니다.

물론 그 문화는 사라지지 않았다. 그러나 전과 같지도 않았다. 다음 세대의 해커들은 전혀 다른 환경에서 전혀 다른 문제에 관심을 가지고 있었다.

두 번째 이야기에 등장하는 해커들은 1970년대 초반에 캘리포니아 주를 중심으로 전자 공학의 가능성을 탐구하던 사람들이었다. 이 시기는 전자 공학이 급속히 발전하고 집적 회로(IC)가 개발되어 적절한 칩만 있으면 개인도 높은 수준의 복잡한 기계를 만들 수 있게 된 때였다. 그리고 그들이 만들고 싶어 했던 기계는 물론 컴퓨터였다. 개인이 컴퓨터를 소유한다는 것이 꿈처럼 들리던 1974년의 일이다.

　MIT의 해커들로부터 직접 전수받은 것이 아니었음에도, 이들 역시 해커의 윤리를 공유하고 있었다. 컴퓨터에 대한 접근성, 개방성, 분권화 등. 이 시대에 그것을 달성하는 가장 좋은 방법은 바로 개인용 컴퓨터를 만드는 것이었다. 하드웨어 해커들은 1970년대 캘리포니아의 분위기 속에서 한편으로는 공동체를 꿈꾸고 추구했고, 다른 한편으로는 각기 나름의 방식으로 개인용 컴퓨터라는 주제를 추구해서 단말기, 마이크로 칩, 메모리를 가지고 컴퓨터를 설계했다.

　하버드 대학교를 때려치우고 새로 개발된 컴퓨터를 위한 베이식 언어 해석기를 개발해서 팔기 시작한 빌 게이츠라든가, 하드웨어 해커들의 모임인 홈브루 컴퓨터 클럽에서 뛰어난 기술로 추종자들을 몰고 다니던 스티브 워즈니악(Steve Wozniak), 그리고 워즈니악이 개발한 애플Ⅱ 컴퓨터에서 사업적 성공의 가능성을 발견하고 마침내 그것을 실현시킨 스티브 잡스(Steve Jobs) 등, 이 시대는 오늘날에는 이미 전설이 되었다. 그러나 훗날 빌 게이츠와 스티브 잡스의 성공이 워낙 거대한 것이라서 잘 조명이 되진 않지만, 이들의 시작은 분명 해킹이었다.

"진정한 해커는 종말을 맞았다."

　다시 시대는 변했다. 1980년대에는 이제 컴퓨터는 안정된 상품이 되었다. 새로운 세상은 소프트웨어 쪽에 있었다. MIT 해커들이 우주 전쟁이라는 게임을 처음 개발한 이래, 하나의 가능성으로만 남아 있던 비디오 게임이라는 분야가, 애플 컴퓨터의 성공과 함께 새로운 산업으로 탄생한 것이다. 세 번째 이야기는 현재 컴퓨터 관련 사업의 가장 거대한 줄기 중 하나인 게임 산업이 탄생하는 모습을 이야기하고 있다.

세 번째 이야기의 주인공들은 이전의 해커들과는 확실히 다르다. 컴퓨터는 이미 자본주의 체제에 확고하게 편입되었고, 그중에서도 황금알을 낳는 거위에 해당되는 산업 분야가 되어 갔다. 욕심만 가득하던 일개 프로그래머가 2년 만에 매출액이 1000만 달러를 넘는 게임 제작 회사의 사장이 되고, 회사에는 소프트웨어 스타의 미래를 꿈꾸는 젊은 프로그래머들이 몰려들었다. 그래서 이 장에서는 해커의 윤리가 시장 한가운데에서 어떤 일을 겪고 어떻게 변화하며 어떤 모습이 되어 가는가를 보여 준다.

게임도 물론 해커의 윤리를 실현하는 무대가 될 수 있다. 어떤 프로그래머도 순전히 자기 아이디어를 가지고 시장에 나와서 심판을 받을 수 있다. 프로그래머가 게임을 만드는 데 몰두할 때, 그 머릿속에는 게임을 더 재미있게, 완벽하게 만드는 것뿐, 효율이나 시장성 등은 고려의 대상이 아니다.

분명 그들은 컴퓨터 시스템을 탐구하고 그 가능성을 넓히는 일을 하는 해커임에 틀림없다. 그러나 프로그램을 돈을 받고 판다는 면에서, 3세대 해커들은 이전과는 같아질 수 없었다. 그래서 이들은 재미를 위해서뿐만 아니라 자신의 몸값을 높이기 위해 노력하고, 프로그램을 판매하는 디스크에는 복사 방지 시스템을 설치한다.

이 이야기는 프로그래머 출신의 해커 켄 윌리엄스(Ken Williams)가 성공적으로 기업을 키워서 20대에 백만장자가 되어, 히말라야삼나무로 된 저택의 온수 욕조에 앉아 있는 장면으로 끝난다. MIT의 해커들이 컴퓨터의 가능성을 발견한 지 25년 만에, 해커가 이렇게 성공했다는 것을 말해 주는 장면일까? 이 책을 읽으면 누구나 그렇지 않다고 느낄 것이다. 해커의 윤리는 현실과 타협을 했고, 담장을 둘러쳐서 더는 다르게 보이지 않게 되었다. 이 책의 에필로그에서 말하고 있듯이 "진정한 해커는 종말을 맞았다."

이 책은 컴퓨터의 기술적인 발전을 보여 주기 위한 책이 아니라 해커의 문화, 즉 인간에게 컴퓨터가 갖는 의미란 무엇인지에 대한 책이다. 레비는 이 책을 쓰기 위해 1950년대와 1960년대에 활약했던 여러 해커들과 이야기를 나누었고, 거기서 해커의 윤리를 발견해 이 책을 쓰게 되었다. 이제는 컴퓨터가 없는 세상을 상상하기 어려울 정도가 되었음을 생각해 보면, 컴퓨터가 인간에게 가지는 의미는 더욱 중요해져 가고 있다.

이 책은 1984년에 발간되었다. 아직 IBM의 PC인 XT조차 널리 쓰이지 않고 MS-DOS도 막 도입되었을 시절이다. 그렇다 보니 이 책에는 윈도 등의 GUI 환경, 인터넷, 구글, 스마트폰같이 1984년 이후에 펼쳐진 컴퓨터의 발전을 겪은 우리에게 고리타분하게 느껴질 부분도 얼마든지 있고, 많은 수의 독자들에게는 실감이 나지 않는 내용이 상당 부분일 것이다. 이러한 시대적 한계 외에도, 이 책이 그리는 해커의 모습은 다소 낭만적이고, 해커의 윤리에 대해서도 너무 낙관적이다. 하지만 이 책은 초기 해커들이 활약하던 시절에 대한 매우 소중한 기록이다.

우리나라에는 이 책이 1991년에 출판 기획 모임 '과학세대'에서 번역해서 사민서각에서 처음 출간되었다. 이후 『해커, 그 광기와 비밀의 기록』이라는 무시무시한 제목으로 1996년에 재출간되었다가, 지금은 새로 번역되어 한빛미디어에서 출간되었다.

『인간의 그늘에서』

제인 구달. 최재천, 이상임 옮김.
사이언스북스. 2001년

스물여섯 구달이 침팬지를 만났을 때

1960년 7월 16일, 금발의 백인 여성이 아프리카 탄자니아의 곰베에 도착했다. 나이는 스물여섯. 박사 학위는커녕 석사 학위도 없었던 그녀는 비서 학교를 졸업한 터였다. 그의 '유일한' 후원자였던 스승 루이스 리키(Louis Leakey)는 그녀에게 곰베에서 10년 정도 침팬지와 지내라고 명령했다. 하지만 그녀는 속으로 코웃음을 쳤다. 고작해야 2~3년 정도면 충분할 거라고……

그런데 정말로 10년이 걸렸다. 그리고 그녀는 여든셋이 된 지금까지 곰베, 또 침팬지로부터 벗어나지 못하고 있다. 바로 세계 최고의 영장류 과학자 제인 구달(Jane Goodall)의 이야기다. 구달이 1971년 펴낸『인간의 그늘에서(In the Shadow of Man)』는 바로 그녀와 침팬지와의 질긴 인연이 어떻게 시작되었는지를 생생히 그린다.

그녀는 스물여섯이었다

구달이 곰베에서 침팬지를 관찰하며 10년간 쓴 기록을 엮어서 쓴『인간의 그늘에서』는 여러 가지 면에서 기념비적인 작품이다. 우선 전 세계를 흥분에 빠트리고, (박사 학위도 없었던) 구달을 세계 최고의 영장류 과학자로 등극시킨 중대한 발견이 어떻게 가능했는지 이 책은 생생히 증언한다.

구달은 침팬지를 관찰한 지 다섯 달 만에 두 가지 중요한 발견을 한다. 첫째, 구달은 침팬지가 대형 포유류를 사냥해서 잡아먹는 육식 동물 뺨치는 잡식 동물이라는 사실을 눈으로 직접 확인했다. 그 전까지 과학자를 비롯한 세상 사람은 침팬지가 바나나나 좋아하는 초식 동물이라고 생각했다. (침팬지의 포악함을 놓고는 구달 이후로 수많은 연구가 이루어졌다.) 두 번째 발견은 더욱더 중요하다. 구달은 침팬지가 흰개미 둥지에 긴 식물 줄기를 밀어 넣어, 거기에 묻어 나온 흰개미를 맛있게 먹는 것을 확인했다. 그들은 심지어 효율성을 높이고자 나뭇잎을 떼어 내며 정성껏 작은 가지를 다듬기까지 했다. 인간의 정의 가운데 하나였던 '호모 파베르(Homo Faber)', 즉 '도구를 사용하는 인간' 신화가 깨지는 순간이었다. 이 소식을 전해 듣고 구달의 스승 루이스는 이렇게 답장을 썼다. 널리 인용되는 그의 반응은 다음과 같다.

> 나는 이런 정의("인간은 도구를 사용하는 동물이다.")를 고수하는 과학자들이 이제 다음의 세 가지 가운데 하나를 선택하지 않을 수 없는 상황에 직면했다고 생각한다. 인간을 다시 정의하든가, 도구를 다시 정의하든가, 정의상 침팬지를 인간으로 받아들이든가…….

"20세기 학계의 가장 위대한 업적"

스티븐 제이 굴드는 『인간의 그늘에서』를 놓고서 "20세기 학계의 가장 위대한 업적"이라고 극찬했다. 실제로 『인간의 그늘에서』는 20세기 과학사를 통틀어서 가장 중요한 저작 가운데 하나다. 왜냐하면, 이 책은 당시로서는 파격적인 새로운 발견을 제시했을 뿐만 아니라, 과학 방법 자체를 혁신했기 때문이다. 우선 구달 이전까지, 동물 행동학을 연구하는 과학자 사이에서 연구 대상에 이름을 붙이는 일은 금기였다. 예를 들어, '침팬지 1', '침팬지 2', '침팬지 3'으로 연구 대상을 불러야지 구달처럼 '데이비드' '플로 '플린트'라고 침팬지를 불러서는 안 되었다. 이런 호칭의 차이가 의미하는 것은 무엇일까?

구달 이전의 동물 행동학에서 동물의 개체나 그 개성은 중요하지 않았다. 침팬지 전체, 침팬지 수컷, 침팬지 암컷, 침팬지 새끼가 중요하지 침팬지 한 마리, 한 마리는 관심사가 아니었던 것이다. 침팬지 한 마리, 한 마리에 고유한 이름을 부여하고 관찰 대상으로 삼은 구달의 접근은 이런 기존의 접근을 뿌리째 흔드는 시도였다. 이런 차이는 구달이 영국 케임브리지 대학교에서 박사 학위 논문 심사를 받을 때, 주류 학계의 과학자와 끊임없이 부딪치는 계기가 되었다. (구달은 루이스의 후원으로 석사 학위 없이 케임브리지 대학교에서 박사 학위 논문 심사를 받을 수 있는 기회를 얻었다.) 하지만 결국 구달이 승리했고, 그녀는 영장류 연구로 박사 학위를 받은 최초의 여성 과학자가 되었다.

구달은 1965년 박사 학위를 받고 나서 곰베로 돌아가서도 과학계의 금기를 계속해서 깨뜨렸다. 예를 들어, 그녀는 바닥에 쓰러져 있는 고통 받는 늙은 침팬지를 돌보다 고통을 덜어 주고자 안락사를 시켰다. 또 침팬지가 아플 때는 항생 물질을 주사한 바나나를 제공했다. 과학자가 자신의 연구 대상의 삶에 이렇게 적극적으로 개입하는 것을 어떻게 보아야 할까? 흥미롭게도 구달의 고민은 오지의 원주민 사이에 들어가 참여 관찰을 수행하는 인류학자의 고민과 맞닿아 있다. 마을에 전염병이 돌아서 어린아이가 죽어 갈 때, 그는 어떻게 해야 할까? 의약품을 제공하는 것과 같은 개입 없이 제3의 위치에서 기록하는 것만이 유일한 선택지일까?

구달은 『인간의 그늘에서』 이후에 펴낸 초기 26년간의 침팬지 연구를 정리한 『곰베의 침팬지』에서 이렇게 썼다. 그녀는 이미 곰베의 침팬지 사회의 한 구성원이 되었다.

> 자연은 마땅히 그런 과정을 거쳐 소멸하게 마련이라면서 이
> 러한 행위에 눈살을 찌푸리는 과학자도 있다. …… 나는 인간
> 이 여러 장소에서 많은 동물에게 이미 상당 정도로, 그것도 대
> 개는 아주 '부정적인' 방식으로 개입을 해 왔기 때문에 일정한
> 정도의 '긍정적인' 개입은 오히려 바람직하다고 생각한다.

이 책은 침팬지 이야기가 아니다

당시로서는 금기시되었던 연구 대상에 대한 감정 이입, 더 나아가 곰베
의 침팬지 사회에 대한 적극적 개입은 구달의 이후 행보를 예고한다. 구달
은 1986년 이후부터 침팬지 보호 운동에 적극적으로 나서기 시작했다. (루
이스의 또 다른 제자였던 다이앤 포시(Dian Fossey)가 일찌감치 총을 들고 고릴라 보
호 운동에 나서다 1985년 살해된 걸 염두에 두면 늦은 감이 있었다.) 그녀는 침팬
지 밀렵과 서식지 파괴를 경고하는 한편, 실험실이나 동물원에 갇힌 침팬
지 보호 운동에도 적극적으로 나선다. 그녀는 이제 침팬지를 넘어서 전 지
구적으로 파괴되고 있는 종 다양성을 지키는 환경 운동의 상징 가운데 하
나가 되었다. 그녀가 침팬지를 안고 있는 사진은 인간과 자연 사이의 교감
을 상징한다.

사족 하나. 뜬금없는 이야기 같지만, 오랜만에 다시 읽은 『인간의 그늘
에서』는 침팬지에 관한 책이 아니었다. 나는 이 책을 열정 빼고는 아무것
도 없었던 20대 젊은이가 어떻게 침팬지와 교감하면서 성장하는지를 보
여 주는 일종의 성장기로 읽었다. 내면으로 침잠하는 수많은 그렇고 그런

에세이보다 이 책이 훨씬 더 감동적인 이유는 무엇일까? 나는 이 성장기에 타자(침팬지)와의 교감이 들어 있기 때문이라고 생각한다.

그래서 하는 말인데,『인간의 그늘에서』를 읽고 나서 사이 몽고메리(Sy Montgomery)의『유인원과의 산책(*Walking with the Great Apes*)』도 읽어 보자. 이 책에는 구달의 이야기만큼 감동적인 다이앤 포시와 고릴라, 또 비루테 골디카스(Biruté Galdikas)와 오랑우탄 이야기가 담겨 있다. 고백하자면, 나는 구달보다 다이앤 포시, 또 비루테 골디카스를 더 좋아한다.

『몽상의 물리학자 프리먼 다이슨, 20세기를 말하다』

프리먼 다이슨. 김희봉 옮김.
사이언스북스. 2009년

몽상의 과학자

프리먼 다이슨(Freeman Dyson)은 영국에서 태어나서 케임브리지 대학교에서 수학을 공부하고, 제2차 세계 대전 후에 미국으로 건너가서 코넬 대학교와 프린스턴 고등 연구소에서 이론 물리학을 공부했다. 그는 코넬 대학교에서 잠시 교수로 지내다가 1953년에 프린스턴 고등 연구소의 교수가 되어 내내 몸담고 있었으며, 현재도 명예 교수로 있다.

다이슨의 관심 분야와 활동 영역은 아주 폭이 넓어서, 물리학을 처음 공부하면서 대뜸 양자 전기 역학 분야에서 중요한 공헌을 했으나, 이후 곧 물리학 바깥 영역으로 나가서 핵에너지의 평화 시 이용을 위한 새로운 원자로 개발, 핵 추진 로켓을 개발하는 오리온 계획, 천문학, DNA 재조합 기술 자문 위원, 컴퓨터, 환경 등등 엄청나게 다양한 분야에서 활동했다.

저자 스스로가 『몽상의 물리학자 프리먼 다이슨, 20세기를 말하다(*Disturbing the Universe*)』에서, 자신은 자신의 운명을 따라가는 바람에 자신을 프린스턴 고등 연구소에 데려온 로버트 오펜하이머를 만족시키지 못했다고 말할 정도다. 이 책은 그렇게 다양한 분야에서 활동하면서 저자가 보고 듣고 느낀 이야기를 옮긴 것이다.

나는 나의 운명을 따라갔다

다이슨은 과학자로서는 대단히 독특한 관점과 소양을 가지고 있어서, 그것이 그대로 이 책을 특별하게 만들어 주고 있다. 다이슨은 최고의 과학자면서 대단히 풍부한 감수성을 지녔다. 그의 아버지는 음악가로서, 시골의 학교에서 음악을 가르치면서 작곡을 했고, 런던 심포니 오케스트라를 지휘했으며 나중에는 런던의 왕립 음악 대학의 학장을 지냈다. 법률가였던 어머니는 고대 로마와 그리스의 시인을 좋아했고 종종 초서를 읊곤 했다. 다이슨도 이 책 전편에 걸쳐서 여러 차례 시와 연극을 인용해서 이야기를 전한다.

그렇다고 다이슨이 특별히 시대에 대한 대단한 통찰을 전하는 것은 아니다. 다이슨은 다만 자신이 겪은 일을 통해, 특별히 과학자라는 입장에서 이야기하는 것이다. 여기에 대해 그는 "나는, 한 과학자가 '인간의 상황'에 대해 느끼는 것들을 과학자가 아닌 사람들에게 설명해 주기 위해서 이 책을 썼다."라고 요약해서 말하고, "나는 안쪽에서 본 과학의 모습을 설명할 것이며, 기술의 미래에 대해서도 조금 말할 것이다. 또 전쟁과 평화, 희망과 실망의 윤리에 대해, 과학이 이러한 것들에게 주는 영향에 대해 말할 것"이라고 한다. 그래서 다이슨은 독자들이 이 책에서 '약간의 유머와 당혹감'을 느끼기를 바란다. 그의 표현을 빌리면 '내 버전의 사실들'을 전하는 것이다. 그러므로 우리가 이 책에서 느끼는 즐거움은 상당 부분이 다이슨이라는 매력적인 인물 덕분이다.

다이슨 개인의 매력을 제외하고 가장 흥미로운 내용이자, 다이슨의 업적 중에서도 가장 중요한 부분은 뭐니 뭐니 해도 양자 전기 역학에 대한 것이다. 다이슨은 미국에 건너간 직후에 코넬 대학교에서 한스 베테(Hans A. Bethe)로부터 물리학을 배웠다. 한스 베테는 훌륭한 선생이었다. 이 부분에 대한 다이슨의 묘사가 내게는 하도 인상적이라서 잘 기억한다.

> 며칠 만에 한스는 나에게 연구할 만한 좋은 주제를 찾아 주었다. 그는 좋은 문제를 골라내는 놀라운 능력을 가지고 있어

서, 학생의 재주와 관심사에 비추어 너무 어렵지도 않고 너무 쉽지도 않은 문제를 잘도 찾아 주었다. …… 몇 시간쯤 대화한 뒤에 한스는 각각의 학생이 어떤 일을 해낼 수 있는지 정확하게 알아냈다. 나는 코넬 대학교에 9개월만 머무르도록 되어 있었기 때문에, 그는 그 시간 안에 내가 풀 수 있는 문제를 내주었다. 나는 그가 예견한 대로 주어진 시간 안에 정확하게 그 문제를 풀었다.

아아, 이런 선생이라니!

양자 전기 역학은 빛과 전자의 전자기 상호 작용을 양자 역학과 상대성 이론을 모두 만족시키도록 기술하는 이론으로, 최초의 완전한 양자 이론이라고 할 수 있다. 양자 전기 역학을 제대로 구축하는 것은 제2차 세계 대전 후 물리학의 가장 중요한 과제였다. 이를 성취한 사람이 코넬 대학교의 리처드 파인만(Richard Feynman)과 하버드 대학교의 줄리언 슈윙거(Julian Schwinger)였다.

다이슨은 코넬 대학교에서 파인만과 함께 지내면서, 당시 막 싹을 틔운 파인만의 파인만 다이어그램 방법을 배우는 특권을 얻었다. 그리고 미시간 대학교에서 열린 서머스쿨에서 슈윙거로부터 정교한 수학적 방법도 터득했다. 아마도 그 시점에서 그 두 가지 방법을 모두 이해한 사람은 다이슨 한 사람뿐이었을 것이다. 그리고 얼마 후 그는 두 이론이 동등하다는 것을 증명함으로써 새 시대를 열었다.

이 업적이 얼마나 훌륭한 것인지 아마도 정말로 실감할 수 있는 사람은 사실 많지 않을 것이다. 심지어 물리학자라도 그렇다. 나와 같은 현대의 물리학자들은 모두 (슈윙거의 방법으로 뒷받침되기는 하지만) 파인먼의 방법만을 배웠고 그것으로 계산을 한다. 그래서 다이슨의 다음과 같은 표현을 보고 다만 짐작을 할 뿐이다.

> 한스가 내게 제시한 문제를 풀기 위해 나는 정통 이론을 이용해서 몇 달 동안 수백 장의 종이에 계산을 해 댔다. 하지만 딕은 칠판 하나에 30분 만에 똑같은 답을 적었다.

놀랍게도 일본의 도모나가 신이치로(朝永振一郎)는 전혀 독립적으로, 그들보다 먼저 양자 전기 역학의 토대를 만들었다. 비록 완성되지는 않았지만 도모나가는 전쟁 중의 일본이라는 어려운 환경에서 올바른 방향으로 제일 먼저 나갔던 것이다. 결국 파인먼, 슈윙거, 도모나가 세 사람이 양자 전기 역학을 완성한 공로로 1965년의 노벨 물리학상을 공동 수상했다. 노벨상에 세 사람까지만 받을 수 있다는 제한이 없었다면 다이슨도 공동으로 상을 받았을 것이라고 말하는 물리학자들이 많다.

이 책에서 다이슨은 몇몇 사람에 대해서 공들여 소개한다. 스승인 한스 베테가 그렇고, 프린스턴 고등 연구소에서 만난 오펜하이머 역시 그렇다. 특히 오펜하이머에 대해서는 오랜 시간 같이 지내기도 했고, 오펜하이머가 한참 어려운 일을 겪을 때 옆에서 지켜보기도 해서 애정이 넘치는 묘사가 많다. 그밖에 에드워드 텔러(Edward Teller), 존 폰 노이만(John von Neumann) 등의 이야기가 나온다.

그러나 그중에서도, 적어도 물리학자로서 다이슨이 가장 깊은 감정을 가진 사람은 역시 파인먼이 아닐까 한다. 이 책에서도 파인먼의 비중은 작지 않고, 심지어 뉴턴에 비견되기도 한다. 그러나 파인만에 대한 다이슨의 생각을 가장 잘 볼 수 있는 곳은, 이 책보다 파인만의 책 『발견하는 즐거움 (*The Pleasure of Finding Things Out*)』에서 다이슨이 쓴 추천의 글이다. 이 글에서 다이슨은 파인만을 "사랑하는 나의 우상"이라고 부르며, 파인만에 대한 그의 생각을 고백한다. 다소 긴 내용이라 여기에 옮기지 못함을 양해 바라며, 기회가 되면 한 번쯤 읽어 보시길 권한다. (아 물론, 추천의 글만 읽지 말고 책 전체를.)

과학과 사회의 관계에 대하여

책의 나머지 부분에도 많은 다채로운 이야기가 있다. 다이슨은 과학과 사회의 관계에 대해서 아주 뚜렷한 가치관을 가진 사람이다. 그의 생각에 과학자가 그가 속한 사회에 대해서 발언하고 참여하는 것은 당연하며, 필수적인 일이다.

> 과학자도 인간이다. 지식에는 책임이 따르기에 과학자는 공적인 일에 참여한다.

이 책에 나온 그의 활동 중 많은 부분이 과학과 사회가 날카롭게 부딪치는 지점과 가까이 있다. 과학자로서 당연한 것인지도 모르지만, 과학에 대한 다이슨의 생각은 매우 적극적으로 과학을 활용하고자 하는 쪽이다. 핵 추진 우주선을 개발하는 오리온 계획에 참여하면서 「우주 여행자 선언」이라는 문서를 작성했을 정도다. 여기서 그는 그의 모든 행동의 기반이라고 해도 좋을 과학적 믿음을 이야기한다.

> 하늘에는 땅보다 더 많은 것이 있고, 현재 과학이 꿈꿀 수 있
> 는 것보다 더 많은 것이 있다. 우리는 그곳에 직접 가 보아야
> 그것이 무엇인지 알 수 있다.

그리고 이 계획에 대해서는 이렇게 이야기한다.

> 우리는 처음으로 어마어마하게 쌓인 폭탄 재고를 살인 외에
> 더 좋은 목적으로 사용하는 상상을 한다. 우리의 목적과 우리
> 의 믿음은, 히로시마와 나가사키를 파괴한 폭탄을 사용해 언
> 젠가는 사람을 우주로 내보내는 것이다.

하지만 결국 오리온 계획은 실패하고, 핵 추진 우주선 계획은 금지된다. 그
래도 그는 우주여행에 대한 꿈을 버리지 못한다. 어떻게 보면 그는 정말 대
책 없는 낭만주의자일지도 모른다. 그렇다는 증거를 또 하나 보겠다. (구)
소련과의 핵 실험 금지 조약과 관련해서 상원에서 증언을 하기 위해 워싱
턴에 갔다가 우연히, "나에게는 꿈이 있습니다."로 시작되는 마틴 루서 킹
목사의 유명한 연설을 직접 듣고 감동한 이야기가 있다. 그날 밤에 다이슨
은 가족에게 보내는 편지에 이렇게 썼다고 한다.

> 저는 언제라도 그를 위해 감옥에 갈 수 있습니다.

DNA 재조합 기술과 같은 경우, 그가 직접 다루는 과학은 아니지만 워
낙 민감한 주제이기에 여러 장에 걸쳐서 이 문제를 논한다. 그가 인용한 홀

데인의 평이 재미있다.

> 물리학이나 화학의 발명이 신성 모독이라면, 생물학적인 발
> 명은 모두 도착(倒錯)이다.

이 책의 원제는 본문 중에도 여러 번 등장하는 T. S. 엘리엇(T. S. Eliot)
의 유명한 시 「J. 앨프리드 프루프록의 연가(The Love Song of J. Alfred
Prufrock)」 중의 한 대목에서 가져온 "우주를 뒤흔들면(Disturbing the
Universe)"이다. 우리나라에서 이런 제목을 보고 엘리엇의 시를 떠올릴 사
람은 아마 별로 없을 것이고, 출판된 제목이 정말로 책의 내용을 가장 잘
요약하고 있다고도 할 수 있다. 하지만 '우주를 뒤흔들면'이라는 제목이 에
세이집에 가까운 이 책의 제목으로 그다지 이상해 보이지는 않는다. 굳이
이렇게 해설적이고 딱딱한 제목으로 바꿔야 했는지, 개인적으로는 좀 아
쉽다.

다이슨은 90세가 넘은 지금도 프린스턴 고등 연구소의 멤버로 올라 있
다. 책 표지의 사진도 그렇지만 고등 연구소의 사진을 보면 뾰족한 귀와 긴
코가 유난히 강조되어 보여서 이 세상의 사람이 아니라 요괴나 마법사 같
은 다른 존재라는 느낌이 든다. 너무 심한 소리라고 느껴지면, 옆에 있는
다른 멤버들의 사진과 나란히 보시기 바란다.

◆　『몽상의 물리학자 프리먼 다이슨, 20세기를 말하다』는 절판되었으나, 현재 재출간을 준비하고 있
　　다고 한다.

『침묵의 봄』

레이첼 카슨. 김은령 옮김.
에코리브르, 2011년

지구의 신음을 들어라

신문을 뒤적거리다, 아직 그의 음식을 맛보지는 못했지만 글맛이 빼어난 줄은 익히 알고 있는 이가 쓴 글이 있기에 찬찬히 읽었다. 그 어떤 전문가가 쓴 글보다 공감이 갔고, 마음이 아팠다. 이야기인즉슨 이랬다. 동네에 월남전 참전 군인이 있었다. 술 취하면 행패 부리기 일쑤였다. 한동안 안 보였는데 고엽제 후유증을 겪고 있다는 소식이 들렸다. 그 유명한 DDT 이야기도 했다. 이 잡는다고 옷을 다 벗게 하고 뿌려 댔다. 예전에 학교 앞에 있는 문방구는 오늘로 보면 불량식품 전시장이었잖은가. 알록달록한 색깔로 유혹했던 사탕이나 과자에는 '적색2호'라는 인공 색소가 들어 있었다.

글쓴이의 아버지는 학원 같은 곳의 내부 공사를 했던 모양이다. 기존 시설을 철거하고 새롭게 내부를 장식하는 일을 하다 보니 노랗고 까슬까슬한 보온재를 마스크도 쓰지 않고 다루는 날이 잦았다. 아버지는 나중에 폐암을 앓다 돌아가셨다. 동네 친구랑 삼겹살을 구워 먹을 적에 동네 공사판에서 주워 온 슬레이트를 불판 삼았다. 담배는 어떤가. 한때는 몸에 좋은 약으로 여겼잖은가. 그래서 아기가 있는 방에서도 태연하게 줄담배를 피워 댈 수 있었던 것이다.

내가 좋아하는 이 요리하는 글쓴이는 이 짧은 글 끝에서 이렇게 물었다.

> 치명적인, 지금은 '어떻게 그런 일이.'라고 해야 할 유해 물질이 쓰이던 시절이 있었다. 암을 유발하고 사람을 죽이는 물질이라고 해서 이제 모두 금지되거나 경원시된다. …… 고엽

제, DDT, 적색2호, 유리 섬유, 슬레이트, 담배. 한때 '아무 이
상 없는' 물질이었다. 저 물질이 몸에 해롭다는 건 시간이 흘
러서 알게 됐다. 의심이 가면 기다려야 한다. 당장 써도 문제
가 없다고, 괜찮다고 말하는 이들은 누구인가.

이 구절을 읽으며 아프게 떠오른 일은, 옥시로 상징되는 가습기 살균제 피
해자였다. 안심하고 써도 되고, 오히려 더 좋다는 말만 믿었다 어린 생명을
잃거나 치명적인 질병을 앓고 말았다. 문제가 터졌을 적에 적극적으로 알
리고 사용을 중단하도록 한 것이 아니라 은폐하고 조작하느라 바빴다. 피
해는 더 커졌고, 절망은 더 깊어졌다. 개명한 시대에도 이런 일이 버젓이
벌어진다. 돼 가는 꼴로 봐 돈 몇 푼 쥐여 주고 끝내자는 심보다. 이 일에
관련한 과학자, 기업인, 관료, 언론인 들이 다 석고대죄해야 할 일이건만
말이다.

새는 더 이상 노래하지 않고

가슴 아픈 일은 또 하나 있다. 일찌감치 살충이라는 이름으로 살생을 저
지르는 현실을 고발하고 대안을 제시했던 책이 있었다. 당연히 협박과 모
략으로 저자는 치도곤을 당했다. 그런데도 자신의 주장을 굽히지 않았다.
그 덕분에 미국에서는 1969년에는 환경 정책법을, 1970년에는 지구의 날
을 제정했다. 그리고 미국 안에서 DDT를 제조하는 일이 금지되었다. 레
이첼 카슨(Rachel Carson)이 쓴 『침묵의 봄(Silent Spring)』이 나왔던 것은
1962년이었다. 이 책에 대해 린다 리어는 이렇게 평했다.

과학과 기술이 이윤과 시장 점유율에 전념하는 화학 업계의 시녀가 되어 버렸다고 지적했다. 정부는 잠재적 위험에서 대중을 보호하기는커녕 책임 메커니즘조차 수립하지 않은 채 새로운 화학제품의 발매를 허용했다. 카슨은 물리적으로 피할 수도, 공개적으로 의문을 제기할 수도 없는 화학제품으로부터 대중을 보호하지 않는 정부의 도덕적 권한에 의문을 제기했다.

그런데 그러면 무엇 하느냐는 말이다. 미국에서는 1950년대에 광범하게 일어난 일이 21세기 한국에서 벌어졌으니!

시린 가슴을 쓰다듬으며 책으로 들어가 보자. 『침묵의 봄』의 '눈'에 해당하는 곳은 8장 「새는 더 이상 노래하지 않고」이다. 이 장의 첫머리는 이렇게 시작한다.

봄을 알리는 철새들의 소리를 더 이상 들을 수 없는 지역이 점점 늘어나고 있다. 한때 새들의 아름다운 노랫소리로 가득 찼던 아침을 맞는 것은 어색한 고요함뿐이다. 노래하던 새들은 갑작스럽게 사라졌고, 그들이 우리에게 가져다주던 화려한 생기와 아름다움과 감흥도 우리가 모르는 사이에 너무도 빨리 사라져 버렸다.

침묵하는 봄이 왔다는 말은 단순한 수사학이 아니다. 실제로 일어난 일이다. 미국인들은 울새를 좋아한다고 한다. 이 새가 나타나면 긴 겨울이 끝나고 봄이 왔다는 신호탄이어서 그랬다. 얼마나 좋아하면 울새가 돌아오면 늘 언론이 뉴스거리로 삼았겠는가. 그런데 언제부터인가 울새가 돌아오지 않았다. 봄이 되어도 세상은 고요했다. 새소리가 들리지 않았던 것이다. 그 원인을 밝혀낸 이는 미시간 대학교의 조류학자 조지 월러스와 그의 제자 존 메너다. 메너는 1954년 울새의 개체 수와 관련한 학위 논문을 준비하고 있었다. 그런데 황당한 일이 벌어졌다. 그 많던 울새가 사라져 버렸다. 사달은 네덜란드느릅나무병 때문에 일어났다. 이 병은 1930년경 합판을 만들려고 유럽에서 들여온 느릅나무 목재에 숨어서 미국으로 건너왔다. 균류 때문에 발생하는데, 나무껍질에 사는 딱정벌레가 다른 나무에 병을 옮긴다.

1954년, 미시간 대학교에서 방제 작업을 벌였다. 소규모 작업이었다. 다음해에는 시 단위로 확대되었고, 매미나방과 모기 박멸 계획이 진행되면서 "각종 화학 약품이 폭우처럼 쏟아졌다." 처음에는 문제가 없어 보였다. 울새들이 돌아와 봄이 왔다고 지저귀었다. 그런데 두 해 만에 죽어 가는 울새가 발견되었다. 이 현상은 더 심하게 반복해서 나타나 아예 울새가 사라졌다. 살충제 업자들은 울새에게 전혀 해가 되지 않는다고 주장했다. 그래서 대량 살포가 이루어졌다. 맞는 말인지도 모른다. 직접 피해를 주지는 않은 듯하다. 그런데 왜 울새가 죽었을까? 살충제 묻은 느릅나뭇잎을 먹은 지렁이를 먹이로 삼았기 때문이었다. 큰 지렁이 11마리면 울새를 죽일 만한 DDT가 공급되었다. 울새는 대략 1분에 한 마리씩 잡아먹는다.

진정한 의미의 생태학적 사고

10장 「공중에서 무차별적으로」에는 불개미 박멸 작업 이야기가 나온다.

여러 자료에 따르면 불개미는 사람이나 농작물에 큰 해를 입히지 않는 것으로 되어 있다. 그런데도 미국 농무부는 1957년부터 불개미 퇴치 캠페인을 벌이고, 9개 주 2000만 에이커에 살충제를 뿌렸다. 그런데 이 작업이 벌어진 다음에 다양한 동물이 죽었다. 야생은 물론이고 반려동물까지 해를 입었다는 말이다. 문제는 가축 피해였다. 살충제에 오염된 먹이나 물에 노출된 가축이 큰 해를 입었다. 살충제가 뿌려진 지 5개월 후에 생후 2개월 된 송아지에서 유독 물질이 발견되었다. 이 유독 물질이 어미젖에서 나온 것이라면, 인간이 마시는 우유에도 살충제 성분이 남아 있을 수 있다는 말이다.

지구라는 별에 사는 뭇 생명체는 서로 연관되어 있다. 그 어느 하나에만 영향을 미치는 정밀 타격이라는 말은 거짓 신화다. 그곳이 상처를 입으면 서로 연관된 다른 생명체에도 영향을 미친다. 당연히 그 피해는 인간에게 돌아온다. 카슨이 살충제와 암의 연관성을 집요하게 파헤치고 있는 이유이기도 하다. 카슨은 진정한 의미에서 생태학적 사고를 보여 준 셈이다.

그러면 당연히 드는 의문이 있다. 왜 이런 일이 벌어졌을까? 먼저 전쟁의 후과이다. 제2차 세계 대전을 치르면서 화학전에 쓸 약제가 개발되었다. 그 가운데 몇 종은 곤충에 치명적인 것으로 밝혀졌다. 어떻게 알게 되었는가 하니, 인간이 먹거나 마시거나 바르면 죽을 화학 약품으로 인체 실험을 할 수는 없으니 곤충을 시험 대상으로 삼아서였다고 한다. 기업과 학계의 결탁도 한몫했다. 기업은 살충제 연구와 관련해 연구비를 퍼부었다. 이와 대척점에 선 생물학적 방제로는 이윤이 남지 않기 때문이다. 에드워드 윌슨은 여기에 오도된 과학주의를 덧붙인다.

국가의 번성과 안전을 위해 우리는 과학과 기술에 대단한 의미를 부여했고 과학에는 과실이 없음을 맹신했다. 그 결과 환경의 경고에는 귀찮아하며 별 신경을 쓰지 않았다.

이 글의 들머리에 인용한 글은 100명이 넘는 노벨상 수상자가 GMO를 옹호한다는 발표를 보고 요리사 박찬일 씨가 쓴 칼럼이다. 겉으로는 과학의 이름을 내걸었지만, 속으로는 더 많은 이윤을 남긴 집단 때문에 지구라는 가이아가 신음하고 있다. 진정한 과학자라면, 괜찮다고 나부댈 일이 아니라 더 기다려 보자고 해야 한다. 그것이 병마와 싸우면서도 화학 업체의 압력에 굴복하지 않고 진실을 전하고자 했던 레이첼 카슨의 뜻을 잇는 길이다. 정말, 침묵하는 봄을 맞이해야 정신 차릴 셈인가?

4부

고전의 어깨 위에 올라
과학을 보다

어린 시절부터 높은 곳에 오르고 싶었다. 하지만 내가 원한 곳은 케이블카처럼 터무니없이 높은 곳이 아니었다. 까마득하게 높은 곳에서는 사실 아무것도 볼 수 없었다. 두려움뿐이었다. 케이블카가 안전한지 알 수도 없었다. 내가 오르고 싶은 곳은 아버지의 어깨였다. 내가 아는 세상을 다른 시각으로 조금 더 넓게 볼 수 있고 무엇보다도 아버지의 어깨 위는 안전했다. 아버지는 두 발을 땅에 딛고 있고 또 평소에 아버지는 이 세상 무엇보다도 든든한 존재였기 때문이다. 하지만 어느덧 아버지의 어깨는 더는 새로운 시각을 주지 못했다. 내가 그만큼 자랐기 때문이다. 대신 내 딸에게 어깨를 내어 주게 되었다.

과학도 비슷한 방식으로 발전한다. 하지만 훨씬 더 처절하다. 과학자들의 과학 활동은 실패로 점철된다. 가설을 세우는 데 실패하고 실험, 관측, 관찰에 실패한다. 심지어 자신이 얻은 데이터를 분석하는 데도 실패하기 일쑤다. 실패에 실패를 거듭하다가 겨우 한 번 성공해 얻은 결과는 작은 표 또는 그래프 하나에 불과하다. 쏟은 노력과 비용 그리고 지난한 과정에 비해 성과는 너무나 소박하다. 하지만 과학자들은 여기에 만족하고 기뻐하며 뿌듯해한다. 과학 활동이란 그런 것이다. 무수히 많은 과학자들이 얻은 성과들이 차곡차곡 쌓이면 다음 세대는 그 성과를 계단 삼아 조금씩 높이 올라가고 그러다 보면 어느새 선배들의 어깨 높이에 오른 과학자가 등장하는 법이다. 작은 데이터들이 모여 혁명이 일어난다. 그리고 어느덧 그 혁명은 구시대 유물이 되어 새로운 주인공에게 그 자리를 내어 준다.

과학의 패러다임이 전복된 순간들이 있다. 여기에 소개되는 11권은 그 순간을 목격하고 증언한 책들이다. 패러다임을 이동하고 전복시키기 위해 보통과는 다른 걸음을 한 사람이 있다. 디딤돌을 딛고 도약한 사람이 분명히 있다. 이 장면은 짜릿하다. 하지만 그 이전에 무수한 디딤돌이 있었기 때문에 가능한 일이었다. 하루하루 지루하게 일하면서 작은 데이터를 만든 이들을 기억하며 읽어야 하는 부이다.

— 이정모

『풀하우스』

스티븐 제이 굴드. 이명희 옮김.
사이언스북스. 2002년

진화는 진보 아니다?!

"고생대는 캄브리아기-오르도비스기-실루리아기-데본기-석탄기-페름기로 나뉜다. 이 가운데 동물이 육상으로 진출한 시기는?" 이 문제에 대해 고생물학을 배운 이들은 거침없이 데본기를 선택한다. 어류가 틱타알릭을 거쳐 양서류가 된 시기가 바로 이때이기 때문이다. 하지만 틀렸다. 절지동물은 이미 실루리아기에 육상으로 진출했다. 이런 실수를 저지르는 까닭은 우리가 기본적으로 인류 중심으로 생각하기 때문이다. 최초의 박테리아에서 시작해서 인류에 이르는 어떤 한 경로를 진화의 역사로 받아들이는 것이다. 진화는 이런 식으로 생물의 진보를 가져왔다고 우리는 자연스럽게 생각한다.

스티븐 제이 굴드는 『레오나르도가 조개화석을 주운 날(*Leonardo's Mountain of Clams and the Diet of Worms*)』, 『여덟 마리 새끼 돼지(*Eight Little Piggies*)』, 『플라밍고의 미소(*The Flamingo's Smile*)』, 『판다의 엄지(*The Panda's Thumb*)』, 『힘내라 브론토사우루스(*Bully for Brontosaurus*)』 등 다양한 자연학 에세이로 우리에게 잘 알려진 최고의 과학 저술가다. 그는 497편의 논문과 101편의 서평, 그리고 300여 편의 자연학 에세이를 발표했다. 그가 펴낸 22권의 저서는 두 가지 부류로 나뉜다. 앞에 열거한 책들처럼 자연학 에세이를 엮은 것들이 상당수다. 그리고 각 잡고 앉아서 써 내려간 책들이 있다. 『생명, 그 경이로움에 대하여(*Wonderful Life*)』와 『풀하우스(*Full House*)』가 여기에 속한다.

『생명, 그 경이로움에 대하여』는 한 문장으로 요약할 수 있다. '진화는 우연의 산물이다.' 사실 이것을 인정하기가 쉬운 일이 아니다. 과학은 법칙을 이야기하려 하는데 우리 인류를 비롯한 생명의 등장이 우연성에 의한 것이라니……. 하지만 책을 끝까지 읽다 보면 우리는 그의 말에 수긍할 수밖에 없다. 그가 던진 "만약 생명의 테이프를 되감아서 버제스 시대부터 다시 돌렸을 때 과연 인간이 나타날 수 있을까?"라는 유명한 질문에 우리는 그가 원하는 대로 "아니다."라고 대답하게 된다.

진보는 보편적 현상이 아니다

『풀하우스』 역시 한 문장으로 요약할 수 있다. '진화는 진보가 아니라 다양성의 증가다.' 납득이 가는가? 우리가 박테리아보다 진보하지 않았다는 말일까? 스티븐 제이 굴드는 『풀하우스』를 쓰기 위해 15년 동안 담금질을 해 왔다고 밝혔다. 여기에는 몇 가지 갈래가 있는데 첫째, 진화 경향의 본질에 대한 깨달음, 둘째, 통계학적 깨달음, 셋째, 야구에서 왜 4할 타자가 사라졌는가에 대한 해답이 그것이다. 각 단계는 그에게 '유레카'의 순간이었고 그 유레카의 순간에 그의 눈에 끼어 있던 안개와 개인적인 선입견이 사라졌다. 그리고 '진화란 위나 아래로 움직여 가는 어떤 것'이 아니라 '시스템 전체의 정도가 변하는 것'이라는 사실을 그는 알게 되었다.

저자는 자신의 에세이처럼 이 책도 독자들에게 끝까지 읽힐 수 있을지를 걱정했지만, 약간의 참을성만 있으면 그것은 어려운 일이 아니다. 책은 시종일관 '야구에서 왜 4할 타자가 사라졌는가?'라는 문제와 '생명의 역사에서 진보란 무엇인가?'라는 문제를 축으로 흥미진진하게 펼쳐진다. 책을 따라가다 보면 '변이'에 관한 새로운 이론이 소화가 되고, 관습적인 시각에서 비롯된 모순들이 해결된다. 그리고 생명의 역사에서 진보란 보편적인 현상이 아니며 실제로 그런 일은 벌어진 적이 별로 없다는 그의 이론이 납득된다.

포커 게임 용어인 풀하우스를 제목으로 삼은 까닭은 "다양한 개체들로 이루어진 전체가 자연의 참모습"임을 강조하기 위해서다. 우리는 흔히 평균값이 어떤 집단의 전형적인 특징을 보여 주며 시스템의 종류와 추상적 본질을 나타낸다고 생각하고, 인간의 복잡성 같은 극단적인 예를 들면서 세계를 서술하려고 한다. 굴드는 우리에게 이런 습성을 버리고 세계는 '변이'로 이루어져 있음을 받아들이라고 요구한다.

『생명, 그 경이로움에 대하여』와 『풀하우스』를 통해 굴드는 우리에게 인간을 다른 생물과 분리시켜 우월감을 느끼는 전통적 관념을 버리고, 인간을 생명의 거대한 역사 속에서 나타난 우연한 존재로서 다른 생물들과 하나로 보는 흥미로운 관점을 택할 것을 제안한다. 그는 두 책의 제목을 이용해 다음과 같은 슬로건을 만들었다.

우리 행성이 거쳐 온 생명 다양성의 역사가 만든 풀하우스 (Full House) 안에서 정말 멋진 삶(Wonderful Life)을 누려라.

생명의 최빈값은 언제나 박테리아였다

그런데 『풀하우스』에서 스티븐 제이 굴드가 주장하는 "진화는 진보가 아니라 다양성의 증가다."라는 말이 아무래도 납득이 되지 않는다. 우리가 박테리아보다 진보하지 않았다는 말일까? 나같이 반복해서 같은 질문을 하는 사람이 굴드의 주변에도 많이 있었던 듯하다. 굴드가 책에서 "나는 시간의 흐름에 따라 가장 복잡한 생물의 정교함이 증가하는 것을 부인하지 않는다. 단, 이렇게 극히 제한적으로 사소한 사실을, 진보가 생명 역사의 추진력이라는 주장의 근거로 삼는 것에 맹렬히 반대하는 것일 뿐이다."
라고 굳이 반복해서 설명하는 것을 보면 말이다. 이런 설명을 들으면 플라
톤적 사고를 버리는 게 얼마나 어려운 일인지 다시금 깨닫게 된다. 고백건
대, 나는 아직도 여전히 못 버리고 있다.

　15개 장으로 이루어진 『풀하우스』의 본문은 310쪽 정도지만, 핵심 장인
「박테리아의 힘」만 읽으면 이 책을 다 읽은 것이나 마찬가지다. 그런데 이
장은 길이가 무려 70쪽이나 되는 데다 14번째 장으로 아주 뒤에 있어서,
참을성 있게 앞의 열세 장을 읽어야 한다는 게 함정. 요지는 간단하다. 생
명의 역사에서 단순한 형태는 언제나 그러했으며, 아직도 여전히 생명계
전체에서 가장 우세하다는 것이다. 여기서 단순한 형태란 바로 박테리아
를 말한다. 생명은 당연히 자연 발생적인 조건에서 최소한의 복잡성을 가
지고 탄생할 수밖에 없었는데 이 최소한의 복잡성을 그는 '왼쪽 벽'이라고
칭한다.

　생명의 역사 38억 년을 1년으로 축약한다면 진핵세포가 출현한 시점은
7월 초, 유성 생식이 생긴 시점은 9월이고 다세포 생명체가 등장한 시점은
10월 말이다. 이렇게 보면 지구 생명 역사의 절반 이상은 박테리아의 독무
대라고 할 수 있다. 박테리아는 태초부터 존재했고 지금도 존재한다. 평균
값이 아니라 최빈값에 해당하는 박테리아는 언제나 생명의 성공을 잘 대
변해 왔다. (그는 시종일관 이 이야기를 반복하는데, 38억 년 전에 살던 박테리아와
지금 살고 있는 박테리아는 전혀 다른 박테리아라는 사실은 이야기하지 않는다.) 생
명이 성공적으로 팽창함에 따라 분포 곡선은 오른쪽으로 확장되어 나간
다. 하지만 분포 전체의 꼬리에 불과한 최댓값으로 분포 전체의 성질을 규
정해서는 안 된다. (가장 끝에 인류가 있다.) 왜냐하면 오른쪽 꼬리는 아주 작

으며 아주 소수의 종들만이 거기에 속하기 때문이다. 오른쪽 꼬리의 성장은『생명, 그 경이로움에 대하여』에서 서술한 대로 우발적인 결과이지, 복잡한 형태가 가진 자연 선택적 우월성 때문에 생긴 필연적 결과가 아니다. 생명의 '풀하우스'는 결코 '박테리아'라는 최빈값의 위치에서 움직인 적이 없다.

스티븐 제이 굴드는 우리에게 제발 인간 중심주의적인 편협한 사고를 버리라고 요구하지만, 나는 여전히 그 편협함에서 벗어나지 못했음을 고백할 수밖에 없다. "진화는 다양성의 증가다." 인정한다. "진화는 진보가 아니다." 잘 모르겠다. 진화가 다양성의 증가인 것은 확실하지만 '진화는 진보다, 진보가 아니다.'는 단순한 문제가 아니다. 내 대답은 '잘 모르겠다.'이다.

『눈먼 시계공』

리처드 도킨스. 이용철 옮김.
사이언스북스. 2004년

도킨스 사상의 거대한 저수지

종종 보는 현상이지만, 어느 분야나 창작자 자신이 꼽는 대표작과 대중이 열광하는 작품이 다르다. 교양 과학 분야의 대스타 반열에 오른 리처드 도킨스도 그렇다. 국내 독자는 그의 대표작으로 『이기적 유전자』를 꼽는다. 여러 군데에서 꼭 읽어야만 할 책을 가려 뽑을 때, 그의 책으로 당연히 『이기적 유전자』가 나온다. 그런데 도킨스를 2009년에 만난 최재천에 따르면, 정작 본인은 『확장된 표현형(The Extended Phenotype)』을 가장 아낀다고 했단다. 그러니 아시아태평양 이론물리센터가 뽑은 '과학 고전 50'에 『눈먼 시계공(The Blind Watchmaker)』이 들어간 것은, 통념이나 관성에 대해 도전이라 할 만하다. 대중의 인지도와 달리, 전문가가 보기에 도킨스의 대표작은 『이기적 유전자』가 아니라 이 책이라 보았으니 말이다. 이런 문제 제기는 쌍수를 들어 환영해야 한다. 암묵적인 합의에 이의를 제기하고 그 틈으로 한 저자의 더 깊고 넓은 사유를 솟아오르게 했으니 말이다.

솔직히 말해, 나는 도킨스를 좋아하지는 않는다. 그의 책은 장광설인 데다 독단적인 면도 있어서다. 그런데도 그는 개인적 선호를 넘어 읽지 않으면 안 되는 저자가 되었다. 이럴 때는 도리가 없다. 좀 과장하자면, 이를 악물고 읽어야 한다. 애쓴 만큼, 또 과장하자면 힘들었던 만큼 얻는 것이 많다.

아, 오해하지는 말기를. 나라는 사람이 요즘 말로 하면 "문송(문과라 죄송합니다.)"이라 단박에 이해하기 어려운 부분도 자주 나와 그러니, 과학에 대한 기본 교양을 충실히 닦았다면 그리 어렵지 않을 터. (단 나 같은 사람을 위해 미리 귀띔해 두자면, 이 책의 3장과 8장부터 11장까지는 건너뛰어도 된다.)

자연 선택에는 마음도, 눈도 없다

『눈먼 시계공』은 도킨스 사상의 거대한 저수지 같다. 이 책에는 그가 주장해 온 진화론의 큰 물길이 닿아 있다. 먼저, 출세작 『이기적 유전자』와 스스로 꼽은 대표작인 『확장된 표현형』의 고갱이가 기본 저수량을 확보하고 있다. 그 일례는 6장 「생명 탄생의 기적」에 나온다.

> DNA 복제자는 자신을 위해 '생존 기계(자기를 담고 있는 생물의 신체)'를 만들었다. 그 장비의 일부로 신체는 컴퓨터, 즉 뇌를 진화시켰다. …… 하지만 뇌, 책, 컴퓨터가 존재하면 이 새로운 복제자들은 뇌에서 뇌로, 뇌에서 책으로, 책에서 뇌로, 뇌에서 컴퓨터로, 컴퓨터에서 컴퓨터로 번식할 수 있다. 나는 이것을 유전자(gene)와 구별하기 위해 밈(meme)이라고 불렀다.

그렇다면, 이 저수지에서 흘러나올 도도한 물길의 새로운 사유는 무엇일까? 나중에 세상을 떠들썩하게 할 『만들어진 신』이 바로 그것이다. 기실 『눈먼 시계공』이 유명해진 것도 윌리엄 페일리(William Paley)를 비판하는 가운데 자연스럽게 펼쳐진 지적 설계론에 대한 통렬한 비판 덕이다. 무슨 내용인고 하니, 이렇다. 1802년 신학자 윌리엄 페일리는 「자연 신학 또는 자연 현상에서 수립된 신의 존재와 속성에 대한 증거(Natural theology or evidences of the existence and attributes of the deity)」라는 논문을 발표했다. 이 논문에서 페일리는 풀밭을 걷다가 시계를 발견했다고 가정해 보자고 한다. 그러고는 시계의 톱니바퀴나 용수철의 형태가 보여 주는 정밀함을 말하면서 이것들을 조립하는 일이 얼마나 복잡하고 어려운 일인지 짐작해

보라 했다. 하필이면 그 풀밭에 왜 시계가 놓여 있었느냐는 설명할 수 없을
지 몰라도 다음과 같은 결론을 내릴 수 있겠다 했다.

> 시계는 제작자가 있어야 한다. 즉 어느 시대, 어느 장소에선
> 가 한 사람, 또는 여러 사람의 제작자들이 존재해야 한다. 그
> 는 의도적으로 그것을 만들었다. 그는 시계의 제작법을 알고
> 있으며 그것의 용도에 맞게 설계했다.
>   시계 속에 존재하는 설계의 증거, 그것이 설계되었다는 모
> 든 증거는 자연의 작품에도 존재한다. 그런데 차이점은 자연
> 의 작품 쪽이 상상을 초월할 정도로, 또는 그 이상으로 훨씬
> 더 복잡하다는 것이다.

독설가인 도킨스가 페일리를 바라보는 시각은 꽤 부드럽다. 아마도 그
가 당대 최고 수준의 생물학 지식을 활용하고 있다는 점, 그리고 나중에 다
윈도 예를 들어 설명했던 눈을 근거로 들어 자신의 주장을 입증하려 해서
그랬던 모양이다. 페일리는 망원경과 눈을 비교했다. 망원경은 인간이 멀
리 떨어진 것을 더 잘 보려는 목적으로 만들었다. 그렇다면 눈도 어떤 것을
본다는 목적으로 만든 것이 틀림없다고 주장했다. "망원경이 인간의 설계
를 통해 만들어졌듯이 눈도 반드시 설계자가 있어야 한다."라는 말이다.

이 주장에 도킨스는 당연히 완전히 틀린 주장이라 한 방 먹인다. 성미
급한 도킨스는 서둘러 결론부터 말한다. "모든 자연 현상을 창조한 유일한
'시계공'은 맹목적인 물리학적 힘"이며, "자연 선택은 마음도, 마음의 눈도
갖고 있지 않으며 미래를 내다보며 계획하지 않는" '눈먼' 시계공이라고!

도킨스가 흥분한 이유는 이미 파악했을 터이다. 페일리가 말한 시계공이 결국에는 야훼를 가리키고 있고, 이는 지적 설계론을 암시하고 있다. 그런데도 페일리의 지적은 파괴력이 크다. '어떻게 그렇게 복잡한 기관이 진화할 수 있는가?'라는 질문에 답하기 쉽지 않은 듯 보이기 때문이다. 도킨스는 눈처럼 극도의 완벽함과 복합성을 갖춘 기관을 사례로 들었을 적에 대중이 진화론을 불신하는 데는 크게 두 가지 이유가 있다고 보았다.

첫째는 진화가 일어날 수 있는 거대한 시간을 즉각적으로 이해할 수 없어서라고 했다. "눈은 화석으로 남지 않는다. 그래서 무에서 시작하여 지금과 같은 복잡성과 완벽함을 갖춘 눈으로 진화하는 데 얼마나 많은 시간이 걸렸는지 알아낼 방도가 없다. 그러나 생각할 수 있는 시간은 수억 년"인 법이란다. 도킨스는 말한다.

> 복잡한 물건이란 그것이 너무나 '있을 법하지 않은' 것이기 때문에 그 존재가 당연한 것으로 여겨지지 않는 물건을 말한다. 그것은 일회적인 우연으로는 생겨날 수 없다. 우리는 그것의 생성 과정을, 우연히 생겨날 정도로 충분히 단순한 최초의 물체가 점차, 누적적으로, 단계적으로 더 복잡한 물건으로 변해 가는 과정으로 이해해야 할 것이다.

둘째는 확률 이론을 직관적으로 적용하는 데 있다고 보았다. 도킨스는 자연 선택과 무작위성을 혼동하면 안 된다고 했다. 더불어 "각 부분은 그것만으로는 쓸모가 없다."라는 관점을 비판하면서 "모든 부분이 전체의 성공에 필수적이라는 말도 사실이 아니다."라고 정리했다. 이 부분도 도킨스는 공을 들어 설명한다. 가장 인상 깊은 구절은 다음과 같다.

> 단순하고 덜 발달하였으며 반만 완성된 눈이나 귀, 음향 탐지
> 체계, 뻐꾸기의 기생 생활 방식 등은 전혀 없는 것보다는 낫
> 다. 눈이 없다면 전혀 볼 수 없다. 눈이 절반만이라도 있으면
> 비록 초점이 맞는 정확한 영상을 얻지는 못하더라도 천적이
> 움직이는 대강의 방향이나마 탐지할 수 있을 것이다. 그리고
> 이것이 삶과 죽음의 차이를 만들어 낼 것이다.

빼기로서의 자연 선택, 더하기로서의 돌연변이

다른 책에서도 확인할 수 있듯, 도킨스는 전형적인 두괄식 글쓰기를 자랑한다. 『눈먼 시계공』도 마찬가지다. 자신의 주장을 선명하게 밝혀 놓고, 뒤에 이를 입증하는 다양한 사례를 늘어놓는다. 그러니 도킨스 책을 읽을 적에는 초반에 정신 바짝 차려야 한다. 뭇 생명은 창조된 것이 아니라 진화한 것이라는 점을 명백하고 인상 깊게 책 앞에 말해 두고 있으니 말이다.

아직도 동물원에 있는 원숭이가 왜 인간으로 진화하지 않느냐고 물어보는 이가 있다. 신앙심을 바탕으로 창조설을 입증하기 위해 던지는 조롱조의 질문이다. 누군가 믿음을 굳이 부숴 버리고 싶은 마음은 없다. 그래도 이성이 눈먼 신앙은 곤란하다. 우주에서 벌어지는 놀라운 일들이 그렇듯, 진화에 걸리는 시간은 우리의 경험치를 뛰어넘는다. 그 점만 염두에 두면, 빼기로서의 자연 선택과 더하기로서의 돌연변이로 이루어지는 진화의 역사에 동의하게 마련이다. 더도 말고 덜도 말고 최소한 『눈먼 시계공』이라도 읽고 지적 설계인지 진화인지 하는 논쟁을 펼쳤으면 하는 바람을 담아 본다.

ⓒ동아시아

『카오스』

제임스 글릭. 박래선 옮김.
동아시아. 2013년

20세기 물리학의 세 번째 대혁명

2016년 9월 14일 수요일 새벽, 실시간 검색 순위에 부산 대학교 김상욱 교수가 2위에 올랐다. 추석 연휴의 첫 날이라 '고속도로 교통 상황'이 검색어 1위인 것은 당연했다. 하지만 물리학자가 검색어 순위에 오르다니! 어찌된 일일까? 요즘 김상욱 교수의 활동이 왕성해 다양한 경로로 그를 마주한 애독자들과 애청자들의 검색이 있었겠지만, 그 시각은 마침 EBS 특별 기획 「통찰」 46회 「자연의 예측 가능성, 양자 역학」 편이 끝난 시각이었다. 그 전날의 45회 「자연의 예측 가능성, 고전 역학」 편의 성균관 대학교 김범준 교수와 함께 짧은 강연과 대담 형식으로 두 번의 강의가 진행되었다.

방송에서는 물리학이 자연 현상을 "예측 가능하다."라고 말하는 것의 의미, 고전 역학, 양자 역학에서 바라보는 예측의 한계, 그리고 그 이유가 논의되었다. 두 강연자의 매끄러운 강연뿐 아니라 그 뒤에 이어지는 수준 높은 대담이 더욱 흥미로운 방송이었다. 제약된 방송 시간 때문에 두 강연자가 미처 다 말하지 못한 이야기가 지금부터 말하려는 책, 제임스 글릭 (James Gleick)의 『카오스(Chaos)』에 담겨 있다.

『카오스』는 카오스를 알기에 여전히 좋다

1987년에 '나비 효과'라는 말을 세상에 알리며 첫 선을 보인 『카오스』는 6년이 지나 1993년에야 우리말로 번역되었다. 첫 출간으로부터 20년이 지난 2008년, 미국에서만 100만 부 이상 팔려 과학책으론 전설적인 베스트셀러가 된 이 책의 '20주년 기념판'이 나왔다. 이를 2013년 동아시아 출판사에서 새롭게 번역해 출간했다. 검붉은 표지 뒤 사진 속에 있던 33세의 혈기 왕성한 청년이 이제 54세의 원숙한 중년으로 돌아왔다. 이번에 번역되어 출판된 책도 이전보다 잘 다듬어진 모습이다.

빠르게 변하고 새롭게 다시 쓰여 고전을 논하기가 어렵다는 과학 분야의 고전으로, 첫 출간으로부터 근 30년이 지난 이 책이 카오스 이론을 소개하기에 적당할까? 이에 대한 나의 답은 '여전히 좋다.'이다. 그 이유로 세 가지를 들 수 있다.

첫째, 본래 이 책이 카오스 이론 자체보다도 카오스 이론이 물리학의 변방에서 정식으로 과학으로 인정받기까지의 과정과 연구자의 이야기를 중심으로 쓰였다. 둘째, 책에서 소개한 이론이 아직도 유효하며 활발히 연구되고 있다. 연구의 범위와 깊이가 더해졌을 뿐, 패러다임의 변화는 없었다. 셋째, 아직도 많은 사람들이 모른다.

셋째 이유에 대해서 조금 더 이야기해 보자. 로렌츠의 날씨 모형과 나비 효과에서 시작하는 『카오스』의 순서와 달리, EBS 방송 「통찰」에서와 같이 물리학에서 말하는 '예측 가능성'의 의미에 대해서 먼저 생각해 보는 것이 편리하겠다. (45회 방송의 김범준 교수 강의를 먼저 들었다면 더욱 좋다.)

물리학에서 궁금해하는 것은 무엇인가의 '시간에 따른 변화'라 할 수 있다. 물리학이 발전해 왔던 역사를 보아도 그렇고, 물리학을 가르치기 위한 교육 과정상으로도 그렇다. 우리는 중학교와 고등학교 과정을 통해서 열심히 위치와 속도, 가속도의 개념을 배운다. 뉴턴의 운동 법칙을 배우고, 다양한 종류의 힘들을 배운다. 물체에 작용하는 힘을 알면, '가속도는 힘에 비례하고, 질량에 반비례한다.'라는 뉴턴의 운동 법칙으로 가속도를 구할 수 있다. 가속도는 속도의 시간에 따른 변화(미분)이므로, 가속도를 시간에 대해 적분하면 속도를 알 수 있다. 이와 같은 원리로 속도는 시간에 따른 물체의 위치 변화(미분)이므로, 속도를 시간에 대해 적분하면 시간에 대한 물체의 위치를 알 수 있는 것이다. 그래서 처음(즉 시간이 0인) 위치와 속도 (초기 조건)를 알고 힘을 알면, 앞으로 시간이 흐른 뒤 물체의 위치를 알 수 있다.

이를 조금 더 수학적으로 표현하면 다음과 같다. 속도는 위치의 '한 번' 시간 미분이다. 그리고 가속도는 속도의 '한 번' 시간 미분이다. 이를 결합하면, 가속도는 위치의 '두 번' 시간 미분이 된다. 힘은 보통 물체의 위치와 속도, 시간에 따라 변한다. 그래서 뉴턴의 운동 방정식을 써 놓고 보면, 위치를 '한 번', '두 번' 미분한 값들로 써진 시간에 대한 (2차) '미분 방정식' 이 된다. 초기 조건에 대해 미분 방정식을 푸는 것이 시간에 따른 위치를 구하는 과정이다.

프랑스의 수학자 피에르시몽 라플라스(Pierre-Simon Laplace)가 말한 바와 같이, 우주의 모든 원자의 정확한 위치와 운동량을 알고 있는 존재가 있다면, 그 존재는 뉴턴의 운동 법칙으로부터 과거와 현재에 일어난 모든 현상을 설명하고 미래에 일어날 현상까지 예측할 수 있다. 세상만물의 정보를 모두 모아 쓸 수만 있다면, 모든 원자에 대해 미분 방정식을 쓰고 그 초기 조건에 대해 풀면 된다. 이것이 바로 고전 역학에서 말하는 '예측 가능한 결정론적 세계'이다.

복잡계 과학을 지배하는 '비선형'의 세계

그럼, 정말 정보만 충분하다면 미래를 예측할 수 있을까? 이에 대해 현명한 답을 주는 것이 바로 이번 EBS 「통찰」에서 말하고자 하는 카오스 이론의 '초기 조건 민감성'과 양자 역학에서의 '불확정성 원리'다. 어떤 미분 방정식은 초기 조건에 아주 작은 변화를 주면 이전의 결과와 전혀 다른 결과를 보여 준다. 무한히 정확한 초기 조건을 입력할 수 없는 한 엉뚱한 답을 얻을 뿐이다. 이런 초기 조건 민감성을 비유적으로 "베이징에서 나비한 마리가 날갯짓을 하면, 다음 달 뉴욕에서 폭풍이 일어날 수도 있다."라고 해 '나비 효과'라 한다. 보통 이런 미분 방정식은 속도, 위치와 같은 변수가 따로 떨어져 더해진 '선형' 미분 방정식이 아니고, 두 개 이상의 변수가 곱해지거나 함수 형태인 '비선형' 미분 방정식이 된다.

사실 자연의 대부분은 비선형 미분 방정식으로 쓰인다. 대부분 해석적으로 풀 수 없는 경우가 많아 이해하기가 어렵다. 그래서 많은 경우 (교육적으로도) 해석적 풀이가 가능한 선형 미분 방정식으로 근사해 풀어 이해를 한 뒤, 비선형 항을 약간 추가해 이해해 보려는 식이다. 자연의 많은 부분을 그대로 이해해 보지 못한 채 말이다. 『카오스』의 9장에서 소개되는 도인 파머(Doyne Farmer)의 인터뷰 내용에도 이런 현실을 애석해하는 부분이 나온다.

> 6~7년간 정규 물리학 교육을 받지 않은 사람이라면 (카오스 이론의) 이런 현상이 얼마나 놀라운 것인지 이해할 수 없을 것입니다. 사람들은 모든 것이 초기 조건에 의해 결정되는 고전적 모델이 있다고 배웠지요. …… '비선형'이라는 말은 책의 맨 뒤에서나 볼 수 있습니다. 물리학과 학생이 배우는 수학 교과서에는 맨 마지막 장에 비선형 방정식이 나옵니다. 때문에 학생들은 대개 이를 배우지 않고 학기를 끝내거나, 배운다하더라도 고작해야 비선형 방정식을 선형 방정식으로 바꿔

근사적 해답을 얻는 것을 배울 뿐입니다. 그저 좌절을 훈련하는 것일 따름이죠.

아무도 이 책에서 인용하지 않을 부분에 내가 공명한 것은 이 책이 출간된 지 30년이 지난 지금도 대학의 물리학과 정규 교육에서 비선형 동역학과 카오스 이론을 배울 가능성은 거의 없기 때문이다. 복잡계와 비선형 동역학을 연구하는 입장에서, 대학교에서 고전 역학과 수리 물리학을 가르치다 안타까운 적이 여러 번 있다. '자연을 더욱 풍부하게 이해할 수 있는 것이 여기 있는데, 시간이 조금만 더 있다면…….' 하고 말이다. 어떤 학기는 슬쩍 다른 내용을 빼고 비선형 동역학을 조금 가르쳐 보기도 한다. 기실 대부분의 학생들이 물리학과의 살인적인 정규 교과 과정만을 소화하기도 버겁다. (대부분 대학교의 물리학과 전공 필수 이수 학점은 다른 학과보다 많다.) 그런 의미에서 제임스 글릭의 『카오스』는 전공자이든 아니든 복잡계 과학에 숨겨진 세계를 엿보기에 더없이 좋은 책이다.

『카오스』와 함께 읽어 볼 책들

다만 이 책은 '전설적인 베스트셀러'이며 여러 대학교의 필독서로 지정되었음에도, 솔직히 어렵다. 『카오스』는 처음 읽으면 에드워드 로렌즈(Edward N. Lorenz), 스티븐 스메일(Stephen Smale), 제임스 요크(James Yorke), 로버트 메이(Robert May), 브누아 망델브로(Benoît Mandelbrot), 해리 스위니(Harry L. Swinney), 다비드 뤼엘(David Ruelle), 미셸 에농(Michel Hénon), 미첼 파이겐바움(Mitchell Feigenbaum), 알베르 리브샤베르(Albert Libchaber), 마이클 반슬리(Michael Barnsley), 버나도 후버만(Bernardo

Huberman)과 동역학계 모임 '카오스 일당' 등 복잡계 연구자들의 '무용담'으로 이해될 것이다. 나비 효과와 프랙탈 정도의 개념만 연결되고 다른 모든 용어, 심지어 가장 중요한 용어 중 하나인 '이상한 끌개'마저 외계어로 들릴 것이다. 정상이다. 나도 그랬다. 그럼에도, 중간에 삽입된 컬러 그림과 중간 중간 내용과 그다지 연결되지 않는 삽화들, 그리고 다양한 분야에서의 예, 특히 생체 리듬과 심장 박동 등에 흥분된다면 당신은 복잡계에 관심이 있는 것이다.『동시성의 과학, 싱크』,『자연은 어떻게 움직이는가?』,『최무영 교수의 물리학 강의』등 복잡계 과학 도서들을 읽고 다시 읽어 보길 바란다.

좀 더 흥미를 느껴 진지한 교과서적 지식을 얻고 싶다면『동시성의 과학, 싱크』를 지은 스티븐 스트로가츠의『비선형 동역학과 카오스(*Nonlinear Dynamics and Chaos*)』를 추천한다. 그 뒤『카오스』를 다시 읽으면 모든 인물과 개념들이 하나의 이야기로 펼쳐짐을 느낄 것이다. 참고 문헌까지 읽으면 책의 용어와 설명의 엄밀함에, 이 책을 지은 제임스 글릭이 카오스 전공자가 아니라는 사실에 다시 놀랄 것이다. 그리고 다음 문장의 의미를 다시 음미하게 될 것이다.

> 이 새로운 과학을 가장 열성적으로 옹호하는 사람들은 다음 세 가지만이 20세기 과학에 길이 남을 것이라 말하기까지 한다. 바로 상대성 이론과 양자 역학과 카오스 이론이다. 이들은 카오스 이론이 20세기 물리학 분야에서 세 번째로 일어난 대혁명이라고 주장한다.

2016년 9월 19일과 20일 밤 12시, 다시 김상욱 교수와 김범준 교수의 「통찰」 강연이 이어졌다. '인간의 예측 가능성'을 주제로 '자유 의지'와 '사회의 통계적인 예측'을 이야기했다. 영상도 함께 보시라. 복잡계 연구에 관심이 많은 독자들에게 흥미로운 강의가 될 것이다.

『생명의 도약』

닉 레인. 김정은 옮김.
글항아리. 2011년

생명 현상에 깃든 보편성의 비밀

내가 고등학생이었을 때, 이과생은 대학 입시에서 물리, 화학, 생물, 지구 과학 가운데 두 과목을 선택했다. 물리와 화학 가운데 반드시 한 과목을 포함해야 했다. 대개의 학생들은 물리-지구 과학이나 화학-생물의 조합으로 정했다. 나는 특이하게도 물리-화학을 선택했는데, 당시 카이스트 입시는 물리, 화학, 생물을 모두 필수로 했기 때문이다. 아무튼 당시 학생들은 생물을 물리의 반대말쯤으로 여겼다. 시험에서 물리는 원리를 적용해서 푸는 과목이고, 생물은 그냥 무작정 암기하는 과목이라고 생각했기 때문이다.

이런 선입견은 물리를 좋아하는 학생들이 생물학을 멀리하게 만들었다. 실제 내가 대학에 다니던 시절, 물리학과 학생들 사이에선 생물학을 이류 과학쯤으로 생각하는 분위기도 있었다. 당시 물리학과가 최고의 상한가를 치던 때란 것도 이런 경향에 일조했으리라. 하지만 내가 졸업할 즈음엔 생물학의 세상이 도래해 있었다.

내가 생물학에 흥미를 가지게 된 것은 당시 전파과학사에서 나온 『양자 생물학』이란 책을 알게 되면서다. 광합성이 그냥 화학식들의 연쇄 변환 과정을 외우는 것에 불과하다고 생각했는데, 그게 아니었던 것이다. 전자가 광합성 단백질 위를 뛰어다니며 에너지를 만들어 내는 모습을 상상하는 것만으로 가슴이 뛰었다. 이전에 생물학을 제대로 몰랐던 것이다.

이번에 소개할 닉 레인(Nick Lane)의 『생명의 도약(*Life Ascending*)』 같은 책을 내가 학창 시절에 읽었다면 생물학을 보는 시각이 많이 달라졌을 것이다. 닉 레인은 생명 과학 분야의 브라이언 그린(Brian Greene), 리처드 도킨스라 할 만하다. 아주 쉽다고는 할 수 없지만, 깊이나 명료함에 있어 이 분야에서 최고다. 나는 그의 전작 『미토콘드리아(*Power, Sex, Suicide*)』를 읽고 단박에 팬이 되었다. 『미토콘드리아』는 깊이 있는 내용이 많아 좀 어렵다는 느낌이 들었지만, 『생명의 도약』은 다루는 주제가 방대해서 그런지 전작에 비하면 오히려 술술 읽히는 듯하다.

생명 진화의 10가지 발명

이 책은 생명 진화의 역사에서 가장 중요한 10가지 발명을 다룬다. 하나하나 독립적으로 쓰여 있어 관심 있는 것부터 읽어도 무방하다. 물론 시간 순으로 제시되어 있으니 순서대로 읽는 것을 추천한다. 인간의 역사에서 가장 중요한 발명품 10개를 고르라면 사람마다 다르겠지만, 바퀴, 문자, 증기기관, 트랜지스터 등을 고를 수 있을 것이다. 닉 레인은 생명의 역사에서 가장 중요한 것으로 생명의 기원, DNA, 광합성, 진핵세포, 성(性), 운동, 시각, 온혈성, 의식, 죽음의 10가지를 선택했다.

첫 번째 주제는 '생명의 기원'. "최초의 생명은 어떻게 생겼을까?" 모두가 궁금해하지만 잘 다뤄지지 않는 질문이다. 우주론의 "빅뱅 이전에 무엇이 있었는가?"만큼이나 중요하고 어렵다. 현대 과학이 자신 있게 모른다고 답하는 문제이기도 하다. 저자는 '열수 분출공'에서 최초의 생명이 탄생했다는 가설을 설명한다. 열수 분출공은 심해에서 땅속의 뜨거운 물질을 뿜어내는 굴뚝 모양의 구조물을 말한다. 이 일대는 온도가 수백 도에 달하고, 양잿물이나 다름없는 강한 알칼리성을 띠고 있다. 인간은 1초도 버틸 수 없는 환경이다. 하지만 놀랍게도 여기에 수많은 생명체가 살고 있다. 이런 지옥 같은 환경이 어떻게 생명 탄생의 부화장이 되었을까? 이걸 이해하려면 생명 과학의 핵심 원리들을 알고 있어야 한다. 열수 분출공에서는 기체가 부글거리며 올라오는데, 수소다. 뿐만 아니라 여기서 '아세틸티오에스테르'라는 물질이 생산된다. 생물학 지식이 있는 사람은 여기서 무릎을 치겠지만, 나도 눈을 껌벅거리기만 했으니 너무 걱정은 마시라.

지구상 대부분의 생명체는 물질대사의 핵심적인 화학 반응이 동일하다. 바로 고등학교 생물 시간에 배웠던 시트르산 회로다. 원형으로 꼬리를 물고 늘어선 수많은 화합물들의 이름을 외우던 기억이 날 것이다. 안타깝지만 나는 다 잊어버렸다. 보통 시트르산 회로는 유기 분자를 소비해 수소와 이산화탄소가 생성된다. 당신 몸의 세포가 지금 이 순간에도 하고 있는 일이다. 아마도 열수 분출공에서는 시트르산 회로의 역전이 일어나는 것 같다. 그렇다면 주위에 널린 여러 분자들로부터 생명에 필요한 유기 분자들을 만들어 낼 수 있다. 실제 열수 분출공 근처 사는 세균에서 이런 역전이 흔히 관측된다고 한다. 여전히 많은 부분이 가설로 점철되어 있지만, 최초의 생명체를 추적하는 최신 이론의 윤곽이나 방법을 맛볼 수 있는 소중한 기회가 아닐 수 없다.

DNA에 담긴 생명의 정보

두 번째 이야기는 'DNA'. 생물학에 조금이라도 관심이 있는 사람이라면 DNA에 대한 기초 지식은 가지고 있을 것이다. 나 같은 물리학자도 DNA에서 RNA를 통해 단백질로 이어지는 생물학의 중심 원리쯤은 알고 있다. RNA를 이루는 세 개의 염기가 하나의 아미노산을 지정하며, 아미노산이 모이면 단백질이 되고, 단백질이 우리 몸의 모든 화학 반응을 제어한다는 사실도 알고 있다. 이 책에서 알게 된 새로운 사실은 코돈이라 불리는 세 개의 염기 순서에 의미가 있다는 것이다.

염기에는 A, C, G, U 네 종류가 있다. 여기서 세 개를 골라 나열해 만들어지는 가능한 코돈의 수는 4×4×4=64가지다. 이것으로 지정해야 하는 아미노산은 모두 20개니까, 하나의 아미노산에 여러 개의 코돈이 중복해 대응된다. 놀랍게도 코돈 속에는 아미노산과 관련한 생명의 역사가 숨어 있다. 예를 들어, 코돈의 첫 번째 염기는 전구(前驅) 물질과 관련 있다. 세포에서는 아미노산이 몇 가지 전구 물질에서 시작해 일련의 생화학적 단계를 통해 만들어진다. 그런데 같은 전구 물질에서 만들어지는 아미노산들을 지정하는 코돈의 첫 번째 문자가 같다. 예를 들어 피르부산이라는 전구 물질에서 만들어지는 아미노산은 모두 U로 시작하는 식이다.

두 번째 문자는 아미노산이 물에 녹는지 녹지 않는지와 연관된다. 이것은 단백질의 3차원 구조와 관련한 중요한 정보다. 끝으로 코돈의 세 번째 염기는 주로 중복된다. 세 번째 염기를 바꾸어도 아미노산이 바뀌지 않는 경우가 많다는 것이다. 예를 들어, 'GC'로 시작하는 코돈의 경우 세 번째 염기와 상관없이 모두 '알라닌'이라는 아미노산을 지정한다. 최초의 생명체가 2개의 염기로 된 코돈을 쓰다가 나중에 3개의 염기를 쓰는 쪽으로 진화했을까? 사실 복잡한 아미노산 5개를 제외한 15개의 아미노산에 종결 코돈을 더한 16개라는 숫자는 2개의 염기만으로 지정할 수 있다. 정말 흥미롭다!

생물학은 다양성을 탐구한다

세 번째 이야기는 광합성. 닉 레인이 설명하는 광합성의 개념은 정말 단순하다. 그의 말을 옮겨 보자.

이산화탄소에 전자 몇 개를 첨가하고 전하의 균형을 위해서
양성자 몇 개를 함께 넣어 주면, 갑자기 당(糖)이 만들어진다.

우리에게 친숙한 식물은 물에서 전자를 얻는다. 물론 물이 순순히 전자를
내놓을 리 없으니 태양에서 내리쬐는 자외선이 필요하다. 그러면 폐기물
로 산소가 발생한다. 지구에서 시아노박테리아가 광합성을 시작한 이래
산소 농도는 증가해 왔다. 산소는 반응성이 강해 위험한 물질로 산소에 적
응하지 못한 생물은 대부분 사라졌다. 하지만 산소를 사용하면 많은 에너
지를 얻을 수 있다. 지금과 같이 (박테리아에 비해) 거대한 생물이 생길 수
있었던 것도 산소 호흡이 가능했기 때문이다. 닉 레인이 풀어내는 광합성
의 생화학 이야기를 읽다 보면 본격적으로 생물학을 공부하고 싶어질 정
도다. 지금까지 생명의 도약 10가지 가운데 세 가지의 맛만 보았다. 나머지
일곱 가지가 궁금해질 것이다.

물리학은 보편적 이치를 찾지만, 생물학은 다양성을 탐구한다고 한다.
생명에 다양성이 생기는 이유는 진화 때문이다. 진화는 그냥 무작위적인
적응이다. 그렇다면 생명에는 보편성이 없는 것일까? 그렇지 않다. 생명의
보편성은 모든 것이 최초 하나의 생명체에서 진화했다는 사실에 근거한
다. 진화의 고비에서 문턱을 넘은 첫 번째 생명체가 있었기에 이후의 생명
들은 그 생명체의 특성을 공유한다. 이처럼 진화는 다양성과 함께 보편성
도 만든다. 생명 현상에 들어 있는 보편성의 비밀을 알고 싶은 사람에게 이
책을 추천하는 바이다. 물리학자들도 예외는 아니다.

『생명 최초의 30억 년』

앤드류 놀. 김명주 옮김.
뿌리와이파리. 2007년

진화가 낳은 무수한 가능성

생명에게 온갖 가능성이 활짝 열린 시대가 있었다. 지금부터 5억 4100만 년 전이다. 당시의 바닷속 풍경을 상상하면 황홀하기 그지없다. 머리에 눈이 5개가 있고 코끼리 코처럼 긴 주둥이 끝에 집게손이 달린 오파비니아, 둥근 입이 턱 아래 붙어 있는 길이 1~2미터의 아노말로카리스, 「스타 트렉」에 등장하는 외계 생명처럼 생긴 마렐라, 우리 내장에 사는 기생충처럼 생긴 피카이아 등이 살았다. 우리가 아는 대부분의 생물은 이때 열린 문을 통해 진화의 길로 들어왔다. 이 시대를 캄브리아기 대폭발이라고 부른다.

이름도 자연스러운 뿌리와이파리 출판사는 2003년부터 "우주와 지구와 인간의 진화사"에서 굵직굵직한 계기를 짚어 보면서, 그것이 현재를 살아가는 우리에게 어떤 의미가 있고 우리 삶에 어떤 영향을 미치는지를 살피는 시리즈를 출판했다. 이름하여 '오파비니아' 시리즈. 시리즈 명칭에 굳이 이미 멸종해 버린 낯선 이름의 생명체를 등장시킨 데에는 아마도 '인간의 두 눈과 단정한 입술이 아니라 오파비니아의 5개의 눈과 기상천외한 입을 통해 애써 균형을 잡으려는 우리의 이성에 더해 열린 사고와 상상력까지 담아내겠다.'라는 의지가 있었을 것이다. 앤드류 놀(Andrew H. Knoll)의 『생명 최초의 30억 년(Life on a Young Planet)』은 이 시리즈를 여는 첫 책이다.

연대에 관대한 고생물학자

역사에서 연도는 중요하다. 훈민정음은 1446년에 반포되었고 동학 혁명은 1894년에 일어났으며, 6 · 15 남북 공동 선언은 2000년의 일이다. 자연사에서도 마찬가지로 연대는 중요하다. 하지만 고생물학자는 연대에 관대하다. 나는 학교에서 캄브리아기가 5억 4700만 년 전에 시작되었다고 배웠지만 어떤 책에는 기억하기 좋게 5억 4300만 년 전이라고 나오고, 『생명 최초의 30억 년』에는 5억 4200만 년 전이라고 나온다. 하지만 요즘 지질학계에서는 5억 4100만 년 전이라고 한다. 그러니까 책을 보다가 수백만 년 정도의 차이는 그냥 '그런가 보다.' 하면서 넘어가면 된다는 뜻이다.

이 책에서 생명은 35억 년 전에 시작한다. "앗, 내가 본 다른 책은 38억 년이라던데."라면서 당황할 필요가 없다. 그게 그거다. 그것 가지고 시비 거는 사람 있으면 그냥 무시하면 된다. 어쨌든 캄브리아기 대폭발 시기에 우리가 아는 모든 동물 문(門)이 등장했다. 중학생 때 배운 '종-속-과-목-강-문-계'에 나오는 바로 그 문이다. 생명의 분류 체계에서 문은 설계도라고 할 수 있다. 5억 4100만 년 전에는 38개의 동물 문이 있었다. 이중 오파비니아가 속한 문만 사라지고 37개의 문이 지금까지 살아남았다.

만약 오파비니아가 후손을 남기고 사라졌다면 지금도 들과 바다에 눈이 5개이고 주둥이가 코끼리 코처럼 길게 뻗어 나온 멋진 동물들이 널렸을 것이다. 오파비니아 문이 사라진 것은 정말 가슴 아픈 일이다. 하지만 오파비니아 대신 피카이아가 후손을 남기지 못하고 사라졌다면 우리는 가슴 아파하지도 못한다. 피카이아는 모든 척추동물의 조상이므로 물고기부터 사람에 이르기까지 뼈대 있는 모든 동물은 지구에 등장하지 못했을 것이다.

우리가 아는 모든 고생물학과 생물학의 지식은 5억 4100만 년 이후의 일이다. 우리가 사라진 생명을 이야기할 때 등장하는 오스트랄로피테쿠스, 아크로칸토사우루스, 긴털매머드, 삼엽충과 암모나이트 등은 기껏해야 최근 5억 4100만 년 동안에 살다가 사라진 것들이다. 이 책은 지구에 바다가 생기고 생명이 등장한 후 캄브리아기 대폭발이 일어나기 바로 직전까지의 사건을 다룬다. 38억 년 전부터 5억 년 전까지의 33억 년을 다루는 것이다. (다시 말하지만, 30억 년이나 33억 년이나 그게 그거다.)

이 넓디넓은 우주에 지구가 생기고 나서 처음에 어떤 생명이 탄생했을까? 지구와 우주에 대한 기원만큼이나 생명의 기원은 우리의 호기심과 관심, 그리고 종교적 논쟁을 불러일으키는 테마다. 과학과 종교 사이의 충돌을 논외로 하더라도 과학계 내부에서조차 명쾌한 합일점을 찾지 못한 분야이기도 하다. 왜? 아무도 보지 못했으니까! 우주의 기원에 대해서는 과학자들이 거의 합의를 했는데 왜 생명의 기원에 대해서는 합의하지 못할까? 우주의 기원은 수학적으로 기술할 수 있지만 생명의 기원은 아직 수학적으로 기술하지 못하기 때문이다. 아무리 인수 분해와 함수 계산에 도가 트고 미분과 적분을 심심풀이로 푸는 사람도 생명의 기원에 대해서는 자연어를 동원해서 기술할 수밖에 없는 게 현실이다.

저자 앤드류 놀은 생명의 진화와 지구 환경 변천사 분야에서 손꼽히는 전문가로, CNN과 《타임》이 꼽은 '미국 최고의 고생물학자'이기도 하다. 앤드류 놀은 세계 곳곳의 선(先)캄브리아 지층에서 화석 기록을 발굴하는 데 20년 이상을 바쳤고, 여기서 얻은 성과를 고스란히 이 책에 담았다. (우리말로는 30억 년이나 33억 년이나 글자 수가 똑같지만, 영어로는 33억 년이 되면 제목으로 쓰기가 영 좋지 않다.) 흥미롭게도 『생명 최초의 30억 년』은 35억 년 전의 지구가 아니라 캄브리아기 대폭발의 현장에서 시작해 거슬러 올라간다. 그리고 다시 한 바퀴 빙 돌아서 시작점으로 돌아온다. 앤드류 놀은 우리에게 '캄브리아기 대폭발'을 뜬금없는 하나의 사건이 아니라 생명의 끈질긴 개연성이 만든 결과물이라는 시각으로 바라보라고 주문하고 있다.

최초의 30억 년 동안 무슨 일이 벌어졌을까?

38억 년 전 지구 바다 어느 구석에서인가 최초의 세포가 생겼다. RNA 조각이 들어 있던 기름주머니였다. 38억 년 전 핵막 없는 원핵생물이 등장했고 25억 년 전 진핵생물이 등장했으며 15억 년 전에는 다세포 생물이 등장했다. 생명이 지구에 등장한 후 최초의 30억 년 동안 생명의 진화는 순탄하게 일정한 속도로 진행되지 않았다. 생명은 마치 뭔가에 가로막힌 듯 주춤거리다가는 뭔가에 힘을 받은 듯 달음질친 것처럼 보인다.

『생명 최초의 30억 년』은 30억 년 전, 20억 년 전, 10억 년 전에 어떤 생명체가 어떤 환경에서 어떻게 살았는지 정리한 책이 아니다. 그것을 누가 보았겠는가? 모든 이야기는 추측과 가정에 불과하다. (그렇다고 추측과 가정이 하찮다는 뜻은 절대로 아니다.) 앤드류 놀은 태곳적 지구 생명을 찾는 자신의 탐험에 독자들을 동참시킨다. 그는 훌륭하고도 친절한 가이드다. 장화를 신고 지질 망치를 들고 야외로 나가는 사이에 저자가 들려주는 생물학 강의는 흥미로울뿐더러 초기 생명의 증거를 찾는 데 꼭 필요한 이야기다.

> 캄브리아기 대폭발은 약 5억 4300만 년 전 무렵, 다양한 동물이 폭발하듯 나타난 사건을 말한다. 찰스 다윈은 무려 100여 년 전에 캄브리아기의 화석들을 보면서 생물 진화에 근본적인 의문을 품었다. 캄브리아기 암석보다 더 오래된 암석을 찾을 수 있을까? 찾는다면 거기에는 지구에 맨 처음 등장한 생물의 기록이 남아 있을까?

우리는 앤드류 놀과 함께 탐험을 하면서 찰스 다윈이 품었던 의심을 함께 품을 수 있다. 그리고 21세기 분자 생물학자들의 의문도 함께 품을 수 있다. 앤드류 놀이 생각하기에 생물 진화란 산소 농도의 변화와 이에 대한 생명의 적응이라는 이중주다. 앤드류 놀은 논쟁에 있어서 속 시원하게 한쪽 편을 들어 주지 않는다. 모든 가설에는 강점과 약점이 다 있다. 놀은 독자들에게 모두 다 보여 준다. 그리고 우리를 더 고민하게 한다.

> 어느 분자가 먼저 생겼든 원시 진화의 가장 심오한 수수께끼를 꼽으라면, 단백질과 핵산이 상호 작용하면서 상대의 존속을 책임지는 계가 등장한 일일 것이다. 생명의 기원에 대해 깊이 고민했던 저명한 물리학자 프리먼 다이슨은 생명이 사실은 두 번 발생한 것 같다고 말했다. 한 번은 RNA의 길을 통해서고, 또 한 번은 단백질의 길을 통해서. 그 다음에 원시 생명의 합병에 의해 단백질과 핵산이 한자리에서 상호 작용할 수 있는 세포가 탄생했다는 것이다. …… 동맹에 의한 혁신이야말로 진화의 영원한 주제다. …… 유전 암호의 기원이 무엇이며, 그것으로부터 복잡한 생화학적 작용을 하는 생명이 어떻게 탄생했는지는 지금까지 가장 심오한 수수께끼로 남아 있다.

자연사에 관해서라면 '오파비니아' 시리즈 12권은 필독서다. 이걸 읽지 않고 자연사에 제대로 접근할 방법은 아직 없다. 특히 1권인 이 책과 2권 『눈의 탄생』, 3권 『대멸종』, 7권 『미토콘드리아』, 9권 『진화의 키, 산소 농도』, 12권 『최초의 생명꼴, 세포』는 절대로 놓쳐서는 안 된다. 대신할 게 없다. 만약 단 한 권을 읽는다면 의심할 여지없이 『생명 최초의 30억 년』이다.

『물리학 클래식』

이종필.
사이언스북스. 2012년

교양 과학책의 새로운 지평

사람들은 저마다의 이중 잣대를 갖고 살고 있다. 예를 들어 과학 소설 속 등장 인물들의 이름이 서양 이름이면 자연스러운데 우리 이름이면 뭔가 어색한 것 같은 느낌 말이다. 교양 과학책에 대해서도 이런 이중적인 태도가 존재하는 것 같다. 가장 많이 팔리면서도 가장 읽히지 않는 책이라는 수식어가 붙은 스티븐 호킹(Stephen Hawking)의 『시간의 역사』는 여전히 잘 팔리고 있다. 이 책을 읽어 본 사람들은 알겠지만 정말 어려운 책이다. 기회가 되면 「나의 『시간의 역사』 독서 체험」 정도의 제목으로 글을 한 편 써 보고 싶을 정도로, 천문학과 물리학을 공부한 나도 여러 번의 시도 끝에 간신히 이 책을 완독할 수 있었다.

교양 과학책들 중에도 어려운 책들이 많은데 비교적 잘 팔린다. 농담 반 진담 반으로 어려울수록 잘 팔린다는 말도 떠돈다. 내용의 어려움은 저자의 권위에 막혀서 오히려 책에 가치를 더하기도 한다. 좋은 외국 교양 과학책은 어렵지만 그 정도는 감내하면서 읽어야 한다는 묘한 지적 허영심이 생긴 것도 부인할 수 없을 것이다. 물론 좋은 번역서가 많지만 책의 서술 방식이나 문화적 배경의 차이가 엄존하기 때문에 우리가 쉽게 공감하면서 읽을 수 있는 번역된 교양 과학책은 사실 극히 드물다.

국내 저자가 쓴 책에는 다른 요구가 쏟아진다. 초등학생도 이해할 수 있도록 쉽게 써야 하고, 수식을 사용하지 말아야 하며, 스토리텔링이 있어야 하고 등등. 그러면서도 과학적 핵심 개념은 놓치지 말아야 한다고 요구한다. 물론 가독성도 뛰어나야만 한다. 그런 책이 세상천지 어디에 있겠는가? 그러다 보니 한 친구의 말처럼 부력을 설명하는 과학책에 이에 대한 설명은 없고 '유레카'만 남게 되는 이상한 일이 벌어지는 것이다.

『물리학 클래식』, 정면 돌파의 미덕

반갑게도 지난 몇 년 동안 외국 교양 과학책이 갖고 있는 완성도와 과학적 개념의 핵심을 비켜 가지 않는, 정면 돌파의 미덕을 갖춘 국내 교양 과학책이 한두 권씩 나오기 시작했다. 고무적이고 기쁜 일이다. 『물리학 클래식』도 그런 책이다. 외국 교양 과학책에 익숙한 독자들에게는 그에 대한 고전적인 만족을 주면서, 한편에서는 우리말로 재구성한 과학 이야기를 멋진 스토리텔링을 통해서 들려주고 있는 책이다. 물론 초등학생도 이해할 수 있는 책은 아니다. 교양을 갖춘 현대 교양인이 능히 읽고 도전해 볼 만한 적당한 난이도의 콘텐츠를 제공해 주는 책이다. 격조와 함께 가독성도 확보한 훌륭한 책이다.

> 지난 20세기 100년 동안 물리학자들이 쓴 수많은 논문들 중에서 딱 10편만 골라내는 것은 무척 어려운 일이다. 아마 여기 선정된 논문들에 대해서 모든 과학자들이 100퍼센트 동의할 수는 없을 것이다. 우선 논문을 선별하기 위해서는 나름대로 기준이 있어야 한다. 이 기준 자체가 사람들마다 다를지도 모른다. 나는 이 책을 준비하면서 대략 다음과 같은 기준으로 10편의 논문을 정했다.
>
> 첫째, 획기적인 발견
> 둘째, 인식의 혁명

248

셋째, 이론적 완성

『물리학 클래식』은 저자의 땀이 느껴지는 책이다. 평면적인 서술을 답습하지 않고 원전을 직접 읽고 땀 흘린 노동의 대가로 탄생한 소중한 책이다. 이 책의 최대 미덕을 꼽으라면 나는 주저 없이 이종필이 10편의 논문을 고르기 위해서 투자한 시간과 땀이 고스란히 책 속에 녹아 들어간 것이라고 말하겠다. 이종필이 고심 끝에 고른 20세기 물리학을 대표하는 10편의 논문은 아인슈타인의 상대성 이론 논문에서 말다세나의 최근 논문까지를 포괄한다. 그의 말대로 통계 역학 분야가 빠진 것이 아쉽기는 하지만, 21세기를 만든 지난 세기의 지적 모험을 살펴보기에는 손색이 없다.

> 학술적인 논문들은 비전문가가 직접 읽기에는 아주 어렵다. 아무리 훌륭하고 감동적인 논문이 있다 하더라도 일반인들이 특정 분야를 다시 공부할 수는 없는 노릇이다. 그래서 이 둘을 이어 주는 다리 역할을 할 필요가 있다. 역사적으로 중요한 논문들뿐만 아니라 최신의 과학 성과들도 모두 논문의 형태로 출판되기 때문에 그 다리 역할의 중요성은 더욱 커진다. 이 책이 그런 다리를 짓는 데에 한 덩이 벽돌이라도 될 수 있다면 글쓴이로서 더 이상 바랄 게 없겠다.

물리학 원전과 일반 독자의 만남

『물리학 클래식』이 갖는 또 하나의 의미는 위에서 저자가 지적한 것처럼 일반인들이 물리학의 원전에 간접적으로나마 접근할 수 있는 기회를 만들었다는 데에 있다. 이 책은 일종의 원전 해제 형식을 띠고 있는데, 원전 논문을 중심으로 당시의 물리학적 쟁점들을 소개하고 있다. 이를 통해서 겉핥기로만, 또는 가공된 지식으로만 접할 수 있었던 물리학의 핵심 내용을 생생한 증언과 현장 해설을 통해서 만날 수 있게 된 것이다.

20세기 물리학 논문 10편을 소개하고 해설하는 『물리학 클래식』은 결코 쉬운 책이 아니다. 지난 세기의 대표적인 지적 성취가 단박에 이해될 것이라는 기대 자체가 허망한 것이다. 이종필은 물리학의 어려운 핵심 내용을 은유적으로 뛰어넘지 않고 직접적으로 설명하려고 시도하고 있다. 원전 논문의 구절을 인용하면서 그 의미를 하나하나 차분하게 해설하고 있다. 이해를 돕기 위해서 현재 시점으로 돌아와서 그와 관련된 그 이후의 성과들도 함께 이야기한다. 이런 일관된 스토리텔링 기법을 사용하면서 『물리학 클래식』은 격조와 함께 가독성을 높이는 데에 성공하고 있는 듯하다.

흑체라는 것이 있다. 『물리학 클래식』에 쓰인 구절을 인용해서 설명하면 이렇다.

> 흑체란 말 그대로 '검은 물체'다. 그러나 물리학에서 말하는 흑체란 표면의 색깔이 검은 물체를 가리키는 것이 아니다. 외부의 빛을 완벽하게 흡수해서 반사되는 빛이 거의 없는 물체를 흑체라고 한다. 커다란 상자에 조그만 구멍을 하나 뚫어 놓으면 훌륭한 흑체가 된다. 그 구멍을 들여다보면 정말 검다.

문득 이종필이 흑체 같다는 생각이 들었다. 논문 원전을 섭렵하면서 10편을 골라내고 그것들을 온전히 흡수하는 흑체. 그런 후 그가 복사를 통해서 뱉어낸 것이 바로 『물리학 클래식』이 아닌가 한다. 온전히 자신의 것으로 소화한 것을 자신의 언어로 당당하게 내놓았다고나 할까.

> 일반 상대성 이론을 만든 사람이 아인슈타인이라는 데에는 이견이 있을 수 없다. 문제는 그 완성의 시점을 언제로 정할 것이냐, 어느 논문을 기준으로 할 것이냐 하는 것이다. 처음에는 1916년 논문인 「일반 상대성 이론의 기초」를 생각했다. …… 그러나 일반 상대성 이론의 '완성'의 순간을 꼭 집어야만 한다면 그것은 일반 상대성 이론의 모든 것을 함축하고 있는 아인슈타인 방정식이 완성된 때일 것이다. 그리고 그 방정식은 1915년 11월 25일에 발표된 「중력의 장 방정식」에 처음 나온다. …… 그러니까 1915년 11월에 아인슈타인의 성과가 이미 학계에 퍼지고 있었던 것이다. 그래서 일반 상대성 이론과 관련한 대표적인 논문은 1915년 11월 25일의 「중력의 장 방정식」으로 보는 것이 훨씬 합당할 것이다.

늘 일반 상대성 이론의 발원 시점이 궁금했다. 어떤 글에서는 1915년이, 다른 글에서는 1916년이 인용되고 있었다. 이종필의 노력을 통해서 내 궁금증 하나를 해소했다. 10편의 논문을 고르는 그는 외롭고 힘들었겠지만 우리는 그의 땀을 통해서 달콤한 열매를 따 먹을 수 있게 되었다.

또 다른 '과학 클래식'을 기대하며

『물리학 클래식』은 단순한 원전 논문의 해설서가 아니다. 한 물리학자의 땀이 배어난 흑체 복사이다. 하지만 여기에 또 하나의 미덕이 있다. 이종필은 자신의 관점을 또렷하게 드러내는 것을 주저하지 않았다. 예를 들면 '상대성 이론'이라는 이름에 현혹되어 이 이론을 숱한 오류 속에 잘못응용해서 쓰고 있는 일부 지식인들에게 이렇게 일갈하고 있다.

> 많은 사람들이 상대성 이론을 오해해서, 관측자의 상대적인운동에 따라 길이가 줄어들고 시간이 팽창하는 상대론적 현상을 가지고 과학적 진리가 상대적이라는 결론으로 치닫는다. 그러나 이것은 잘못된 이해이다. 관측자의 운동 상태에따라 현상들이 다르게 보이는 것은 관측자의 운동 상태에 상관없이 물리 법칙이 똑같이 성립하기 때문이다. 법칙의 절대성을 고수하기 위해 현상의 상대성을 허용한 셈이다.

『물리학 클래식』은 교양 과학책 쓰기의 새로운 지평을 열었다고 감히단언한다. 외국 교양 과학책들 중에도 원전 논문을 해설하는 책들은 더러있었지만, 이 책만큼 여러 가지 시대적 문화적 요구에 충실하게 답하고 있는 책은 많지 않은 것 같다. 이 책은 원전 논문의 충실한 해제이자, 훌륭하고 완성된 한 편의 현대 물리학 교과서가 될 것이다. 원전 논문을 바탕으로한 교양 과학책 쓰기의 전형을 보여 주었다는 데 또 다른 의의가 있다. 앞으로 계속 『천문학 클래식』, 『생물학 클래식』, 『화학 클래식』, 『수학 클래식』 같은 책들이 쏟아져 나왔으면 하는 바람이다.

이번 책을 쓰는 내내 나는 무척 즐겁고 행복했다. 원전이 주는 감동이 그만큼 컸던 탓인 것 같다.

맺음말인 「순례를 마치며」에서 저자가 이렇게 회상했듯이, 나도 『물리학 클래식』을 읽으면서 내내 즐거웠고 행복했다. 10편의 원전 논문 중에서 아직 읽어 보지 못한 논문들을 꺼내서 읽어 보아야겠다는 생각이 들었다. 즐거웠고 행복했다.

『볼츠만의 원자』

데이비드 린들리. 이덕환 옮김.
승산. 2003년

통계 역학, 우주를 이해하는 완전히 새로운 방법

'과학 고전 50'을 선정할 때, 정해진 규정은 아니었지만 과학자의 전기(傳記)는 피하려고 했다. 자칫 위대한 과학자 인기 투표가 될까 우려했기 때문이다. 그럼에도 전기 하나가 선정되었고, 그것이 바로 오늘 소개할 데이비드 린들리(David Lindley)의 『볼츠만의 원자(*Boltzmann's Atom*)』다. 아마 많은 사람들이 "볼츠만? 그게 누구지?" 하는 반응을 보일 것이라 예상된다. 내가 보기에 루트비히 볼츠만은 '역사상 가장 위대한 물리학자 다섯 명'을 고른다면 들어갈 사람이다. 우선 볼츠만이 한 일이 무엇인지 가늠해 보기 위해 큰 스케일의 질문을 던져 보자.

역사상 가장 위대한 물리학자 다섯 중 하나

물리학을 구성하는 핵심 아이디어가 무엇일까? 물론 내가 이런 질문에 답할 위치에 있지 않으니, 양자 역학의 아버지 베르너 하이젠베르크(Werner Karl Heisenberg)의 생각을 들어 보자. 하이젠베르크는 물리학을 제대로 하려면 역학, 전자기학, 양자 역학, 통계 역학의 네 분야를 완전히 통달해야 한다고 말했다.

역학은 천재 아이작 뉴턴이 만든 분야다. 이건 세부 분야라기보다 물리가 무엇인지를 제시하는 총론이라 봐야 옳다. 뉴턴은 물체의 운동을 기술하기 위해 수학적인 절대 시공간을 정의하고 미분 방정식을 도입했다. 전세계의 모든 물리학자는 학부 2학년 때 역학을 공부하며 물리학자의 인생을 시작한다.

전자기학의 스타는 마이클 패러데이(Michael Faraday)와 제임스 맥스웰

(James Maxwell)이다. 전자기 현상을 다루는 물리학의 세부 분야이지만, 더 중요하게는 장(場)이라는 개념을 다루는 학문이다. 뉴턴 역학이 물체의 운동에 대한 것이라면 전자기학은 공간에 펼쳐져 있는 가상의 무엇을 다루는 것이다. 물리학자들은 여기서 빈 공간이 그냥 빈 것이 아니라는 것을 배운다.

양자 역학은 기본적으로 뉴턴 역학의 확장판이다. 원자, 분자 세계에서는 뉴턴 역학의 기본 틀이 적용되지 않았기 때문이다. 따라서 그냥 확장이라기보다 변형 확장이라 보는 편이 맞을 것이다. 이 때문에 뉴턴 역학을 (유행이 지난) 고전 역학이라 부른다. 양자 역학에는 스타가 너무 많다. 이 분야는 수많은 이들의 협업으로 탄생했다고 보는 편이 타당하다.

통계 역학은 기본적으로 대상이 모호하다. 통계적 방법을 사용하는 물리 분야란 말이다. 고전 역학에 사용하면 고전 통계, 양자 역학에 사용하면 양자 통계다. 원래 통계가 그렇듯이 그냥 대상의 수가 많으면 사용할 수 있다. 그러다 보니 여기에는 핵심이 되는 운동 방정식도 없다. 역학에는 '$F=ma$', 전자기학에는 맥스웰 방정식, 양자 역학에는 슈뢰딩거 방정식이 있지만, 통계 역학에는 마땅한 미분 방정식이 없다. 이 때문에 물리학과 학생들이 이 과목을 처음 배울 때 엄청난 어려움에 직면한다. 방법이나 철학 자체가 앞의 것들과 완전히 다르기 때문이다. 이런 통계 역학을 만든 장본인이 바로 볼츠만이다.

시간이 한 방향으로 흐르는 이유

통계 역학의 핵심 질문은 열역학 제2법칙에 대한 것이다. 시간은 왜 한 방향으로만 흐르는가? 물리학자가 문제를 풀려고 할 때 첫 번째로 할 일은 문제를 정량화하는 것이다. 시간의 흐름과 관련된 물리량이 필요하다는 이야기다. 바로 '엔트로피'다. 엔트로피를 정의한 것은 루돌프 클라우지우스(Rudolf J. E. Clausius)였지만, 그 의미는 알지 못했다. 볼츠만의 가장 중요한 업적은 엔트로피의 미시적 기술 방법을 제시하고 그 물리적 의미를 파악한 것이다.

엔트로피만큼 혼란을 일으키는 개념도 드물다. 볼츠만에 따르면 엔트로피는 '거시적 상태를 구성하는 미시적 상태의 수'다. 분명 우리말인데 왜 이해가 안 되냐는 생각이 들 것이다. '무질서의 척도'이며, '정보의 척도'이면서 '무지의 척도'이기도 하다. 도움이 되기는커녕 더욱 아리송해질 것이다. 사정이 이렇다 보니 제러미 리프킨(Jeremy Rifkin)의 『엔트로피(Entropy)』같이 엔트로피가 뭔지 모르는 사람이 쓴 책이 과학 고전으로 선정되기도 한다. 엔트로피에 대해 제대로 알고 싶은 사람은 리프킨의 『엔트로피』가 아니라 린들리의 『볼츠만의 원자』를 읽어야 한다.

이 책은 크게 두 개의 축으로 진행된다. 첫 번째는 엔트로피라는 개념이 성립하기까지의 역사다. 19세기 독일어권의 과학계 뒷이야기를 비롯해서 엔트로피가 갖는 심오한 의미가 무엇인지 웬만한 과학책보다 자세히 설명해 준다. 사실 엔트로피의 핵심 아이디어는 간단하고 명징하다. 다만 그 핵심에 확률이라는 개념이 들어 있어 낯선 느낌이 들 뿐이다. 시간은 왜 한 방향으로만 흐르는가? 그 반대 방향으로 흐르는 것보다 확률이 커서 그렇다. 세상에, 확률적으로 성립하는 물리 법칙이라니! 그렇다. 이 낯선 느낌만 극복하면 된다. 당시 대부분의 물리학자들은 이런 낯섦에서 오는 거부감을 극복하는 데에 실패했고, 여기서 이 책의 두 번째 축이 나온다.

볼츠만, 시대를 앞서 살았던 사람

볼츠만은 소심하고 우유부단하며 뚱뚱하고 대인 관계에 서툰 어리숙한 사람이었다. 엔트로피를 설명하는 천재적 아이디어를 냈지만 (언제나 그렇듯) 사람들은 극렬하게 저항했고, 이 때문에 그는 피곤한 삶을 살게 된다. 더구나 그를 가장 괴롭힌 것은 "원자가 실제 존재하느냐?"라는 철학자 에른스트 마흐(Ernst Mach)의 공격이었다. 원자를 보여 주지 못하면 절대 이길 수 없는 불리한 게임이다. 과학이란 분명히 존재하고 측정 가능한 것들 사이의 관계를 밝히는 것에 국한한다는 것이 마흐의 입장이었고, 그 너머에 대해 이야기하는 것은 과학이 아니라고 그는 못 박았다. 안타까운 것은 볼츠만보다 마흐가 더 유명했다는 사실이다. 마흐의 철학은 당시 빈의 세기말적 분위기와 호응해 일반인들에게도 지지를 받았다. 이 책은 많은 분량을 할애해 이 논쟁의 이야기를 다룬다.

어쨌든 그의 이론은 1890년대 말이 되어서야 서서히 받아들여지기 시작한다. 하지만 이때 볼츠만은 이미 과학 일선을 떠난 후였다. 한때 볼츠만의 이론을 믿지 않았던 막스 플랑크(Max Planck)가 이즈음 마음을 바꾸게 되고, 곧 흑체 복사 이론이라는 황금알을 낳게 된다. 이 알은 부화해 양자 역학이 된다.

볼츠만의 통계적 접근에는 원자의 존재가 명백히 가정되어 있다. 이 때문에 끊임없는 무작위적 요동이 존재한다. 이를 수학적으로 기술한 것이 1905년 알베르트 아인슈타인의 브라운 운동 논문이다. 볼츠만이 물리학에 확률을 도입했을 때 모두가 거부했지만, 머지않아 20세기의 천재 물리학자들은 확률을 양자 역학의 중심에 놓게 된다.

말년, 볼츠만은 조울증을 보이다가 1906년 62세의 나이에 자살로 생을 마감한다. 1897년 이미 전자가 발견되었고, 1911년에는 어니스트 러더퍼드가 원자핵의 존재를 보인다. 이로써 원자의 구조에 대한 연구가 물리학의 가장 중요한 문제로 떠오른다. 따라서 볼츠만이 조금만 더 살았다면 그의 업적이 인정받는 것을 보았을 거란 아쉬움이 남는다. 시대를 앞서 살았던 사람들이 있다. 볼츠만은 물리학에서 그런 사람이었다.

볼츠만은 엔트로피가 증가하기만 한다는 열역학 제2법칙을 설명했다. 문제는 엔트로피가 줄어들 수도 있다는 것이었다. 볼츠만은 그런 일이 일어날 확률이 매우 작아서 무시할 수 있다고 주장했다. 이제 물리학자들은 그 확률이 얼마나 적은 것인지를 기술하는 일반적인 법칙을 가지고 있다. 1993년 데니스 에반스(Denis Evans) 등은 '요동 정리(fluctuation theorem)'라는 것을 제안한다. 이 정리는 일정량의 엔트로피가 증가하거나 감소하는 확률의 비를 그 엔트로피의 함수로 기술하는 방정식이다.

우주를 이해하는 완전히 새로운 방법을 개발했던 볼츠만. 생전에도 인정받지 못했지만 죽은 후에도 그의 업적이 충분히 인정받지 못하는 것 같아 아쉽다. 더 많은 사람들이 볼츠만의 이름을 기억하면 좋겠다. 지금 이 순간에도 돌이킬 수 없는 시간이 흐르는 이유를 우리에게 알려 준 사람이니까.

『부분과 전체』(개정신판)

베르너 하이젠베르크. 김용준 옮김.
지식산업사. 2005년

양자 역학 창시자의 회상

베르너 카를 하이젠베르크는 말 그대로 양자 역학을 만든 사람이다. 양자 역학을 만든 사람으로는 하이젠베르크와 함께 닐스 보어와 에르빈 슈뢰딩거의 이름도 언급해야 할 것이며, 닐스 보어는 하이젠베르크의 이름 앞에 올 수도 있다. (알파벳 순서로 해도 그렇다.) 그러나 어쨌든 양자 역학을 이야기하면서 하이젠베르크의 이름을 빼놓을 수는 절대로 없다.

하이젠베르크는 막 박사 학위를 받고 난 후인 1925년에 불과 24세의 나이로, 본인의 말에 따르면 북해의 외딴 섬 헬골란트에서 혼자 휴가를 보내던 어느 날 밤 새벽 3시에 "완전한 양자 역학"을 창안했다. 또한 2년 뒤에는 양자 역학의 근본적인 원리인 불확정성 원리를 발견해서 양자 역학을 오늘날의 모습으로 만드는 데에 중요한 기여를 했다. 이 업적으로 하이젠베르크는 1932년 노벨 물리학상을 수상하게 된다. 그밖에도 그는 양성자와 중성자로 이루어진 원자핵 모형을 처음으로 만들었고, 상자성의 이론을 제안했으며, 양자장 이론의 기초를 닦는 등 원자 및 아원자 세계의 물리학에 그 누구 못지않게 많은 공헌을 한, 20세기에 가장 중요한 물리학자 중 한 사람이다.

하이젠베르크가 평생을 탐구했던 과학

『부분과 전체(*Der Teil Und Das Ganze*)』는 하이젠베르크가 은퇴를 1년 앞둔 1969년에 발표한 책이다. 그러니만큼, 이 책은 그의 인생 전체를 돌아보는 일종의 자서전이라고 할 수 있다. 그러나 이 책은 하이젠베르크라는 개인을 표현하는 책이라기보다는, 그가 평생 탐구했던 과학을 보여 주기 위한 책이다. 특히 양자 역학과 원자 물리학의 발전 과정에 대해서, 이 책은 그 당사자가 직접 증언하는 소중한 기록이다. 예를 들어 앞에서 이야기한 "완전한 양자 역학"이 탄생하는 순간에 대해 하이젠베르크는 이렇게 적고 있다.

> 나는 수학적으로 하등의 모순이 없는 완전한 양자 역학이 성립되었다는 사실을 더는 의심할 수가 없었다. …… 모든 원자 현상의 표면 밑에 깊숙이 간직되어 있는 내적인 미의 근거를 바라보는 그러한 느낌이었다. 나는 이제 자연이 내 눈앞에 펼쳐 보여 준 수학적 구조의 풍요함을 추적해야 한다는 데 생각이 이르자 현기증을 느낄 정도였다.

여러분이 이 순간에 대해서 쓴 글을 다른 어떤 책에서 읽었다 하더라도, 그 구절은 모두 이 책에서 가져온 것이다.

한편, 이 책의 특징은 하이젠베르크 본인이 서문에서 밝히고 있듯이 "과학은 토론을 통해서 비로소 성립된다는 사실"을 보여 주고자, 책의 대부분이 하이젠베르크와 다른 과학자들과의 대화로 이루어져 있다는 점이다. 특히 1922년 괴팅겐에서 열린 보어 축제에서 하이젠베르크가 보어와 단둘이 산책을 하며 대화를 나누는 장면이라든지, 자신의 양자 역학을 발표하고 난 뒤인 1926년 봄에 베를린에서 강연한 후에 아인슈타인과 나눈 대화 등은 이 책을 통해서 우리가 접할 수 있는 현대 물리학의 결정적인 장면들이다. 괴팅겐에서의 산책에서 하이젠베르크와 보어는 다음과 같은 대화를 나눈다.

"우리가 이 구조에 관해서 말할 수 있는 언어를 소유하지 못하고 있다면 우리는 도대체 언제나 원자를 이해할 수 있단 말입니까?"

"우리는 바로 그때에 '이해'라는 말이 무엇을 의미하느냐도 배우게 될 것입니다."

그리고 아인슈타인과의 대화에서 아인슈타인은 하이젠베르크에게 이렇게 말한다.

"실제로 관찰이 가능한 것을 생각해 내는 것은 발견 순서로서는 가치 있는 일이라고 말할 수 있을지도 모릅니다. 그러나 원칙적으로 말한다면, 관찰할 수 있는 양만을 가지고 한 이론을 세우려는 것은 전적으로 잘못된 것입니다. 사실은 정반대이기 때문입니다. 사람이 무엇을 관찰할 수 있는가를 결정하는 것은 이론입니다."

20세기를 대표할 물리학의 고전

이렇게 이 책에는 양자 역학과 자연의 실재, 과학의 본질과 인간의 인식에 대한 심오한 대화가 전편에 걸쳐서 펼쳐진다. 나아가서 언어와 양자 역학을 이해한다는 문제, 양자 역학에 비추어 본 칸트 철학의 의미, 그리고 현대 물리학이 인간의 사유에 던지는 다양하고 새로운 문제점들에 대해서 양자 역학을 직접 만든 창시자라 할 본인이 여러 사람들과 벌인 토론을 보여 주고 있다. 그런 의미에서 이 책은 20세기에 쓰였고, 20세기를 대표할 고전이 분명하다.

물론 이 책의 모든 대화는 정확히 기록된 것이 아니라 어느 정도 만년의 하이젠베르크의 생각에 따라 재구성된 것이라고 보아야 할 것이다. 심지어 서문의 첫머리에 "나는 나의 추측에 따라 그때그때의 상황하에서 가장 옳다고 생각되는 대로 각 대화자들로 하여금 이야기하게 했습니다."라는 투키디데스의 말을 인용하고 있는 만큼, 이 책에 나와 있는 대화 내용을 하이젠베르크의 생각을 나타내는 텍스트로는 쓸 수 있을지언정 책의 화자가 실제로 한 말이라고 생각하는 것은 조심하는 편이 좋겠다.

특히 미묘한 부분은 제2차 세계 대전 가운데 하이젠베르크의 역할과 책임에 관한 것이다. 잘 알려져 있듯이 하이젠베르크는 독일의 원자 폭탄 개발 프로젝트인 '우라늄 클럽'의 중심 인물이었다. 1941년에 하이젠베르크는 원자 폭탄 문제를 논의하기 위해서 닐스 보어를 방문하기도 했는데, 이 만남을 소재로 영국 작가 마이클 프레인(Michael Frayn)은 「코펜하겐(Copenhagen)」이라는 희곡을 썼다. 독일은 결국 원자 폭탄 개발에 실패했고, 하이젠베르크를 비롯한 참여 과학자들은 연합군에 체포되어 몇 달간 억류되었다가 석방되었다.

하이젠베르크의 책임에 대한 관점은 대략 다음의 네 가지로 볼 수 있다. 첫 번째는 하이젠베르크와 독일의 과학자들이 고의로 개발을 지연시켜서 나치가 원자 폭탄을 만들지 못하게 했다는 적극적 저항의 관점, 두 번째는 연구는 했으나 실제로 폭탄을 만들 생각은 없었다는 소극적 저항의 관점, 세 번째는 연구와 기술 수준이 폭탄을 만드는 데에 이르지 못했을 뿐이라는 소극적 책임의 관점, 그리고 하이젠베르크는 열심히 연구했으나 결국 실패했다는 적극적인 책임의 관점이다.

로버트 융크(Robert Jungk)의 『천 개의 태양보다 밝은(*Brighter than a Thousand Suns*)』과 토머스 파워스(Thomas Powers)의 『하이젠베르크의 전쟁(*Heisenberg's War*)』 등이 첫 번째 관점을 대표하는 책들이다. 이 책들은 대체로 인류애를 위해 원자 폭탄 개발을 포기한 독일 과학자들과 승리를 위해 원자 폭탄을 만든 미국 측 과학자라는 구도를 보여 주고 있어 논란을 빚었다. 한편 데이비드 보더니스(David Bodanis)는 베스트셀러인 『$E = mc^2$』에서 네 번째 관점에 가깝게 이야기하기도 했다.

이 책에서 하이젠베르크는 두 번째 입장을 분명하게 드러내고 있다. 즉 독일 과학자들은, 적어도 전쟁이라는 제한된 시간과 조건하에서 원자 폭탄을 실제로 완성할 수 있으리라고 생각하지 않았고, 따라서 핵물리학 연구는 전쟁 후의 평화적 이용을 염두에 둔 것이었다는 것이다. 그러나 닐스 보어를 비롯한 여러 관계자들의 증언은 하이젠베르크의 주장과는 어긋나는 점이 많다.

이 문제에 대한 가장 중요한 자료 중 하나는 연합군 측이 우라늄 클럽의 사람들을 영국 정보부의 안가(安家)였던 팜 홀에 억류해 놓고 그들의 대화를 모두 도청해서 녹음한 기록이다. 이 기록은 50년간 기밀로 취급되었고 하이젠베르크가 사망한 뒤인 1990년대에 공개되었다. 오늘날 이 기록을 비롯한 여러 자료들을 참조한 여러 역사가들의 연구 결과는 독일 제3제국에서 하이젠베르크의 행위는 모호하고 모순에 가득 차 있었다는 것이다. 적어도 히틀러의 나치 정권을 지지하고 그 체제에 순응했다는 것은 확실하다. 결국 대체로 진실은 두 번째와 세 번째 관점 사이의 어딘가에 있다고 여겨진다.

"물리학과 그 너머"

전쟁 후 하이젠베르크는 완전히 복권되어 카이저 빌헬름 연구소 소장을 비롯해서 원자 물리학 위원회의 의장, 훔볼트 재단 이사장 등 독일에서 여러 중요한 자리를 맡았다. 세계적으로도 위대한 이론 물리학자의 위치로 돌아갔으며 활동에 아무런 제약을 받지 않았다. 그러나 전쟁 전에 가까웠던 동료들과는 대부분 멀어져서 대체로 고립된 채 살았다. 특히 보어와의 관계는 결코 예전으로 돌아가지 못했다.

다시 『부분과 전체』로 돌아가자. 이 책은 젊은이가 주변 사람들과의 대화를 통해 성장하고 사상을 발전시키는 모습을 보여 준다는 의미에서 일종의 교양 소설과 같은 느낌을 준다. 그렇게 생각하고 읽으면 이 책을 좀 더 쉽게 접할 수 있지 않을까 한다. 이 책은 1969년에 독일어로 처음 발행되었고, 2년 뒤 "물리학과 그 너머(*Physics and Beyond*)"라는 제목으로 영어로 번역되었다.

우리나라에서는 고려 대학교 김용준 교수의 번역으로 1982년 초판이 나왔다. 나는 대학에 들어간 해에 이 책을 읽었다. 과학책이 많지 않았던 당시에 이 책은 물리학과 학생들에게는 필독서나 다름없었다. 지금 보니 내가 가지고 있는 책은 초판본이다. 선정 과정에서 이 책은 번역에 많은 지적을 받았다. 현재 판매 중인 김용준 번역본은 개정 신판이라고 하는데, 번역어 투에 대한 불만이 여전히 많고, 번역자의 연세로 보아 번역이 크게 바뀌었을 것으로는 생각되지 않는다. 2016년에는 독일어를 전공한 유영미 씨가 최신판 독일 원전을 옮기고 과학 철학자인 김재영 박사가 감수를 맡은 새 번역판이 나왔다.

과학자들의 대화를 통해 양자 역학의 발전을 보여 준다는 점에서, 최근 나온 루이자 길더(Louisa Gilder)의 『얽힘의 시대(*The Age of Entanglement*)』를 이 책과 비교해서 읽어 보는 것도 재미있겠다. 단, 『얽힘의 시대』의 상당 부분 역시 이 책에서 가져온 것이라는 점은 명심해야 할 것이다.

『양자 혁명』

만지트 쿠마르. 이덕환 옮김.
까치글방. 2014년

세상에서 가장 괴이한 이론의 탄생 비화

2016년 가을부터 2017년 봄까지 대통령의 비선 실세 이야기로 세상이 떠들썩했다. 상식인의 입장에서 도저히 믿기 힘든 내용들이었다. 더구나 대한민국의 주요 정책 결정에 비선 실세가 관여했을지 모른다는데, 이쯤 되면 세상이 비현실적으로 보이기까지 한다. 이처럼 뭔가 이해할 수 없는 일이 벌어지면, 어쩌다 이 지경까지 왔는지 지난 역사를 알고 싶어진다.

과학을 통틀어 양자 역학만큼 괴상하고 이해하기 힘든 이론도 없다. 때로 비현실적으로 보이기까지 하다. 그러다보니 비슷한 의문이 생기는 것은 당연하다. 대체 어쩌다가 이따위 이론이 만들어진 것일까? 그래서일까. 양자 역학의 역사를 다루는 책은 많다. 내가 읽은 것만 10권 가까이 된다. 어떤 분야든 공부를 시작하는 가장 좋은 방법은 역사를 살펴보는 것이다. 사람을 처음 만나도 마찬가지가 아닌가. 그 사람이 살아 온 역사를 아는 것보다 상대를 더 잘 아는 방법은 없다. 이런 점에서 양자 역학을 알려는 사람은 양자 역학의 역사부터 살펴봐야 한다.

나에게 양자 역학의 역사를 다룬 책 하나를 추천하라면 만지트 쿠마르(Manjit Kumar)의 『양자 혁명(*Quantum*)』을 주저 없이 고른다. 2008년에 나왔으니 고전이라고 하기에는 좀 이르다. 하지만 이 때문에 앞서 나온 여러 책의 장점을 두루 참고할 수 있었다고 할까. 쉽게 쓰여 술술 읽힐 뿐 아니라, 전문가 입장에서도 흥미로운 내용으로 가득하다. 일부 양자 역학 역사 책들이 입자 물리까지 다루는 과욕을 부리거나, 벨 정리 관련 부분을 자세히 다루다가 망하는 것을 보았다. 이 책은 이 같은 우를 범하지 않는다.

충격적 이론의 태동

『양자 혁명』은 양자 역학의 역사를 크게 네 단원으로 나누고 있다. 양자 역학 탄생 전야, 양자 역학의 탄생, 해석 논쟁, 벨 정리다. 양자 역학 탄생 전야는 온갖 억측과 소문이 난무하는 시기였다고 할 수 있다. 파동이라고 철석같이 믿고 있던 빛이 입자일지 모른다는 생각에서부터 문제는 시작된다. 빛이 입자라는 주장에는 막스 플랑크가 멍석을 깔고 알베르트 아인슈타인이 춤을 춘다. 보통 사람은 파동, 입자 논쟁이 뭐가 대수냐 할지도 모르겠다. 이게 얼마나 충격적인 것이냐 하면 아인슈타인이 빛의 입자설을 제안했을 때 물리학계는 완벽하게 무시한다. 그의 특수 상대성 이론에 모두 환호했던 걸 생각하면 의아할 정도다. 15년 가까이 빛의 입자설은 무시되지만 결국 아인슈타인은 (상대성 이론이 아니라) 이 이론으로 노벨상을 받는다. 빛은 파동이면서 입자였던 것이다. '이중성'이라는 개념의 탄생이다.

양자 역학 탄생 전야의 진정한 주인공은 닐스 보어다. 보어는 원자 구조에 대한 정말 괴상한 이론을 내놓았다. 그의 이론은 어니스트 러더퍼드가 수행한 아름다운 실험 결과에 바탕을 두고 있다. 우리의 일상 경험이 아니라 정교한 실험 결과에 기반을 두고 이론을 만드는 이론 물리학의 유구한 전통에서도 전형이라 할 만하다. 보어의 이론은 정상 상태와 양자 도약이라는 두 가지 핵심 원리로 요약할 수 있다. 정상 상태는 전자기학과 모순된다. 당시 전자기학은 승승장구하는 중이었다. 전자기학의 결과인 전자기파는 무선 통신이라는 혁명을 일으켰고, 거리의 가스등은 전등으로 교체되고 있었다. 파울 에렌페스트(Paul Ehrenfest)는 "이것(보어의 이론)이 목표에 도달하는 방법이라면 나는 물리학을 포기해야만 할 것"이라고 말했을 정도다.

문제는 보어의 이론이 당시 원자에 대해 알려진 많은 미스터리를 설명해 준다는 사실이었다. 미래를 예언한다는 무당이 나타났는데 그가 하는 말이 다 이루어지는 상황이라고나 할까. 다들 미칠 지경이었을 것이다. 이런 미친 상황을 끝내기 위해서는 보어의 이론을 수학적으로 정식화하는 것이 필요했다. 바로 양자 역학의 탄생이다.

우리가 가진 모든 상식을 버려라

이 책은 스핀에 대한 소개에 한 장을 할애한다. 보통의 양자 역학 역사 책에서 간과되는 부분이라 무척 반가웠다. 스핀은 전자의 회전과 관련한 물리량이다. 물론 전자가 공간상에서 빙글빙글 돌고 있는 것과는 다른 종류의 회전이기는 하다. 언제나 그렇듯 양자 역학은 이상하다. 랠프 크로니히가 처음 스핀의 아이디어를 냈지만, 볼프강 파울리의 비웃음 때문에 자신의 아이디어를 철회한다. 크로니히가 노벨상을 놓치는 순간이다. 스핀에 얽힌 크로니히와 파울리의 스토리는 보는 이의 마음을 아프게 한다.

1925년 7월 29일 베르너 하이젠베르크는 '양자 알'을 낳는다. 갓 태어난 양자 역학에 사람들은 열광하기는커녕 의혹의 눈길을 보냈다. 그 이유는 하이젠베르크 논문의 초록에 실린 "오로지 원리적으로 측정할 수 있는 물리량들 사이의 관계만을 근거로 양자 역학의 기반을 정립하고자 한다."라는 문장만 봐도 알 수 있다. 하이젠베르크는 원자의 운동을 기술함에 있어 우리가 가진 모든 상식을 버릴 것을 요구했다. 전자의 궤도, 위치, 속도 등을 알려고 하지 말라는 것이다. 그렇다면 대체 우리가 원자에 대해 알 수 있는 것은 무엇일까?

1926년 1월 27일 에르빈 슈뢰딩거가 또 다른 양자 알을 낳자 문제는 복잡해진다. 이 둘은 전혀 다른 모습이었던 것이다. 슈뢰딩거의 이론은 이중성에 기반을 둔다. 앞서 빛이 파동, 입자의 이중성을 갖는다고 말했다. 파동인 줄 알았던 빛이 입자일 수 있다면, '입자인 줄 알고 있는 것들이 파동은 아닐까?'라는 질문을 할 수 있다. 루이 드 브로이(Louis Victor de Broglie)가 이 질문을 했고, 답은 그렇다는 것이었다. 슈뢰딩거가 찾은 양자 역학은 바로 전자의 파동을 기술하는 미분 방정식이었다. 슈뢰딩거의 양자 역학을 소개하는 장의 제목이 재미있다. 「뒤늦게 폭발한 욕정」. 왜 제목이 이런지는 슈뢰딩거가 천하의 바람둥이라는 힌트만 주고 지나가겠다.

다수의 물리학자는 슈뢰딩거의 양자 역학을 선호했다. 전자의 궤도를 포기하라는 하이젠베르크의 주장은 너무 급진적이었던 것이다. 이 책의 10장은 하이젠베르크와 보어가 자신들의 이론을 두고 고민하는 내용이 생생히 묘사되어 있다. 여기서 독자는 양자 역학의 표준 해석이라 일컬어지는 코펜하겐 해석의 정수를 자세히 알 수 있다. 철학과 사고 실험이 버무려진 설명이 당시의 역사와 함께 아름답게 표현되어 있다.

세상은 실재적이지 않으며 양자 역학이 옳다!

해석 논쟁을 다룬 3단원은 사실 철학적인 내용이라 볼 수도 있다. 역사학자 요한 구스타프 드로이젠(Johann Gustaf Droysen)은 '이해'는 인문학의 방법이고, '설명'은 과학의 방법이라고 구분했다. 설명의 입장에서 양자 역학은 이미 충분한 이론이었다. 해석 논쟁은 바로 양자 역학을 어떻게 이해할 것인가에 대한 문제다.

이 책은 여기서도 아주 흥미로운 방식을 취한다. 1927년 10월 24일부터 28일까지 당대 최고의 과학자들이 벨기에 브뤼셀에 모여 회의를 한다. 바로 양자 역학이 야기한 물리학의 위기를 논의하기 위한 자리다. 이 회의를 주최한 기업가의 이름을 따서 솔베이 회의라고 불린다. 이 책은 솔베이 회의의 일정을 날짜별로 따라가며 참석자들이 벌였던 논쟁을 추적한다. 논쟁의 핵심은 하이젠베르크가 주장한 불확정성 원리였으며, 이는 코펜하겐 해석의 핵심이었다. 아인슈타인은 이를 공격했고 보어는 방어했다. 회의 기간 중 있었던 각종 일화까지 곁들인 이 책에서 가장 흥미로운 부분이라 할 만하다. 결론은 코펜하겐 해석의 승리였다. 물론 아인슈타인은 솔베이 회의에서의 패배에도 자신의 뜻을 굽히지 않는다. 그래서 해석 논쟁 2라운드가 벌어진다. 바로 EPR(Einstein-Podolsky-Rogen) 논문이다. 이 논문은 여기서 개요를 말하기도 쉽지 않을 만큼 복잡 미묘한 내용을 담고 있다. 아무튼 한마디로 하자면, 물리학에 있어 '실재'가 무엇인지 하는 의문을 제기한 것이다. 양자 역학의 대상은 실재적이지 않다는 공격이다.

해석 논쟁 2라운드에 대한 답이 나오는 데에는 상당한 시간이 필요했다. 대다수의 물리학자가 코펜하겐 해석을 지지했기 때문이다. 이런 논쟁은 물리학이 아니라 철학이라 생각했던 것이다. 여기서 우리는 비운의 물리학자 데이비드 봄(David Bohm)을 지나 존 스튜어트 벨(John Stewart Bell)의 종착역에 도착한다. 벨은 아인슈타인이 제기한 실재성에 대한 다소 철학적 질문을 물리학적 질문으로 바꾼 사람이다. 아인슈타인은 이렇게 공격했다. 양자 역학이 기술하는 대상은 실재적이지 못하니 양자 역학은 틀렸다. 이제 우리는 답을 안다. 세상은 실재적이지 않으며 양자 역학이 옳다.

인간사 속에는 흥미로운 이야기가 많이 있다. 나는 양자 역학의 역사만큼 재미있는 스토리도 없다고 생각한다. 나를 물리학자의 길로 내몬(?) 것도 바로 숨 막히게 재미있는 양자 역학의 역사였다. 이 역사는 언제 읽어도 내 가슴을 뛰게 만든다. 혼자만 가슴 벅차기에는 아까운 이야기다.

『빅뱅』

사이먼 싱. 곽영직 옮김.
영림카디널. 2006년

빅뱅 우주론, 두 마리 토끼를 잡기 위해

해외에서 명성이 높았던, '빅뱅'이라는 제목을 달고 있는 두꺼운 책이 번역 출판되었다고 하자. 출판된 지 여러 해가 지났지만 꾸준히 팔리고 있고 독자들의 평도 대체적으로 호의적이라고 하자. 먼저 나는 왜 이런 책을 읽어야 하는가, 읽기로 했다면 나는 그 책에서 무엇을 기대하고 있는가, 자문해 보았다. 천문학을 전공한 나는 상대적으로 대중 천문학 책을 읽어 볼 기회가 적었다. 독서의 시간이 주어지면 선택은 늘 문학책이나 미술책으로 기울었다. 서평을 쓰기 시작하면서 대중 천문학 책을 정독하기 시작했다.

처음에는 다른 작가들이 도대체 어떻게 천문학 이야기를 전개하고 있을까 하는 스토리텔링 형식에 대한 호기심이 컸다. 몇 권을 읽으면서 놀라기도 하고 공감하기도 했다. 하지만 내용과 형식이 반복되는 책들을 겹쳐 읽기 시작하면서 약간의 피로감도 몰려왔다. 호기심은 다소 감소되었다. 오히려 작가들이 털어놓는 소소한 에피소드나 과학적 발견의 '뒷담화'가 이런 책들을 읽는 주된 동력과 즐거움이 되었다. 독자와 평자의 경계선에 서서 대중 천문학 책 읽기가 갈수록 어려워진다고 고백하지 않을 수 없다.

평판이 좋은 작가의 베스트셀러를 읽을 때는 그 자체의 상징에 매몰되지 않으려고 노력한다. 하지만 작가의 평판이 그 내용의 질을 어느 정도 담보하는 것도 엄연한 사실이다. 이런 현실을 인식하고 받아들이고 기대하면서 책 읽기를 시작하려고 한다는 말이다. 그러다 보니 어떤 책을 읽기 시작하면 그 작가가 그동안 쌓아 온 평판에 바탕을 두고 기준을 정하게 된다. 저명한 작가가 쓴 책에는 더 큰 기대와 엄격한 기준을 정해 놓고 살펴보게 된다는 것이다. 잘 알려지지 않은 작가의 책에 대해서는 반대로 그 가능성과 시도에 초점을 맞춰서 좀 너그러운 마음으로 지켜보게 된다. 그동안 내가 썼던 서평 에세이를 돌아보면 대체적으로 이런 경향이 있는 것 같다.

최고의 빅뱅 우주론 책이란

사이먼 싱(Simon Singh)의 『빅뱅(*The Big Bang*)』도 번역 출판된 지 몇 년이 지나도록 좋은 평판을 이어 가고 있는 책들 중 하나다. 오랫동안 읽어 보지 못하고 책장에만 꽂아 두었던 『빅뱅』을 꺼내 들었다. 읽기 시작하면서 이 책에 대해서 내가 무엇을 기대하고 있는지 논리적으로 생각했던 것은 아니었다. 3분의 1쯤 읽다 보니, 저명한 작가가 '빅뱅'이라는 제목을 붙인 550쪽 분량의 책에서 내가 기대한 것은 빅뱅 우주론에 대한 한 권의 자체 완결성을 지닌 레퍼런스 북이었다는 사실을 문득 깨달았다. 현대 우주론의 패러다임인 빅뱅 우주론에 대한 대중 과학책이 마땅히 갖추어야 할 덕목을 이 책이 모두 갖추었을 것으로 기대하고 있는 나 자신을 발견한 것이다. 나는 '빅뱅 우주론을 둘러싼 이야기'와 '빅뱅 우주론 그 자체의 이야기'가 균형감 있게 전개되고 있을 것으로 기대했다.

빅뱅 우주론을 둘러싼 이야기에서 나는 빅뱅 우주론이 태동하고 확립되어 온 과정에 대한 과학사적 고찰을 기대했다. 이론과 관측, 성공과 실패의 역사를 망라하고 문제점과 미래를 성찰하는 이야기를 기대하고 있었던 것이다. 한편 빅뱅 우주론 그 자체의 이야기에서 나는 빅뱅 우주론의 핵심 개념과 이론적 토대 및 관측 결과에 대한 천체 물리학적 설명을 기대했다.

『빅뱅』의 「감사의 글」에 적시되어 있는 것처럼, 사이먼 싱은 빅뱅 우주론 논쟁에 직접 참여했던 많은 천문학자들을 인터뷰했다. 수많은 1차 자료를 뒤지고 정리했다. 그런 저자의 노력이 고스란히 녹아든 책이 바로 『빅뱅』이라고 할 수 있을 것이다. 그런 만큼 빅뱅 우주론에 대한 이야기는 아주 풍부하다.

그동안 잘 알려지지 않았던 에피소드와, 결정적인 순간에 천문학자들이 품었던 속내가 적나라하게 드러나기도 했다. 빅뱅 우주론이 현대 표준 우주론으로 자리를 잡기까지 인류가 지녀 온 우주론의 변천사로부터 시작해서 빅뱅 우주론의 이론적, 관측적 성공과 실패 과정이 생동감 있고 일상적인 언어로 기술되어 있다. 사이먼 싱의 글에는 과학사적 고찰뿐 아니라 한 인간에 대한 연민도, 과학자 사회에 대한 성찰도 들어 있다.『빅뱅』은 빅뱅 우주론에 대한 이야기를 성공적으로 이끌고 있는 훌륭한 책이다.

> 에딩턴은 그림 64와 같이 3차원 공간을 2차원의 폐곡면인 풍선 표면을 예로 들어 이 상황을 설명했다. 만일 풍선의 지름이 처음보다 2배가 되도록 부풀린다면 두 점 사이의 거리는 2배가 될 것이다. 따라서 두 점은 서로 멀어진다는 결과가 된다. 중요한 것은 점들이 풍선의 표면을 따라 움직이는 것이 아니라는 사실이다. 그 대신 팽창한 것은 표면이었고 그 결과 두 점 사이의 거리가 2배가 된 것이다. 마찬가지로 은하가 공간을 통해 움직인 것이 아니라 은하 사이의 공간이 팽창하고 있다는 것이다.

팽창 우주를 설명할 때 흔히 등장하는 고무풍선의 비유가 천문학자 아서 에딩턴(Arthur S. Eddington)으로부터 시작되었음을 알게 된 것은 이 비유를 강연이나 집필에 자주 활용하고 있던 내게 큰 수확이었다. 288쪽의 그림 64에는 팽창 우주를 설명할 때 흔히 사용하는 바로 그 풍선의 비유가 그려져 있다.

'빅뱅'이라는 용어는 빅뱅 우주론에 반대하던 천문학자 프레드 호일(Fred Hoyle)이 BBC 라디오 방송 중에 경멸하듯이 던졌던 말에서 유래한 것으로 알려져 있다. 그 정확한 출처를 확인해 보고 싶은 욕망이 늘 있었지만 게으름 탓에 미루어 두고 있었다. 사이먼 싱은 기대를 저버리지 않고 호일이 1950년 BBC 라디오 방송에서 '빅뱅'이라는 단어를 사용한 상황을 잘 정리해서 보여 주고 있다. 이것도 내게는 작은 수확이다.『빅뱅』은 이런 작은 선물을 도처에 숨겨 놓고 있는 보물 같은 책이다. 그가 직접 듣고 인용한 호일의 라디오 방송의 일부를 옮겨 적으면 다음과 같다.

> 그중 하나는 우주가 유한한 시간 전에 하나의 커다란 폭발과 함께 시작되었다고 가정하고 있습니다. 이 가설에 의하면 오늘날의 팽창은 이 격렬한 폭발의 유물이라고 합니다. 나는 이 '빅뱅' 아이디어가 탐탁지 않습니다. …… 과학적인 근거를 놓고 볼 때 이 빅뱅 가설은 두 이론 중에 훨씬 가능성이 적은 쪽입니다. …… 철학적인 근거로 볼 때도 마찬가지입니다. 나는 빅뱅 가설을 선호해야 할 아무런 이유도 발견할 수 없습니다.

"새로운『빅뱅』을 보고 싶다."

그런데『빅뱅』은 빅뱅 우주론 그 자체의 이야기를 전개하는 데에는 다소 미흡한 면이 있는 책이다. 빅뱅 우주론에 대한 이야기에 비해서 빅뱅 우주론 자체에 대한 이야기의 비중이 상대적으로 많은 차이를 보이고 있다.

빅뱅 우주론의 핵심적인 개념인 팽창 우주에 대한 이야기만 하더라도 양적인 면에서나 질적인 면에서나 충분하지 않다. 빅뱅 우주론을 둘러싼 이야기가 80퍼센트였다면 빅뱅 우주론 그 자체의 이야기는 20퍼센트에도 미치지 못하는 것처럼 보였다. 내용의 질적인 면에서 살펴보면 그 차이는 더 벌어지는 것 같다. 물론 그만큼 『빅뱅』이 빅뱅 우주론을 둘러싼 이야기에 성공을 거두고 있다는 것을 역설적으로 보여 주는 것이기도 하다. 팽창 우주 쪽 내용이 상대적으로 부족하고 부실했던 데 비해서 빅뱅 핵융합 부분은 상대적으로 과하게 느껴질 정도로 자세히 다루고 있다. 빅뱅 우주론에 대한 이야기 전개가 형식의 균형감이나 내용의 질과 양에서 훌륭한 성과를 거두었던 것을 고려하면 정말 아쉬운 일이다.

「에필로그」를 쓰기 바로 전 단원의 마지막 줄에 사이먼 싱은 다음과 같이 적어 두었다.

> 우주학에는 혁명이 있었고 빅뱅 모델은 결국 받아들여졌다. 패러다임의 전환이 완성된 것이다.

나는 『빅뱅』을 두 마리 토끼를 쫓았지만 아직은 한 마리 토끼만 잡은 미완의 대작이라고 부르고 싶다. 아직은 빅뱅 우주론에 대한 책이라고 부르고 싶다. 아직은 빅뱅 우주론으로의 패러다임 전환 과정에 대해 서술한 책이라고 부르고 싶다. 아직은 빅뱅 우주론을 둘러싼 것에 대한 서술 95점, 빅뱅 우주론 자체에 대한 서술 50점을 주고 싶다. 이 부분이 재배열되고 강화된 새로운 『빅뱅』을 보고 싶다.

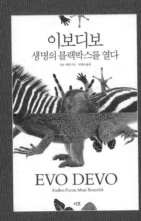

『이보디보』

선 캐럴. 김명남 옮김.
지호. 2007년

다윈이 대화를 나눌 우리 시대 단 하나의 과학자

2007년 7월 28일 토요일. 종교 단체 소유의 신문사《국민일보》와《세계일보》를 제외한 모든 중앙 일간지의 서평란 1면을 단 한 권의 책이 장식했다. 바로 리처드 도킨스의 『만들어진 신(*The God Delusion*)』이었다. 이날 모든 신문의 1면은 아프가니스탄에서 샘물 교회 선교단이 탈레반에 피랍되었다는 소식으로 도배가 되었다. 이 책은 절대로 과학책이라고 할 수 없지만 저자 덕분에 과학책으로 분류되고 심지어 연말에는 아시아태평양 이론물리센터가 선정한 '올해의 과학책'에 뽑히기도 했다.

그런데 이날 대부분의 신문이 놓친 정작 중요한 책은 따로 있었다. 션 캐럴(Sean B. Carroll)의 『이보디보(*Endless Forms Most Beautiful*)』가 바로 그것. 《동아일보》만 11줄의 작은 상자 기사로 다루었고, 전날인 금요일자《서울신문》과《문화일보》가 6~7줄 정도로 짧게 소개했다. 문제는 9년이 지난 지금도 이 책의 존재를 아는 사람이 그리 많지 않다는 것이다.

이보디보, 생물학의 통섭

'이보디보(Evo-Devo)'란 진화 발생 생물학(Evolutionary Developmental Biology)을 부르기 쉽게 줄인 말이다. 발생학에서 얻은 지식을 이용해 진화의 원리를 이해하려는 학문이라고 정의할 수 있다. 이보디보가 생기기까지 그 역사는 길다. 1859년 찰스 다윈은 진화 생물학의 경전인 『종의 기원』을 세상에 내놓으면서 빅토리아 시대의 기존 사회 질서를 송두리째 흔들어 놓았다. 진화 이론은 생물학뿐만 아니라 사회학, 인류학, 철학, 경제학, 예술 등 모든 영역에 엄청난 영향을 미쳤으며, 마침내 진화 생물학은 생물학의 종교가 되었다. 진화 생물학은 『종의 기원』이라는 거룩한 경전과 찰스 다윈이라는 선지자의 힘으로 생물학을 통일시켰다.

하지만 강력한 선지자가 세상을 떠나면 신흥 종교들이 대개 소멸되거나 분열하듯이, 진화 생물학 역시 '유전학'과 '발생학'이라는 두 종파로 분리되어 각자의 길을 걷게 되었다. 다수파는 유전학이었다. 20세기 초의 대표적인 유전학자 토머스 헌트 모건은 "낡아 빠진 사유를 통해 자연사 문제를 다루는 식으로는 진화를 객관적으로 만들 수 없다."라면서 발생학을 낡은 학파로 몰아세웠다.

유전학은 도시로 진출했다. 하지만 도시는 이미 여리고 성과 같은 강고한 '창조론자'들이 차지하고 있었다. 유전학은 이들과 '창조냐, 진화냐?'라는 지루한 싸움을 했다. 비록 『종의 기원』이라는 경전과 더불어 고생물학, 집단 유전학, 분자 생물학과 같은 새로운 복음이 있기는 했지만 나팔 불며 여리고 성을 일곱 바퀴 반 돌기에는 부족했다. 이에 반해 소수파인 발생학은 속세를 떠나 깊은 산골에서 수도 생활을 했다. 그들은 그레고어 멘델이 완두콩을 키우듯 수정란과 배아를 정성껏 키웠지만, 진화에 관한 그들의 주장은 기껏해야 "개체 발생은 계통 발생을 반복한다."라는 에른스트 헤켈(Ernst Haeckel)의 '계통 반복설'로 교과서에 그 흔적이 남아 있을 뿐이다. 심지어 복제양 돌리가 태어나고 황우석 박사가 줄기 세포로 사기 행각을 벌이기 전까지 '배아(embryo)'라는 단어는 그저 낯선 전문 용어일 뿐이었다.

쥐구멍에도 볕 들 날이 있는 법. 미국의 생물학자 에드워드 루이스(Edward B. Lewis)가 초파리의 체절을 형성하는 '호메오(homeo)' 유전자를 발견했는데, 유전학의 발달로 독일의 두 생물학자(에리크 비샤우스(Eric F. Wieschaus)와 크리스티아네 뉘슬라인폴하르트(Christiane Nüsslein-Volhard))가

이 유전자의 염기 서열을 밝힐 수 있게 되었다. 이 서열을 '호메오박스'라고 한다. 그들은 호메오박스가 세포 안에서 DNA → RNA 전사(轉寫) 과정에서 스위치 역할을 한다는 사실을 발견했다. 이 공로로 그들은 1995년 노벨 생리·의학상을 받았다. 발생학은 이제 더 수도승에 머물지 않았다.

정치와 종교가 분열과 통합을 반복하듯이 1990년대 들어 유전학과 발생학을 통합하려는 진화 이론의 새로운 움직임이 생겼다. 그것이 바로 이보디보라는 새로운 종파다. 이 종파는 10여 년을 지하에서만 활동했다. 일반인이 이해하기 쉬운 복음서가 없었기 때문이다. 누가 이보디보 종파의 바울이 될 것인가? 1994년《타임(Time)》은 위스콘신 대학교 매디슨 캠퍼스의 유전학과 교수 션 캐럴을 지목했다. 과학 철학자 마이클 루즈는 "다윈이 오늘날 전 세계의 수많은 과학자들 가운데 한 명을 골라 하룻밤의 대화를 나눈다면, 션 캐럴만큼 적당한 사람은 없을 것이다."라고 했다. 캐럴은 마침내 2005년『이보디보』를 썼다.

사람과 침팬지의 DNA가 거의 같다고?

이보디보 종파는 놀라운 사실들을 속속 밝혀냈다. 예를 들어 보자. 쥐와 초파리의 눈은 구조가 근본적으로 다르다. 포유류의 눈은 복잡한 카메라 눈이고 초파리의 눈은 단순한 눈이 반복된 겹눈이다. 각각의 배아에서 눈의 발생을 조절하는 유전자를 제거한 후, 쥐의 배아에는 초파리의 유전자(Eyeless)를 이식시키고, 초파리의 배아에는 쥐의 유전자(Pax-6)를 이식하면 어떤 일이 일어날까? 놀랍게도 생쥐 배아에서는 생쥐의 눈이, 그리고 초파리 배아에서는 초파리 눈이 정상적으로 발생한다. 이것은 진화 과정에 있어서 실제적인 단백질의 구조를 결정하는 구조 유전자보다 스위치 역할을 하는 호메오박스가 더 중요하다는 것을 말한다.

목뼈의 수는 진화 생물학에서 오랜 수수께끼였다. 목이 키의 절반을 차지하는 기린의 목뼈는 일곱 개뿐이다. 게다가 목이 없는 것처럼 보이는 고래의 목뼈도 일곱 개다. 기린의 목뼈는 좀 더 많고 고래는 훨씬 적어야 하는 게 아닐까? 예전에 생명을 분류할 때 종-속-과-목-강-문-계라는 체계를 사용했다. 여기서 문(門)은 생명의 설계도에 해당한다. 지구상에 동물문은 모두 38개가 등장해 현재 37개가 남았다. 등뼈가 있는 척추동물문은 모두 같은 설계도로 만들어졌다고 생각하면 된다. 따라서 키와 상관없이 고래나 사람이나 기린의 목뼈가 7개라는 것이 이해가 된다. 그런데 같은 척추동물이지만 조류는 목뼈가 7개가 아니다. 고니는 목뼈가 25개나 된다. 이것은 목뼈의 발생을 조절하는 혹스(hox) 유전자의 특성 때문이다. 혹스 유전자는 자유 라디칼에 의한 암 발생을 억제하는 기능도 있다. 따라서 목뼈 수를 조절하는 유전자에 돌연변이가 생기면 배아 발생 과정에서 암으로 유산하게 된다. 이에 반해 조류는 대사 과정에 자유 라디칼 발생이 적어서 혹스 유전자에 돌연변이가 충분히 일어날 수 있었다.

> 동물 성체의 해부학적 구조가 모듈성을 띠는 것은 배아 지리가 모듈성을 띠고, 스위치라는 유전 논리가 모듈성을 띠기 때문이다. 스위치는 특정 구조에서만 선택적으로 진화적 변화를 가능하게 하는 도구이다. 스위치야말로 모듈성의 비밀이 간직된 곳이며, 모듈성이야말로 절지동물과 척추동물의 성공의 비밀이다.

이제 침팬지와 사람의 유전자가 99퍼센트가 같아도 전혀 다른 모습으로 생기는 이유가 충분히 이해된다. 하지만 그것은 발생학자들의 이야기일 뿐이었다. 이보디보는 이 사실을 땅 끝까지 전파하기 위해 만들어진 복음이다. 『이보디보』가 끊임없이 독자에게 보여 주고자 하는 사실은 모든 동물의 유전자가 무척이나 비슷하다는 것이다. 인간에게서 어떤 역할을 하는 유전자를 발견했다면, 그 유전자와 똑같은 역할을 하는 유전자를 침팬지와 생쥐, 심지어 파리에서도 발견할 수 있다.

> 종류에 상관없이 모든 동물의 몸에서 튀어나온 부속지들의 형성에는 하나같이 Dll 유전자가 관련되어 있었다. 병아리의 다리, 어류의 지느러미, 해양 선충들의 부속지, 멍게의 병낭과 입수관, 성게의 관족 등이 다 그랬다. 몸통에 달려 있다는 것 말고는 공통점이 거의 없는, 너무나 상이한 구조들을 형성하는 데 똑같은 툴킷 유전자가 작용하는 것이다.

동물의 유전자는 아주 오래전부터 전해진 것으로 서로 매우 닮았으며 지금도 같은 기능을 하고 있다는 것을 말한다.

귀 있는 자들은 들어라! 더는 '중간 화석'이나 '잃어버린 고리' 등을 운운하면서 지구 역사가 기껏해야 1만 년이라는 이야기는 제발 그만 하라! 진화는 분자 차원에서 충분히 설명할 수 있으며 시험관에서 직접 재현할 수도 있다.

이보디보를 소개한 책은 『이보디보』와 『지상 최대의 쇼(*Greatest Show on Earth*)』 정도라고 보면 된다. 리처드 도킨스는 진화에 관한 많은 책을 썼지만 정작 진화의 증거를 제시한 적이 없다는 사실을 반성하고 『지상 최대의 쇼』를 썼다고 한다. 도킨스는 이 책에서 진화의 최신 증거인 이보디보를 풍성하게 보여 주고 있다.

진화에 관한 한 션 캐럴은 현재 가장 독보적인 작가다. 『이보디보』가 자신의 전공을 대중에게 보여 준 책이라면, 이어서 나온 『한 치의 의심도 없는 진화 이야기(*The Making of the Fittest*)』는 진화 일반에 대한 소개를 하고 있고, 『진화론 산책(*Remarkable Creatures*)』은 모험과 탐험이 진화 이론을 어떻게 발전시켰는지를 보여 준다. 그는 책을 새로 쓸 때마다 더 쉽고 더 재밌게 쓰는 방법을 터득하고 있는 것 같다. 션 캐럴은 참 운이 좋은 사람이다. 그의 한국어 번역가들은 정말 최고다.

5부

과학의 길,
책의 길

    고전을 향해 손을 뻗는 사람의 동기는 분명 앎의 욕구일 것이다. 독서도 여타 인간의 활동처럼 대부분은 매우 실용적인 행위다. 특정한 정보를 얻기 위해, 특정 시험을 통과할 지식을 얻기 위해, 아니면 적어도 읽는 동안의 즐거움을 얻기 위해 우리는 책을 읽는다. 고전을 읽는 일은 대체로 이런 목적들과는 거리가 있다. 특별히 시험의 대상이 아닌 다음에야 고전에서 쓸모 있는 정보를 발견하는 일은 별로 없을 것이고, 고전을 읽는 일이 달콤하거나 즐겁지만은 않을 것이다. 그렇더라도 고전을 읽을 때 역시, 우리는 이 책이 우리 삶에 도움이 되리라고 여긴다. 당장의 필요는 아닐지라도, 눈에 보이는 이득은 아닐지라도, 고전 작품에서 얻은 앎은 우리 안에서 씨앗을 틔우고 뿌리를 내려서 자라날 것이라고 믿는다.

    과학 분야의 책이라고 해도 마찬가지다. 우리가 고전이라고 부르는 책이라면, 아마도 그 책은 흥미로운 최신 결과를 담았거나, 특정 분야의 지식을 체계적으로 알려 주는 책일 가능성은 별로 없다. 그보다는 과학 분야의 탐구를 통해 우주와 물질과 생명에 대한 통찰, 혹은 그것을 위한 인간의 노력을 전해 주는 책일 것이다.

    이 장에서 소개하는 책들은 특히 이런 면이 강조된 책이다. 아마도 전적으로 앎의 욕구를 위해서 읽을 책들. 우주에 대한 인간의 이해와 그 과정을 보여 주는 『코스모스』, 『시간의 역사』, 『블랙홀과 시간여행』, 『우주의 구조』, 물질 세상의 심오한 원리를 탐구하는 『최종 이론의 꿈』, 『LHC, 현대 물리학의 최전선』, 『화학의 시대』, 『이휘소 평전』, 생명에 대한 통찰을 보여 주는 『종의 기원』, 『우주 생명 오디세이』, 현대 수학을 명쾌하게 소개하는 『수학의 확실성』을 담았다. 인간이 아주 오래전부터 가져 온 질문들, 아주 먼 미래에도 여전히 가지고 있을 질문들, 그리고 그런 질문에 대해 인간이 탐구해 온 결과들이다. **— 이강영**

『**코스모스**』

칼 세이건. 홍승수 옮김.
사이언스북스. 2004년

세상에서 가장 아름다운 연애 편지

"행복한 가정은 서로 닮았지만, 불행한 가정은 모두 저마다의 이유로 불행하다." 『안나 카레니나(*Anna Karenina*)』의 첫 문장이다. 여러 번역본이 나와 있으니 책마다 이 문장을 약간씩 다르게 옮겨 놓았을 것이다. 앞의 문장은 최근에 내 수중에 들어온 펭귄 클래식 코리아에서 펴낸 『안나 카레니나』에서 옮겨 적은 것이다. 처음 『안나 카레니나』를 읽었던 중학교 2학년 무렵에는 이 첫 문장을 그냥 무심코 읽고 지나갔다. 좀 철이 들어서 다시 『안나 카레니나』를 읽으려고 책을 펼쳤을 때에는 이 첫 문장에 붙잡혀서 몇 날을 그냥 흘려보내고서야 책의 본문으로 들어갈 수 있었다. 얼마 전에는 세 권짜리 『안나 카레니나』가 내 손에 들어오게 되었다. 오랜만에 읽어 볼 생각으로 책을 펼쳤다. 이번에도 첫 문장이 내 마음을 붙잡고는 놓아주려고 하질 않았다. 벌써 세 달 가까이 지났지만 나는 아직도 첫 문장 속에 살고 있다.

"복수는 나의 것이니 내가 갚으리라." 사실 이번에는 첫 문장을 만나기 전에 지나가야만 하는 이 문장에서 더 많은 시간을 보낸 다음에야 『안나 카레니나』의 첫 문장으로 들어갈 수 있었다. 전에는 눈에 들어오지 않았던 책 내지에 쓰여 있는 이 문장 하나가 마음을 붙잡은 것이다. 이 문장을 뿌리치고 겨우 소설의 첫 문장으로 갔지만 언제 그 다음으로 넘어갈 수 있을지, 이번에는 정말 장담할 자신이 없다.

첫 문장이 거의 모든 것을 말해 주는 책

첫 문장이 그 책의 거의 모든 것을 말해 주는 그런 책들이 있다. 『안나 카레니나』가 그런 책이다. 『코스모스(Cosmos)』도 꼭 그런 책이다.

코스모스는 과거에도 있었고 현재에도 있으며 미래에도 있을 그 모든 것이다.

내가 고등학생 때 처음 만났던, 학원사에서 펴낸 『코스모스』에는 이렇게 적혀 있었다.

우주란 과거와 현재와 미래에 존재하는 '모든 것'이다.

텔레비전에서 다큐멘터리 「코스모스」를 처음 보았을 때는 내가 느끼던 감흥을 채 다스리기도 전에 다큐멘터리가 흘러가, 그 속도에 나를 마냥 맞추어야 했다. 하지만 책 『코스모스』를 읽을 때는 감흥을 느끼는 나만의 속도를 유지하면서 『코스모스』 속에 빠져들 수 있었다. 이 책의 첫 문장도 나를 오래 그곳에 머물게 했다. 『코스모스』는 책을 펼쳐서 첫 문장을 읽고 나서는 그냥 책을 덮어 버리고 한참을 생각에 들게 하는 그런 책이다. 또 한참이 지난 다음에 다시 찾아오게 만드는 책이다. 나도 첫 문장을 보고 책을 덮고 긴 명상의 시간을 보냈다. 다시 『코스모스』를 찾았을 때는 더 벅찬 마음으로 쉬지 않고 책을 읽어 나갔다.

내게 단 한 권의 책을 추천하라고 하면 나는 아직까지는 주저하지 않고 칼 세이건의 『코스모스』를 꼽는다. 사실 세월이 흘러서 이 책에 나오는 우주 이야기 중 많은 부분은 낡은 지식이 되어 버렸다. 그럼에도 불구하고 『코스모스』는 생명력을 갖고 생동감 넘치는 책으로 살아 있다. 이 책 속에는 경이로움과 그 앞에 마주 선 우리의 허무함, 그로부터 불사조처럼 피어오르는 성찰과 이어지는 모험, 그리고 삶의 이야기가 녹아 있기 때문일 것이다. 칼 세이건은 철저한 회의주의자였고 철저한 무신론자였지만 그 속에 휴머니즘이 살아 있음을 그의 일생을 통해서, 또 이 책을 통해 몸소 보여 주고 있다.

고등학생 때나 대학생 때 그 흔한 독후감을 써 내야 할 때도 나는 『코스모스』를 아껴 두었다. 근래 들어서는 서평 청탁도 몇 차례 받았지만 이런저런 이유로 글을 쓸 기회를 미루어야만 했다. 한번은 내가 좋아하는 제자이자 후배, 동료이기도 한 천문학자 한 분께 『코스모스』 서평을 부탁하고, 나는 이 책을 바탕으로 이어진 대담회의 사회를 맡았다. 그녀가 『코스모스』를 어떻게 읽었는지가 너무 궁금했기 때문이었다. 결국 그녀의 글과 말을 통해서 『코스모스』에 대한 보편적인 느낌의 연대가 있다는 것을 다시 확인할 수 있었다. 역시 이 책은 경이로움과 허무함, 성찰과 모험, 삶과 휴머니즘의 이야기였던 것이다.

또 한번은 『코스모스』 서평을 청탁받았지만 그것도 단박에 거절했다. 고백하자면 사실 1, 2초 정도 마음이 흔들리기는 했다. 내가 거절하기 어려운 분이 부탁한 것이지만, 끝내 거절한 이유는 단순했다. 서평이 실릴 곳이 내가 글을 쓰지 않기로 한 바로 그 신문이었기 때문이다. 그럼에도 1, 2초간 망설인 이유는 당연히 그 책이 『코스모스』였기 때문이다.

그렇게 『코스모스』도 나를 찾아오고 있었다.

『코스모스』는 경이로움에 대한 책이다

한참 전 어느 카페 옥상에 마련된 작은 야외무대에서 『코스모스』로 강연을 했다. 이 강연을 준비하면서 먼저 새로 번역된 『코스모스』를 다시 읽었다. 그리고는 오래전에 번역된 『코스모스』를 찾아서 또다시 읽었다. 두권 모두 첫 문장을 만나서는 통과 의례를 치르고서야 통독을 하고 정독을할 수 있었다.

> 코스모스를 정관하노라면 깊은 울림을 가슴으로 느낄 수 있다. 나는 그때마다 등골이 오싹해지고 목소리가 가늘게 떨리며 아득히 높은 데서 어렴풋한 기억의 심연으로 떨어지는 듯한, 아주 묘한 느낌에 사로잡히고는 한다. 코스모스를 정관한다는 것이 미지 중 미지의 세계와 마주함이기 때문이다. 그러므로 그 울림, 그 느낌, 그 감정이야말로 인간이라면 그 누구나 하게 되는 당연한 반응이 아니고 무엇이겠는가.

『코스모스』 첫 문장에 이어지는 글이다. 옛 번역본에서는 이렇게 옮기고있다.

> 우리의 사고력은 극히 빈약하지만 우주를 생각하노라면 우리는 흥분하지 않을 수 없다. 등골이 오싹해지고 목소리는 달뜨며 먼 옛날을 회상하는 것 같은, 높은 곳에서 떨어질 때와 같은 그런 기분이 된다. 그럴 때 우리는 참으로 위대한 신비의 세계로 다가간다. 그것을 알기 때문에 우리는 흥분한다.

누구나 한번쯤은 자연 앞에 서 있는 자신을 발견한 적이 있을 것이다. 그것이 밤하늘의 별들이든 우거진 숲이든 여름철 뭉게구름이든 간에. 칼 세이건은『코스모스』에서 우주가 어떻게 탄생해서 어떤 진화 과정을 거쳐서 오늘날 이렇게 광활한 우주가 되었는지를 이야기하고 있다. 자연 앞에 선, 우주 앞에 선 작은 인간으로서 자신이 느낀 막막한 경이로움을 들려주고 있다. 우리가 문득 경험하는, 범할 수 없고 뭐라 말로 다할 수 없는 막막한 바로 그 경이로움을 천문학자 칼 세이건의 목소리로 들려주고 있다.

그래서『코스모스』는 경이로움에 대한 책이다.

『코스모스』는 허무감에 대한 책이다

그 강연에서 나는 지구의 모습이 담긴, 화성에서 찍은 사진을 보여 주었다. 토성 고리 사이로 보이는 지구의 사진도 보여 주었다. 우리가 지구에서 화성이나 토성을 그저 하나의 점으로 보듯이 그곳에서 본 지구는 작은 하나의 점에 불과하다. 1977년에 지구를 떠난 우주 탐사선 보이저 호가 1990년 명왕성 궤도쯤에 다다랐을 때, 지구를 향해 카메라를 돌려서 찍은 지구 사진도 보여 주었다. 태양계를 떠나 우주 공간으로 날아갈 보이저호가 우리에게 보내는 선물이었다. 물론 칼 세이건의 아이디어였다. 픽셀 하나보다도 더 작은 점으로 찍혀 있는 지구의 모습. '창백한 푸른 점'이라는 말조차 무색하리만큼 그저 잡음 같은 작은 점 하나가 태양빛을 간신히 반사하고 있었다. 그 작은 점 속에, 1990년 당시의 지구에 우리가 살고 있었다.

우주의 경이로움은 곧잘 허무함을 대동하고 찾아온다. 우주 나이 138억 년은 우리의 뇌가 가늠하기에는 너무 긴 세월이다. 그 크기가 무한한지 유한한지조차도 확정할 수 없는 우주의 크기는 그저 광활하다고밖에 더 붙일 수사가 없을 정도이다. 우주의 경이로움을 느끼는 순간, 우주의 경이로움 앞에 노출된 순간 우리는 그 앞에서 초라함을 느끼고 왜소함을 느끼는 자신을 발견하게 되곤 한다. 그리고는 바로 허무감이 찾아온다.

그래서 『코스모스』는 허무감에 대한 책이다.

『코스모스』는 성찰에 대한 책이다

칼 세이건은 『코스모스』에서 경이로움과 함께 찾아오는 허무감을 그냥 외면하지 않는다.

> 알고 보니 지구는 참으로 작고 참으로 연약한 세계이다. 지구는 좀 더 소중히 다루어져야 할 존재인 것이다.

우리는 지난 수천 년간 우리를 압도하는 자연의 경이로움과 그 속에서 우리에게 찾아오는 허무감과 두려움 때문에 가상의 세계를 만들고 위안을 찾아 왔다. 종교가 바로 그런 역할을 해 준 가상의 체계라고 할 수 있다. 종교는 세월이 흐르면서 권력이 되었고 또한 문화가 되었다. 좋든 싫든 인간 종과 운명을 같이할 문화 유산이 된 것이다. 칼 세이건은 무신론자이지만 『코스모스』에서 다양한 종교와 문화권에서 생겨난 설화와 신화를 인용하고 소개하고 있다. 그것들이 곧 인간의 문화 유산이고 허무감과 두려움을 극복하는 데 사용된 과거의 도구였다는 것을 잘 알고 있었기 때문이다. 『코스모스』가 위대한 것은 여기서 멈추지 않고 한 걸음 더 미래로 나아가고 있기 때문이다.

『코스모스』는 우주가 태어나고 그 속에서 별들이 만들어지고 은하가 형성되는 과정을 한 편의 파노라마처럼 우리 눈앞에 펼쳐 보이고 있다. 아주 작고 뜨거웠던 빅뱅 직후의 우주 공간 속에서 수소와 헬륨 같은 원소가 만들어졌다. 우리가 지금 호흡할 때 들락날락거리는 수소는 모두 우주의 나이가 불과 38만 년 정도 되었을 무렵 만들어진 것이다. 수소가 산소와 붙어서 물이 되는데 그 수소가 모두 그때 만들어졌다는 것이다. 우리는 태곳적에 만들어진 수소를 계속 재활용하고 있는 것이다.

우주가 팽창하면서 시간이 지나자 수소 가스로 만들어져 있던 가스 구름이 뭉쳐지면서 밀도가 올라가고, 온도가 높아지면서 수소 원자핵과 수소 원자핵이 결합되는 핵융합 작용이 일어나게 되었다. 그 과정에서 빛이 만들어졌다. 최초의 별이 탄생한 것이었다. 별들은 일생 동안 계속 핵융합 작용을 하면서 빛을 만들어 낸다. 그 작용이 다하면 별은 생을 마감하게 된다. 별 내부의 핵융합 과정에서 산소, 질소, 탄소, 황, 인 등 우리 몸을 구성하고 있는 기본적인 원소들이 만들어졌다. 별은 죽어 가면서 자신이 만들어 낸 원소들을 다시 우주 공간으로 돌려보내게 된다.

태양보다 훨씬 더 무거운 별들은 일생의 마지막 단계에서 초신성 폭발을 일으킨다. 그 격렬한 순간 많은 종류의 금속 원소들이 생겨나게 된다. 물론 그때 만들어진 금속 원소들은 다시 우주 공간으로 날아가게 된다. 별의 탄생과 죽음이 반복되면서 가스 구름 속에는 수소나 산소 같은 원소들뿐 아니라 다양한 금속 원소들이 풍부해져 갔을 것이다. 이런 별들의 일생이 서너 번 반복된 어느 가스 구름 속에서 태양계가 탄생했다.

우리는 코스모스에서 나왔다. 그리고 코스모스를 알고자, 더불어 코스모스를 변화시키고자 태어난 존재이다.

당연히 태양이나 지구는 여러 원소들로 풍부한 토대 속에서 태어났을 것이다. 자연스럽게 지구라는 행성에서 생명이 태동했을 것이다. 그리고 긴 진화의 시간을 지나서 자기 자신을, 또한 우주 전체를 생각하고 한 걸음 더 나아가 '성찰'할 수 있는 인간이 되었다. 인간은 우주 속에 살면서 우주를 통째로 고찰하고 그 속에서 자신의 위치를 성찰할 줄 아는 멋진 존재가 된 것이다.

그래서 인간을 '생각하는 별 먼지'라고 부른다. 빅뱅으로 시작한 우주가 수소 같은 가벼운 원소를 만들어 냈고, 별 내부에서 수소와 수소가 결합하면서 우리 몸을 이루고 있는 원소들을 만들어 냈으며, 초신성이 폭발하면서 금속 원소를 만들어 냈다. 이 모든 과정이 끊어지지 않고 138억 년이라는 유구한 우주의 역사로 이어져 왔기 때문에 우리가 지금 이 자리에 있는 것이다. 그것도 우리 자신과 우주를 생각하면서. 결국 우리 인간은 우주의 광활함과 유구함 앞에 한없이 작고 초라한 존재처럼 보이지만, 우주의 탄생과 진화에 대한 과학적 성찰을 거치면 사실은 우리가 이 모든 우주의 역사를 한껏 머금은 소중하고 고귀한 존재임을 깨닫게 될 것이다.

칼 세이건은 『코스모스』에서 우주에 대한 성찰을 통해서, 즉 과학을 통해서 허무함을 극복하고 가치를 만들어 낼 수 있다는 것을 보여 주고 있다. 가상의 종교나 초월적인 존재를 상정하지 않더라도 우리는 충분히 자신의 가치를 인정하고 탐구할 수 있는 존재임을 칼 세이건은 『코스모스』를 통해서 알려 주고 싶었을 것이다.

그래서 『코스모스』는 성찰에 대한 책이다.

모험과 삶과 휴머니즘에 대한 책

> 그리하여 지구상에서 평화를 유지하는 한편, 외계 문명과의
> 교신을 이룩함으로써 지구 문명도 은하 문명권의 어엿한 구
> 성원이 되어야 할 것이다.

『코스모스』가 그냥 성찰에만 그쳤으면 그저 그런 철학책이 되었을지도
모르겠다. 하지만『코스모스』에는 우주의 고귀함을 머금은 존재로서의 인
간 종이 나아갈 미래에 대한 더 깊은 성찰과 실천의 의지가 스며 있다. '생
각하는 별 먼지'라는 자각은 우리가 우주 그 자체라는 자각을 불러일으킨
다. 그렇다면 그 다음은? 당연히 또 다른 '생각하는 별 먼지'를 찾아 나서
는 대장정을 해야 할 것이다. 그것은 우리 자신의 미래를 위한 일이기도 하
고, 결국은 우리 자신에게 던졌던 '우리는 누구인가?'라는 오래된 질문에
대한 답을 구하는 여정이기도 할 것이다.

칼 세이건은 우리에게 우주로 나아가라고 말하고 있다. 그리고 당당한
우주의 일원이 되라고 말하고 있다. 모험의 시작을 알리고 있다. 인간은 이
제 겨우 달에 두 발을 디뎠을 뿐이다. 화성까지 유인 우주선을 보내는 것도
아직은 힘겨워 보인다. 하지만 우주로의 모험이 시작된 이상 인간 종은 결
코 멈추지 않을 것이다. 우주 공간 어딘가에 있을 또 다른 '생각하는 별 먼
지'를 향한 구애도 멈추지 않을 것이다.『코스모스』는 우리가 왜 나아가야
하는지, 그리고 실제로 왜 나아가고 있는지 과학적 성찰을 통해서 이야기
하고 있다. 그리고 모험을 멈추지 말라고 당부하고 있다.

그래서『코스모스』는 모험에 대한 책이다.

인류는 우주 한구석에 박힌 미물이었으나 이제 스스로를 인식할 줄 아는 존재로 이만큼 성장했다. 그리고 이제 자신의 기원을 더듬을 줄도 알게 되었다. 별에서 만들어진 물질이 별에 대해 숙고할 줄 알게 됐다. 10억의 10억 배의 또 10억 배의 그리고 거기에 10배나 되는 수의 원자들이 결합한 하나의 유기체가 원자 자체의 진화를 꿰뚫어 생각할 줄 알게 됐다. 우주의 한구석에서 의식의 탄생이 있기까지 시간의 흐름을 거슬러 올라갈 줄도 알게 됐다. 우리는 종으로서의 인류를 사랑해야 하며, 지구에게 충성해야 한다. 아니면, 그 누가 우리의 지구를 대변해 줄 수 있겠는가? 우리의 생존은 우리 자신만이 이룩한 업적이 아니다. 그러므로 오늘을 사는 우리는 인류를 여기에 있게 한 코스모스에게 감사해야 할 것이다.

칼 세이건은 『코스모스』에서 우주의 경이로움에 대한 이야기와 인간의 성찰에 대한 이야기를, 결국 우리 자신의 현실 문제로 환원시키고 있다. 지구는 결국 우리 인간 종이 사랑하고 지켜 내야만 할 유산인 것이다. 그래서 그는 핵전쟁에 반대하고 소수자를 위한 인권 운동에 적극적으로 참여했다. 평화로운 지구를 만들자는 것이었다. 『코스모스』는 우주에 대한 이야기책이지만, 인간에 대한 현실적인 이야기를 놓치지 않는 우리의 삶에 대한 지침서 같은 책이기도 하다. 칼 세이건의 눈은 먼 우주를 향하고 있었지만 동시에 그는 한순간도 그 눈을 우리 자신에게서 뗀 적이 없었다.

그래서 『코스모스』는 삶에 대한 책이다. 그래서 『코스모스』는 또한 휴머니즘에 대한 책이다.

칼 세이건이 다시 그리워졌다

For Ann Druyan

In the vastness of space and the immensity of time,

it is my joy to share

a planet and an epoch with Annie.

『코스모스』의 첫 문장이 시작되기 전에 책의 내지에서 만나게 되는 이 문장이야말로, 책장을 한참 동안 넘기지 못하게 하는 범인일 것이다.

> 앤 드루얀을 위하여
> 공간의 광막함과 시간의 영겁에서
> 행성 하나와 찰나의 순간을
> 앤과 공유할 수 있었음은 나에게는 하나의 기쁨이었다.

홍승수는 그 구절을 이렇게 옮겼다. 『코스모스』 전체를 흐르는 서사적이고 장엄한 느낌을 주는 번역문의 분위기가 이 문장의 번역에도 그대로 묻어나고 있다.

> 앤 드류언에게
> 광대한 우주, 그리고 무한한 시간,
> 이 속에서 같은 행성, 같은 시대를
> 앤과 함께 살아가는 것을 기뻐하면서.

서광운은 같은 문장을 이렇게 옮겨 놓았다. 오래된 서광운의 번역은 칼 세이건의 포근한 우주 이야기를 잘 전달하고 있다. 서광운의 『코스모스』는 내게는 포근한 첫사랑의 추억 같은 책이다. 홍승수의 새로운 번역본은 칼 세이건을 재발견하고 미래를 다시 꿈꾸게 하는 책이다.

앤 드루얀을 빼놓고는 칼 세이건을 이야기할 수 없다. 칼 세이건의 세 번째 아내이자 마지막 아내였다는 게 중요한 사실이 아니다. 앤 드루얀은 칼 세이건이 『코스모스』의 첫 문장이 시작되기도 전에 이런 무지막지한 헌사를 바칠 만한 가치가 있는 사람이었다. 불안정한 인간 칼 세이건을 그녀의 품 안으로 끌어들였고 그의 잠재력을 폭발시킨 장본인이 그녀였기 때문이다. 『코스모스』를 쓸 때도 앤 드루얀은 칼 세이건의 동지이자 매니저이자 공저자였다. 무엇보다 그들은 서로가 있어서 행복했다. 내가 앤 드루얀을 만났을 때도 그녀는 온통 칼 세이건 이야기뿐이었다. "지금도 칼은 나에겐 모든 것 그 자체예요." 『코스모스』 첫 문장을 낭독하는 것처럼 그렇게 말하면서 여전히 수줍은 미소를 짓던 그녀 모습이 생생하다.

그래서 어쩌면 『코스모스』는 앤 드루얀에 대한 책이다.

한참 잊고 지냈거나 늘 바로 옆에 있지만 인식하지 못하고 있었던 소중한 사람들에게, 칼 세이건이 앤 드루얀에게 바치는 헌사를 살짝 빌려 와서 이런 문자를 보내 보면 어떨까.

광대한 우주, 그리고 무한한 시간,
이 속에서 같은 행성, 같은 시대를
○○○과 함께 살아가는 것을 기뻐하면서.
×××로부터.

그래서 어쩌면『코스모스』는 우리의 ○○○에 대한 책일지도 모른다. 그래서 또 어쩌면『코스모스』는 우리의 ×××에 대한 책일지도 모른다.

칼 세이건이 다시 그리워졌다. 가슴이 다시 벅차게 뛴다. 다시『코스모스』를 읽어야겠다. 아무 별이나 보고 싶다.

『시간의 역사』

스티븐 호킹. 김동광 옮김.
까치글방. 1998년

왜 시간은 과거에서 미래로만 흐르는가

스티븐 호킹이 쓴 『시간의 역사(*A Brief History of Time*)』는 교양 과학책의 전설이다. 1988년 초판이 발행된 이래 세계적으로 1000만 부 이상 팔렸다고 한다. 『코스모스』나 『이기적 유전자』보다 훨씬 많이 팔린 것이다. 판매량이라는 자본주의적 잣대만 놓고 보면 최고의 교양 과학책인 셈이다. 『시간의 역사』가 국내에 번역되어 나온 것은 1990년 7월이고, 같은 해 9월 호킹이 한국을 방문한다. 그의 방문은 우리나라에 물리학 붐을 일으킨다. 믿거나 말거나, 당시는 물리학과가 의예과보다 들어가기 힘들었다. 그때 나는 물리학과 2학년 학생이었고, 긍지와 열정으로 가득해 『시간의 역사』를 펴들었다. 결론부터 말하겠다. 너무 힘들었다. 무슨 말인지 모르는 게 태반이었다. 누가 이 책에 대해 물어보면 그냥 "어, 그래." 하며 재빨리 넘겨야 했던 아픈 기억이 떠오른다. 대체 사람들은 이 책을 보며 얼마나 이해한 것일까?

서평 때문에 25년 만에 다시 『시간의 역사』를 펴 들었다. 이제는 술술 읽힌다. 그동안 내가 놀지 않았다는 이야기인가? 물리학자의 기준으로 봐도 모호하거나 틀린 표현이 거의 없다. 정공법으로 접근하는 경우도 많다. 더구나 내용의 밀도도 높다. 일반인에게는 무리로 보인다. 아마도 이 책은 사 놓고 읽지 않는 책 50권에 포함되어 있으리라.

위대한 인간이 쓴 최고 수준의 과학책

이 책이 유명해진 데에는 저자의 특이한 이력이 한몫했을 것이다. 호킹은 뛰어난 이론 물리학자이기 이전에 장애를 뛰어넘은 위대한 인간이다.

휠체어에 앉은 그의 모습은 이제 천재 과학자의 아이콘이 되었다. 여기에 필적할 자는 헝클어진 머리의 알베르트 아인슈타인뿐이다. 이런 가정이 무의미하다는 것은 알지만, 호킹이 아니었다면 이만큼 성공하지 못했을 책이란 말이다. 하지만 책의 성공을 호킹의 이력에만 떠넘기지는 않으련다. 최고 수준의 과학자가 쓴 최고 수준의 책인 것은 분명하니까.

"시간의 역사"라. 기막힌 제목이다. 사실 '시공간의 역사'나 '우주의 역사'가 더 정확한 제목이다. 그랬으면 그렇게까지 책이 성공하지 못했을 수도 있다. 보라, 호킹의 이력 말고도 다른 이유가 있다니까! 이 책은 우주 전체를 다룬다. 우주를 바라보는, 시공간을 바라보는 우리의 시각이 어떻게 변화해 왔는지 최첨단 물리 이론으로 무장하고 추적한다. 물리학자판 『코스모스』라 할 만하다. 도입부에서 저자는 물리 이론에 대한 자신의 입장을 밝히고 있다.

> 이론이란, 우주 또는 그 제한된 일부의 모형에 불과하며, 그 모형 속에 담겨 있는 양과 우리가 실제로 얻은 관측 결과를 관계 짓는 규칙들의 집합일 뿐이다.

이런 입장은 '물리학 이론이 절대적 진리'라 생각하는 일반인의 생각과 사뭇 다르다. 이 책을 읽다 보면 저자가 이렇게 이야기하는 이유를 조금은 이해할 수 있으리라.

『시간의 역사』는 물리학자가 이런 주제를 다룰 때 선택할 전형적인 구조를 취하고 있다. 우선 인간이 시공간을 이해해 온 역사를 간단히 소개한다. 그 이야기는 갈릴레오, 뉴턴, 칸트를 지나 아인슈타인의 상대성 이론까지 이어진다. 사실 시공간에 대한 우리의 이해는 상대성 이론에 전적으로 의존한다고 봐도 무방하다. 상대성 이론 이전에 시공간은 불변의 무대였다. 그림의 프레임 같은 것이란 말이다. 상대성 이론은 시공간 자체를 기술의 대상으로 삼는다. 물체가 움직이면 무대가 따라 변한다. 그림에 따라 모양이 변하는 프레임인 셈이다. 시공간을 기술하는 아인슈타인의 방정식은 여러 가지 흥미로운 예측을 내놓는다. 우주가 한 점에서 시작해 팽창하고 있다든지, 강력한 중력으로 빛조차 빠져나올 수 없는 물체가 있다든지 하는 것들 말이다. 이제 우리는 이런 예측이 옳다는 것을 알고 있다.

시공간 내에는 많은 '것'이 있다. 이런 모든 것의 근원이 무엇인지는 철학의 오랜 질문이었다. 이제 우리는 답을 안다. 옛 철학자들을 만나면 붙잡고 이야기해 주고 싶다. "아리스토텔레스! 이제 우리는 물질의 본질이 무엇인지 알아요!" 물질의 근원 및 그들 사이의 상호 작용은 표준 모형으로 설명된다. 쿼크, 힉스 보손 같은 것들을 설명하는 이론이다. 표준 모형에 나오는 입자들은 레고 블록과 같다. 우주의 모든 물질은 바로 이 레고 블록들의 적절한 조합으로 만들어진다. 여기서 중요한 역할을 하는 물리 이론은 양자 역학이다.『시간의 역사』에서 양자 역학, 소립자에 대한 설명은 불과 두 장이다. 브라이언 그린이나 미치오 카쿠(Michio Kaku)는 이 주제만으로『시간의 역사』보다 긴 책을 썼지만, 이해하기 어렵다는 말을 들었다. 아무튼 호킹은 천재 아닌가! 이 부분 역시 물리학자의 기준으로 봐도 흠잡을 곳 없으면서 간결하다. 이보다 더 짧게 쓰는 것은 쉽지 않을 것이다. 반복되는 이야기지만 그래서 어렵다.

호킹을 유명하게 만든 것은 블랙홀에 대한 연구다. 이 책에서도 블랙홀에 많은 지면을 할애하고 있다. 블랙홀에 털이 없다거나, 블랙홀도 증발한다는 이야기는 일반인에게 흥미롭다기보다 좀 황당하다는 느낌이 들 것 같다. 블랙홀 자체도 과학 소설 같은데 블랙홀의 자세한 특성을 연구하고 있다니! 블랙홀은 수학적으로 빅뱅과 유사하다. 특이점이라 불리는 것이다. 블랙홀의 연구에서 우주의 기원에 대한 단서를 찾을지도 모른다는 이야기다. 원래 특이점은 수학적으로 매우 중요하다. 특이점이 전체의 기하학적 구조를 결정하기 때문이다. 현대 세계의 모습이 제2차 세계 대전이라는 특이점 하나에 의해 대부분 결정된 것과 비슷하다고 할까. 우리 우주가 지금 이런 구조를 갖는 것이 블랙홀 때문일지도 모른다.

시간의 화살을 보다

이 책은 마지막에 가서야 제목에 가장 부합하는 내용이 나온다. 왜 시간은 과거에서 미래로만 흐를까? 호킹은 '시간의 화살' 세 종류에 대해 이야기한다. 열역학적 화살, 심리적 화살, 우주론적 화살. 심리적 시간의 화살은 우리가 사건을 기억하는 순서로 결정된다. 기억을 저장할 때 엔트로피가 증가하므로 열역학적 화살과 심리적 화살의 방향이 같다. 우리가 미래를 기억하지 못하는 이유다. 시간이 지금처럼 흐르기 위해서는 엔트로피가 극도로 작은 상태에서 출발했어야만 한다. 빅뱅이 아니었으면 시간이 흐르지 않을 것이란 말이다. 사실 물리학자들이 엔트로피를 이해했을 때 빅뱅을 알 수도 있었을 것이란 이야기다.

이 책에서 자주 나오는 이야기가 '인류 원리'다. 한마디로 설명하자면 우리가 우주를 지금과 같은 모습으로 보는 까닭은 우리가 존재하기 때문이라는 주장이다. 인간과 같은 지적인 생명체는 엄청난 엔트로피를 생성한다. 자신의 높은 질서를 유지하기 위해 주변에 엔트로피를 높여야 하기 때문이다. 즉 강한 열역학적 화살, 빅뱅이 있어야 했다는 말이다. 사실 이런 식으로 많은 과학적 난제들을 해결할 수 있다. 하지만 이거야말로 모든 것이 인간을 위해 존재한다거나 인간이 우주의 중심일지 모른다는 전근대적 우주관의 부활이 아닐까? 당대 최고 물리학자의 책 여러 곳에서 인류원리적인 설명을 볼 수 있는 것이 흥미롭다.

끝으로, 이 책의 개정판이 나온다면 고쳐야 할 곳이 보인다.

> 중력파는 너무 약해서 검출이 힘들기 때문에 아직도 관측되었다는 보고가 나오지 않고 있다.

2015년 미국의 LIGO(Laser Interferometer Gravitational-wave Observatory)에서 수십 년간의 노력 끝에 드디어 중력파를 검출했다. 우리는 우주의 비밀에 다시 한 발짝 다가간 것이다. 돈도 안 되고, 이해도 안 되는 우주론. 우리는 왜 우주에 대해 알려고 할까? 호킹의 결론을 인용하면서 글을 마치고자 한다.

> 만약 우리가 그 물음(우주가 왜 존재하는가?)의 답을 발견한다면 그것은 인간 이성의 최종적인 승리가 될 것이다. 그때에야 비로소 우리는 신의 마음을 알게 될 것이기 때문이다.

『종의 기원』

찰스 로버트 다윈. 장대익 옮김.
사이언스북스. 근간

역사적이자 동시대적인 단 하나의 책

몇 주만 지나도 서점에 새로 깔린 책을 서가에서 찾아볼 수 없고 5년이 지나면 아예 잊히는 게 다반사인 출판계에서, 출간된 지 150년이 되었어도 팔리는 과학책이 있다면 이해가 되겠는가? 물론 공자와 아리스토텔레스, 셰익스피어도 여전히 읽히는데 그게 뭐 대수냐고 생각할 수도 있다. 하지만 그건 과학책이 아니지 않은가? 과학은 혁명적으로 발전한다. 즉 새로운 체계가 기존의 세계관을 뒤엎으면서 다시 모습을 갖추는 것이다. 따라서 수백 년이 아니라 수십 년만 지나도 그 내용이 유효한 경우는 매우 드물다.

세계를 뒤바꾼 과학책은 몇 권 있다. 코페르니쿠스의 『천구의 회전에 대하여』, 갈릴레오의 『대화』, 뉴턴의 『프린키피아』가 대표적이다. 하지만 이 책들을 읽는 현대인은 없다. 과학사에서는 중요할지언정, 과학적으로 한계가 있고 또 이 책들보다 더 진전된 내용을 담은 책들이 있기 때문이다. 하지만 찰스 로버트 다윈의 『종의 기원(On the Origin of Species)』은 다르다. 2017년 11월이면 출판된 지 158년이 되지만 여전히 세계인들은 이 책을 읽고 탐구하고 토론하고 있으며 새로운 번역본을 기다리고 있다.

『종의 기원』, 정말 지루한 책?

나는 1984년 다윈이 아니라 '다아윈'이 쓴 『종의 기원』을 처음 읽었다. 아니, 처음으로 손에 쥐었다. 머리말은 흥미진진했다. 다윈은 자그마치 33명의 이름을 언급하면서, 진화론이 자기 혼자 연구한 결과가 아니라 오랜 과학 전통의 산물임을 강조하며 자신의 겸손을 과시했다. 또한 자신의 책이 내세우는 '자연 선택'만이 유일한 진화의 방법은 아닐 것이니 독자들은 부디 자신의 이론에만 갇히지 말라는 겸양을 보이기도 했다.

책은 머리말을 보면 대충 안다. 이 책이 얼마나 실한지, 얼마나 재미있는지 말이다. 하지만『종의 기원』은 그렇지 않다. 누구나 1장「사육 및 재배 환경에서 일어나는 변이」만 읽으면 내 말에 동의할 것이다. 내용은 간단하다. 다윈은 오리, 비둘기, 고양이, 닭, 말, 개와 같은 가축의 사례를 들면서 가축의 야생종은 어떠했는지를 장황하게 설명하고는 야생종과 가축 사이에 이렇게 큰 차이가 생기게 된 까닭은 바로 사람의 '선택' 때문이라고 말한다. 불과 몇 세대 동안에 이루어진 선택에 의해서도 이렇게 큰 차이가 발생했는데 오랜 세월 진행된 자연 선택의 힘이 얼마나 클지 능히 짐작할 수 있지 않겠냐는 것이다.

이렇게 간단한 이야기를 읽는 데에 무척이나 오랜 시간이 걸렸다. 한국어, 영어, 독일어로 도전해 보았지만 내가 젊었을 때에는 2장으로 넘어가는 일이 결코 쉽지 않았다. 강조하건대,『종의 기원』은 세상에서 가장 재미없는 과학책이다.

재미없는 가장 큰 이유는 눈으로 읽는 글이 머릿속에서 그림으로 그려지지 않기 때문이다. 독일 유학 시절 교수님께서는 불호령을 치셨다. "아니, 넌 어떻게 생화학을 한다는 놈이『종의 기원』도 안 읽었니? 당장 읽어와!"라고 말이다. 독일어로 읽어도 서문만 재미있었다. 역시 1장이 문제였다. "박 씨가 새로 만들어 낸 멋진 비둘기 있잖아. 아, 글쎄, 옆 동네 김 씨가 그러는데 비둘기 이놈과 저놈을 교배시켰더니 그놈이 나왔다는 것 아녀." 하는 이야기가 나오고, 나오고 또 나온다. 모르는 단어가 나와서 독한 사전을 찾아보면 그 뜻은 그냥 '비둘기'다. 또 다른 단어를 찾아도 '비둘기'고, 또 다른 단어를 찾아도 '비둘기'다. 유럽 인들은 그 품종을 구분하는데, 우리말로는 다 비둘기니 재미있을 리가 있겠는가! (우리가 미역, 다시마, 모자반, 톳, 김을 구분하지만 서양 사람들에게는 이것들이 모두 '해초'인 것과 같다.) 지도 교수의 성화에도 불구하고, 나는 결국 그때도 1장을 넘기지 못했다.

당시 나는 다윈이 정말로 글을 못 쓰는 과학자라고 생각했다. 그런데 나중에 찰스 다윈의 자서전 격인 『나의 삶은 서서히 진화해 왔다(*The Autobiography of Charles Darwin*)』와 『비글호 항해기』를 읽고서 그가 얼마나 빼어난 문필가인지 깨달았다. 그렇다면 다윈은 『종의 기원』을 왜 그따위로 썼을까? 여기에는 탁월한 전략이 숨어 있다. 19세기 영국의 상류 사회에서는 특이하게 생긴 비둘기와 개를 만들어 내는 '육종(새로운 품종을 만들어 내거나 이미 있던 품종을 개량하는 일)'이 대유행이었다. 영국의 독자들이라면 육종사의 인위 선택 이야기에 수긍할 수밖에 없었다.

다윈은 수없이 많은 육종사의 인위 선택 이야기를 반복한다. 육종에 관심이 없는 내게는 지겨운 이야기지만 육종에 관심이 많은 사람들에게는 풍부한 사례인 것이다. 독자들은 어느 순간 '육종사'를 '자연'으로, '인위 선택'을 '자연 선택'으로 바꿔 읽고 있는 자신을 눈치 채게 된다. 다윈의 글쓰기 전략이 어찌나 탁월했는지, 『종의 기원』 초고를 살펴본 존 머리 출판사의 편집자는 1장만 출판하면 대박이 날 것이라고 찰스 다윈에게 조언했다고 한다. 물론 다윈은 웃으면서 흘려듣고 말았다. 그것은 다윈의 전략에 불과했던 것이니까.

나는 『나의 삶은 서서히 진화해 왔다』와 『비글호 항해기』를 모두 읽은 다음에야 『종의 기원』 1장을 마침내 끝낼 수 있었다. 이번에는 돈이 걸려 있었다. 어느 신생 출판사가 '나의 오독(誤讀)'이란 주제로 작가들을 모아서 책을 내기로 했는데, 내가 맡은 책이 『종의 기원』이었다. 높이 나는 새가 떨어지는 이유는 일단 날았기 때문이니, 오독을 하려면 일단 끝까지 읽어야 한다. 계약금을 받았으니 어쩔 수 없이 끝까지 읽어 내야 했다. 그런데 1장을 넘기고 나니 나머지는 일사천리로 읽을 수 있었다. 마침내 『종의 기원』을 다 읽은 게 2007년의 일이다. 1984년에 읽기 시작했으니 꼬박 23년이 걸린 셈이다. 맙소사!

『종의 기원』 핵심 체크

지루한 책일수록 정리는 간단한 법이다. 종의 기원은 크게 3막으로 구성되어 있다. 1막은 진화론의 윤곽을 보여 준다. 농부의 품종 개량 이야기를 지루하게 늘어놓는다. 길들여진 개와 비둘기를 예로 들면서 별개의 종이 생겨난다는 것을 보여 준다. 토머스 맬서스의 『인구론(*An Essay on the Principle of Population*)』에서 얻은 아이디어를 바탕으로, 장기적인 종의 변화를 이끄는 메커니즘으로 자연 선택을 제시한다.

2막은 진화론의 난점을 설명한다. 눈처럼 극도로 완벽한 기관이 어떻게 우연적으로 생겨났는지, 뻐꾸기의 탁란이나 생식력이 없는 일개미 집단의 협동과 같은 미스터리를 제시하고, 자신의 이론을 입증하기에는 중간 화석이 너무나도 부족하다고 고민한다.

3막은 그럼에도 불구하고 진화론의 우월함을 말한다. 화석 자료는 불완전하지만 종의 시간적 변화를 증언하고 있으며, 식물과 동물의 지리적 분포, 흔적 기관 등을 볼 때 자연 선택에 의한 진화론은 생명 종이 고정되어 있다는 이론에 비해 우월하다는 것이다. 끝!

다윈에게 호의적인 사람들도 『종의 기원』을 안 읽었으니, 그에게 적대적인 사람들이 제대로 읽었을 리 만무하다. 소위 '창조 과학' 또는 '지적 설계론' 진영 사람들은 진화론에 허점이 많다고 지적한다. 그런 허점 때문에 다윈의 자연 선택론은 터무니없다는 것이다. 그런데 그들이 말하는 '허점'이란 다윈이 『종의 기원』6장 「이 이론의 난점」에서 이미 구체적으로 언급한 것들이다. 거기서 한 발짝도 나가지 못한 창조론자들이 안쓰러울 뿐이다. 이론의 주창자가 "이 이론에는 이런 문제점이 있어. 하지만 그럼에도 불구하고 이러저러하니 자연 선택론이 진화를 가장 잘 설명하고 있지." 하고 말하고 있는데도, 그들은 "다윈은 이런 것도 모르고 있었어."라고 비웃는 꼴이다. 책 좀 읽자. 하지만 『종의 기원』을 읽으라는 것은 아니다. 다윈에게 호의적이든 적대적이든 『종의 기원』은 읽히는 책이 아니다.

『종의 기원』, 어떻게 읽을까?

단언하건대, 『종의 기원』을 잡고 끝까지 읽을 수 있는 사람은 0.7퍼센트에 불과하다. 일단 건방지게 말하자면 2016년 8월 말 기준으로 나와 있는 번역본 가운데 편하게 읽을 수 있는 책은 없기 때문이다. 거기에는 다윈의 책임도 있지만 번역자의 책임도 크다. (장대익 선생님! 종의 기원 출간 150주년인 2009년에 맞춰 나오기로 했다는 새로운 번역본은 도대체 언제 나오는 겁니까!) 읽히지 않는 책 가지고 아등바등하지 말고 다른 책을 읽자. 그리고 자연 선택설은 그다지 어려운 개념도 아니지만 오해의 소지도 많은 개념이다. 다윈의 『종의 기원』을 직접 공략하는 것보다 다른 길로 돌아가는 게 낫다.

내가 생각하는 순서는 이렇다. 첫째, 먼저 찰스 다윈에 관한 평전을 읽고, 둘째, 『비글호 항해기』를 읽은 다음에, 셋째, 『종의 기원』해설서를 읽는다. 그러면 『종의 기원』은 굳이 읽지 않아도 된다.

『수학의 확실성』

모리스 클라인. 심재관 옮김.
사이언스북스. 2007년

현대 수학은 어디로 가는가

이성을 통해 진리가 무엇인가를 진지하게 찾는 사람이라면 수학을 깊이 연구할 수밖에 없다. 수학은 그 자체로서 진리를 찾고 구현하는 방법이며, 절대적인 확실성을 보여 주는 유일한 세계로 간주되기 때문이다. 수학적 추론은 엄밀하고 정확한 결과를 끌어내는 대표적인 방법이며, 수학에서 얻은 진리는 흔히 확실한 진리의 모범으로 여겨진다. 이미 고대 그리스 시대부터 유클리드 기하학은 보편적이고 완전한 진리의 체계로 자리 잡았으며, 19세기에 공리화 과정을 통해서 엄밀성이 확립되면서 더욱 확고한 기초를 갖게 되었다.

또 수학은 자연 세계에 적용되면 놀라운 결과를 가져오는 막강한 도구임이 오래전부터 잘 알려져 왔다. 특히 17세기 과학 혁명 이래, 천체와 지상의 역학, 광학, 유체 역학, 전기 및 자기 이론, 그리고 여러 공학 분야에서 수학이 적용되면 이전과는 비견할 데 없는 거대한 성과를 얻을 수 있었다. 현대의 양자 역학과 상대성 이론은 인간의 감각이 미치지 못하는 세계를 다루기 때문에 수학의 힘을 더욱 더 필요로 한다.

수학의 무모순성과 완전성을 증명하라

불행히도 수학자들은 하느님을 이미 저버렸고, 그래서 하늘에 계신 신성한 기하학자도 여러 가지 기하학 가운데 어느 것을 사용해 우주를 설계했는지 계시해 주지 않았다.

　　그러면 수학은 정말 절대적인 진리로 이루어진 완전한 체계일까? 이것을 최종적으로 증명하는 것이 20세기에 접어들면서 수학자들 앞에 주어진 과제였다. 1900년 파리에서 열린 제2차 수학자 대회에서 당대 수학계의 지도자였던 독일 괴팅겐 대학교의 다비트 힐베르트(David Hilbert)는 수학의 발전을 위해 중요한 문제 23개를 발표했는데, 이 문제들의 상당 부분은 수학의 기초를 확립하는 데 초점을 맞춘 문제들이었다. 힐베르트가 이 문제들을 제시했을 때 사람들은, 비록 시간이 걸릴 수는 있겠지만, 언젠가는 그 모든 문제들에 대한 해답이 주어지고 수학의 완전한 기초가 완성되리라는 것에 한 점 의심을 품지 않았다. 수세기 동안 거듭된 발전을 통해 이룩된 수학의 성공 위에서 수학자들은 낙관적이고 자신만만했다.

　　낙관론이 팽배하던 바로 그때, 수학의 기초는 붕괴하고 있었다. 무한을 다루는 엄밀한 방법으로 집합론을 창조한 게오르크 칸토어(Georg Cantor)는 무한 집합을 다루는 과정에서 야기되는 여러 가지 난점에 직면했다. 버트런드 러셀(Bertrand Russell)은 더욱 명료하게, 자기 자신을 포함하는 집합은 모순(paradox)을 낳는다는 것을 발견했다. 이후 수학의 여러 방면에서 모순이 발견되었다. 갑자기 수학 전체가 흔들리는 것 같았다. 이로써 모순이 없는 구조, 즉 무모순성을 확립하려는 것이 가장 시급한 문제가 되었다. 20세기 초반은 자연 과학뿐 아니라 수학에서도 혼란의 시기였다.

　　수학의 기초를 건설하기 위해, 러셀과 앨프리드 화이트헤드(Alfred Whitehead)와 같은 이들은 수학을 논리학으로 환원해서 논리 위에 수학의 기초를 세우려고 했다. 네덜란드의 라위트전 브라우어르(Luitzen Egbertus Jan Brouwer)는 수학의 기초를 인간 정신의 기본적인 직관에서 찾아야 한다고 주장하는 직관주의를 제안했다. 힐베르트는 형식주의라고 불리는 학파를 창시해서, 증명법을 발전시키고 수학의 기초 체계를 건설하는 프로그램을 제시했다. 또 독일의 에른스트 체르멜로(Ernst Zermelo)는 집합론 학파를 창시했다.

이들 학파는 각자 나름대로의 방법으로 모순을 해결하고 일정한 성공을 거두었다. 1930년에 이르기까지 제한적인 경우에나마 수학의 공리계는 어느 정도 무모순성과 완전성이라고 불리는 성질을 확립할 수 있었다. 힐베르트는 1930년의 논문에서 "나는 나의 증명으로써 이 같은 목적을 완전히 성취할 수 있다고 믿는다."라고 주장했다.

무모순성과 완전성은 동시에 만족될 수 없다

괴델의 이 결과를 접한 바일은 이 결과가 하느님과 악마가 존재하는 것을 보여 준다고 말했다. 하느님이 존재하는 것은 수학이 의심할 여지 없이 무모순이기 때문이고, 또 악마도 존재하는 것은 우리 인간들이 그 무모순성을 증명할 수 없기 때문이라는 것이었다.

상황은 일거에 뒤집혔다. 빈 출신으로 힐베르트 프로그램에 따라 무모순성을 연구하던 쿠르트 괴델은 1931년, 소위 불완전성 정리라고 불리는 획기적인 결과를 발표한다. 이 정리에 따르면, 무모순인 공리계에서는 참과 거짓을 판별할 수 없는 명제가 반드시 존재해서, 체계는 불완전할 수밖에 없다. 즉 무모순성과 완전성은 동시에 만족될 수 없다는 것을 의미한다.

이로써 그동안 수학이 자신의 기초로 삼았던, 무모순성을 갖춘 공리계를 건설하는 것은 불가능하며 수학의 공리화에는 한계가 있음이 증명되었다. 수학의 확실성이란 사라져 버린 꿈이거나, 또는 지금까지 수학자들이 생각해 온 것과는 전혀 다른 그 무엇이어야 했다.

이러한 서사를 담고 있는 『수학의 확실성』의 원제는 "수학, 확실성의 상실(*Mathematics, the Loss of Certainty*)"이다. 저자 모리스 클라인(Morris Klein)은 1980년에 이 책을 발표할 당시 뉴욕 대학교의 쿠란트 수리 과학 연구소(Courant Institute of Mathematical Science)의 명예 교수였으며, 수학사 및 수학 교육 분야의 대가로서 대중을 위한 수학책의 저자로도 이름이 높았다. (지금은 타계했다.) 이 책에서 저자는, 책의 원제에서 볼 수 있듯이 괴델의 불완전성 정리에 이르러 수학 기초론의 낙관적 전망이 실패했음을 생생하게 묘사하고, 새로운 기초, 새로운 미래의 수학이 필요함을 역설하고 있다.

또 저자는 책의 후반부에서 수학의 지나친 순수화는 수학의 고립을 가져오고 이는 수학의 건전성에 해로운 결과를 가져올 것이라고 경고하고 있다. 수학의 세계적 중심이었던 괴팅겐 대학교의 수학을 이끌었던 카를 프리드리히 가우스(Carl Friedrich Gauss)를 비롯해서 게오르크 프리드리히 베른하르트 리만(Georg Friedrich Bernhard Riemann), 펠릭스 클라인(Felix Klein) 등은 모두 수학과 물리학의 적극적인 교류에 힘을 기울였다. 저자가 속한 연구소의 소장이었던 리하르트 쿠란트(Richard Courant)는 괴팅겐 대학교에서 가우스의 제자였으며, 가우스의 맥을 이어 괴팅겐 대학교 수학부의 장을 지낸 바 있는데, 그 역시 수학의 지나친 순수 수학화를 경계하며 "이러한 모든 경향은 모든 과학에 위협이 되고 있다."라고 했다. 이 책의 저자 역시 이런 견해를 지지하는 것이다.

수학은 인간에게 어떤 의미가 있는가

> 인간 이성의 눈부신 진열장에 완벽한 구조물이 아니라 결함
> 투성이에, 언제 모순이 튀어나올지 모르는 그런 진열물이 놓
> 여 있다는 깨달음은 수학의 위상에 또 다른 타격을 주었다.

내가 이 책을 읽은 것은 이 책이 막 번역되어 나왔던 대학교 1학년 때의 겨울이었다. 당시 내가 읽은 것은 서울 대학교 수학과의 박세희 교수가 번역해서 '대우 학술 총서'로 나온 책이었다. 그런데 책 후반부에 전개된 저자의 주장이 박세희 교수에게는 매우 거슬렸는지, 옮긴이 후기에서 상당히 강한 어조로 저자를 비판하고 있어서 놀랐던 기억이 있다. "그 부제부터가 약간 선동적이고 그 내용도 약간의 편견과 자기 신념에의 고집이 섞여 있다."라고 표현했을 정도다.

나도 박세희 교수가 말한 것처럼 이 책의 부제를 확실성의 '상실'이 아니라 '추구'라고 했으면 더 좋았을 거라고 생각한다. 그리고 순수 수학이냐, 응용 수학이냐 하는 논쟁은 이 책만의 것도 아니고 쉽게 끝날 문제도 아니며, 사실 정답이 따로 있는 문제도 아니다. 그러나 한편으로는 이렇게 불만스러운 점이 있으면서도 이 책을 번역해서 펴냈다는 것은, 역설적으로 이 책의 내용이 얼마나 뛰어난가를 말해 준다고도 할 수 있다. 그해 겨울, 물리학과 수학에 한없이 목말라하던 대학 신입생이었던 나도 수학의 역사적 발전에 대한 풍부한 내용에 매료되어 이 책을 읽는 동안 행복할 지경이었다.

수학의 역사를 읽는 것은 위대한 수학자들에 대한 영웅담으로서도 흥미

롭지만, 우리가 잘 알고 있다고 생각하는 수학 개념이 어떤 식의 변화를 겪고 어떤 논의를 거쳐서 지금과 같은 형태로 완성되는지를 지켜보는 일은 그보다 더욱 흥미롭다. 이런 모습을 제대로 보여 주는 것은 수학자에게도 쉬운 일은 아닌데, 저자인 모리스 클라인은 과연 대가답게 전체적으로 수학의 주요한 흐름을 잘 보여 주면서, 한편으로는 수학적 개념과 역사적 사건을 아주 구체적으로 설명해 준다. 특히 수학 기초론과 관계되어 20세기 초반의 상황을 잘 해설하고 있다는 것이 이 책의 가장 큰 미덕이다. 지금은 우리나라에도 수학 기초론에 대한 책이 좀 더 소개되어 이 분야에 대해 읽을거리가 있지만, 1984년에 처음 번역된 이 책은 당시에 정말 가뭄의 단비 같았다.

수학이 인간에게 어떤 의미가 있는가 하는 것은 수리 철학자부터 수학 성적 때문에 고민하는 학생들까지 무수히 많은 사람들이 던지는 질문이다. 그런데 사실 이 질문에 올바로 대답하기 위해서는 '수학이란 무엇인가?'라는 질문에 먼저 대답해야 한다. 그러나 이 질문도 역시 대답하기 쉬운 질문은 아니다. 말할 필요도 없는 일이지만, 수학은 계산법만이 아니고, 시험 과목만이 아니다. (그러나 또한 우리나라의 많은 사람들은 무의식적으로 그렇게 생각하고 있을 거라고 추측한다. 학생들의 부담을 줄이기 위해 수학 내용을 줄이자는 전혀 논리적이지 않은 주장을 선의로(?) 하는 분들을 보면 더욱 그런 생각이 든다.) 수학은 인간의 고도의 정신 활동이며, 어쩌면 그 핵심인지도 모른다. 수학이 인간의 정신 문명의 중요한 한 요소라는 것을 느끼기 위해서 한 권의 책만으로는 부족하겠지만, 그래도 한 권을 꼽아 보라면, 이 책은 충분히 추천할 만한 책이라고 생각한다.

박세희 교수가 번역한 대우 학술 총서 판은 지금은 절판되었고, 2007년에 심재관 박사가 번역해서 사이언스북스에서 '사이언스 클래식' 시리즈로 다시 발간되었다. 모리스 클라인의 다른 저작으로는 『수학, 문명을 지배하다(*Mathematics in Western Culture*)』와 『지식의 추구와 수학(*Mathematics and the Search for Knowledge*)』이 번역되어 있다.

수학 기초론과 20세기 전반의 수학에 대해서는 어니스트 네이글(Ernest Nagel)과 제임스 뉴먼(James R. Newman)이 지은 『괴델의 증명(*Gödel's Proof*)』, 콘스탄스 리드(Constance Reid)가 지은 『현대 수학의 아버지 힐베르트(*Hilbert*)』를 더 읽어 볼 만하다.

◆　이 글은 부산 대학교 출판부가 펴낸 비매품 교양 교재 『고전의 창』에 먼저 실린 글의 일부를 수정한 것이다.

『화학의 시대』

필립 볼. 고원용 옮김.
사이언스북스. 2001년

젊은 학문, 화학

1990년대 독일에서 공부할 당시 화학 분야의 교과서는 우리나라 돈으로 10만 원 정도 했다. 지금도 작은 돈이 아니지만 당시로서는 정말 큰돈이었다. 물론 독일 친구에게도 만만치 않은 액수였다. 하지만 문제가 없었다. 예를 들어 200명이 듣는 수업의 주요 교과서라면 학교 도서관에 150권, 학과 사무실에 30권 정도의 책이 비치되어 있었기 때문이다. 도서관에서 한 학기 동안 대출받아 공부하는 게 상식이겠지만 나는 웬만하면 구입하려 했다. 이 도서관이 한국에도 있는 것은 아니니까. 독일 친구들은 나를 이해하지 못했고, 나는 나를 이해하지 못하는 독일 친구들을 이해하지 못했다. 그런데 내가 바보였다. 그 수업을 듣고서 3년쯤 지나고 나면 도서관에서는 새 책을 구비하면서 예전에 쓰던 책을 5,000원 정도에 팔았던 것이다. 3년이면 교과서가 변하는 게 화학인 것이다. 이것은 교과서 이야기이고 대중 교양 과학책 시장에서 화학책은 어떨까?

"화학책이 없다." 연말만 되면 늘 드는 생각이다. 올해의 과학책 같은 것을 선정할 때마다 아쉬운 게 바로 화학책이다. 화학책은 일정 수준만 되면 목록에 올릴 수 있을 정도로 드물다. 이유는 간단하다. 화학책은 쓰기도 어렵고 읽기도 어렵다. 화학은 생물학과는 달리 우리가 일상에서 사용하는 자연어로 서술하기가 거의 불가능하기 때문이다. 그래서인지 좋은 책으로 극찬받는 화학책들은 대상을 직접적으로 설명하기보다는 비유를 통해 묘사하는 경우가 많다. 이런 점에서 볼 때 필립 볼(Philip Ball)의 『화학의 시대(*Designing the Molecular World*)』는 전혀 다른 차원의 '교양' 화학서라고 할 수 있다. 결론적으로 말하면 이 책은 고등학교 「화학 II」 또는 대학의 「일반

화학」 수준이 맞는 독자들이 읽을 수 있는 책이다. 화학 수업을 듣지 않았
거나 일반적인 화학 교양서로만 화학을 접한 독자들은 책을 읽는 내내 한
숨과 분노를 감추기 힘들 것이다. 화학과 거리가 먼 독자들에게는 절대로
(!) 권하고 싶지 않다.

> 화학 이외에는 아무것도 이해하지 못하는 사람은 화학조차
> 도 이해하지 못하는 것이다.

필립 볼은 이런 인용구로 서문을 시작한다. 이 말을 한 사람은 18세기 독
일 최초의 실험 물리학 교수로 알려진 게오르크 크리스토프 리히텐베르크
(Georg Christoph Lichtenberg)다. 그러니까 적어도 우리는 이 말을 한 사람
보다는 화학과 화학 바깥 분야의 것에 대해서 훨씬 더 많은 것을 이해하고
있을 것이다. 그런데도 필립 볼이 굳이 이 말을 인용한 것은 화학자들이 세
부 전공의 범위를 벗어난 사고를 하지 못하고 있다는 사실을 강조하고 싶
기 때문이었을 것이다.

화학은 매력 없는 과학이 아니라 젊은 과학이다

대부분의 사람들은 화학을 싫어하지만 화학이 생활에 도움이 된다는 데
에는 모두 동의한다. 화학을 극단적으로 싫어하는 근본주의 환경론자들도
의식주 모두를 화학에 의존하고 있다. 그런데도 화학은 가장 매력 없어 보
이는 과학이다. 필립 볼은 이렇게 말한다.

> 물리학자들은 무의 무한한 신비를 탐구한다. 세상은 어디서

왔는가? 세상은 어떻게 될 것인가? 물질이란 무엇인가? 시간
이란 무엇인가? …… 생물학자들은 삶과 죽음의 문제에 도전
한다. …… 지질학자들은 화산과 지진에 용감히 맞서고, 해양
학자들은 세상에서 숨겨진 깊은 곳을 탐사한다. 화학자들은
무엇을 하는가? 그들은 페인트를 만들고 다른 일도 한다.

남들은 하늘에서 우주의 흔적을 찾고, 지름이 수 킬로미터에 이르는 입자
가속기에서 입자들을 충돌시키면서 세상이 무엇으로 이루어졌는지 추적
하고, 생명의 진화 과정을 연구하는데 기껏해야 페인트라고? 그렇다. 화학
은 너무 평범한 것들을 연구하는 것처럼 보인다. 실제로 대다수의 화학자
들 역시 자신의 연구가 가치는 있지만 세상 사람들이 보기에는 지루할 것
이라고 체념해 버린다. 그래서 화학책이 별로 없다.

필립 볼은 다르게 생각한다. 페인트를 연구하는 화학에는 놀라움이 있
다. 물질의 화학적 성질을 이해하면 우리가 사는 세계를 조절하는 능력을
얻을 수 있다. 필립 볼은 화학이 고약한 냄새가 나는 시험관이나 흔들고 있
는 학문이 아님을 보여 주려 한다. 그는 유전학, 기상학, 전자 공학, 카오스
연구처럼 화학이 아닌 것처럼 보이는 주제를 선택했다.

1부「현대 화학의 출발」은 2부와 3부에서 소개할 내용을 이해하기 위해
필요한 화학의 기본을 알려 준다. 1장「분자의 건축」은 원자들이 어떤 방
식으로 분자를 이루는지를 설명한다. 한국어를 읽을 수 있는 사람이라면
누구나 이해할 수 있다. 2장「촉매와 효소의 네트워크」는 화학 반응이 일
어나기 위해서 꼭 넘어야 할 장벽을 낮추어 주는 촉매에 관한 내용이다. 금
속 표면 촉매, 제올라이트, 생체 촉매처럼 낯선 주제를 설명하지만 1장보

다 쉽다.

분자는 작다. 작은 분자를 어떻게 볼까? 이것을 소개하는 장이 바로 3장 「춤추는 분자의 스펙트럼」이다. 우리는 빛을 이용해서 분자를 본다. 그것을 다루는 학문을 분광학(分光學)이라고 한다. 3장에 들어서면 화학 문외한들은 머리가 아파지기 시작할 것이다. 화학을 전공하는 학부생이라면 자신의 물리학 기초가 얼마나 허술한지 깨달을 것이다. 이게 이 책의 장점이다. 화학 전공자로 하여금 다른 분야에 대한 관심을 불러일으키게 한다. 이쯤 오면 명민한 독자는 "화학 이외에는 아무것도 이해하지 못하는 사람은 화학조차도 이해하지 못하는 것이다."를 인용한 필립 볼의 의도를 간파할 수 있다.

노벨 화학상(1954년)과 노벨 평화상(1962년)을 단독으로 수상한 화학자 라이너스 폴링(Linus C. Pauling)은 1950년에 "화학은 젊은 학문"이라고 말했다. 연금술과 연단술이 있기는 했지만, 드미트리 멘델레예프(Dmitri Mendeleev)가 주기율표를 제안한 것이 1869년이었고, 원자 구조를 안 것이 1900년대 초반인 것을 보면 1950년에 화학은 확실히 젊은 학문이었다. 지금은 어떨까? 이 책 4장의 제목은 「준결정 구조의 기하학」이다. 결정도 아니고 비결정도 아닌 준결정(quasicrystal)은 1984년에야 처음 발견되었다. 불과 30년 전이다. 내가 대학교 2학년 때의 일이다. 화학은 여전히 젊은 학문이다.

새로운 물질, 새로운 화학

2부는 새로운 물질과 새로운 화학을 다룬다. 그런데 이 책이 세상에 나온 게 1994년이다. 지금부터 23년 전으로, 지금 화학과 학부생들이 태어날 무렵이다. 그 사이에 세상이 두 번 바뀌었다. 하나도 새롭지 않다. 하지만 이 책이 과학 고전으로 선정된 이유를 가장 잘 보여 주는 부분이다. 5장 「분자 하나를 집을 수 있는 집게」는 분자가 다른 분자를 인식하는 과정을 다룬다. 초반에는 'DNA → RNA → 단백질'이라는, 우리에게 비교적 익숙한 생물학의 중심 원리(central dogma)를 다루는 것처럼 보인다. 하지만 이것을 보여 주는 게 이 책의 목적이 아니다. 인공적인 분자가 어떻게 다른 분자를 인식하는지에 대해 서술하는 것이다. 매우 흥미로운 장이다. 지구에 생명이 등장하기 전에 필연적으로 존재했을 분자의 자기 복제 메커니즘에 대한 통찰을 제공한다.

6장 「전기가 흐르는 플라스틱」에서는 전기가 통한다는 게 무엇인지, 전기가 통하는 물질의 특성이 무엇인지를 살핀다. 반도체, 도핑, p형, n형, 세라믹, 초전도체 같은 단어가 쏟아진다. 다시 강조하건대 화학과 학부생들이 필독해야 할 부분이다.

7장 「칼로 자를 수 있는 액체」는 "나는 페인트를 만드는 것이 정말 이상한 직업이라는 것을 곧 깨달았다."라는 문장으로 시작한다. 필립 볼이 서문에서 화학이라는 학문을 정의할 때 왜 굳이 페인트를 사용했는지 이해하게 되는 장면이다. 이 말을 한 사람은 프리모 레비(Primo M. Levi). 듣기만 해도 눈물이 나는 이름이다. 7장은 콜로이드에 관한 장으로 매우 지루하게 느껴질 수 있다. 하지만 콜로이드는 세포막과 LCD를 만든다. 이 둘을 설명하는 모든 것은 페인트를 설명한다. 화학은 생명과 모니터를 만드는 학문이고 이것을 필립 볼은 간단하게 페인트를 만드는 학문이라고 표현한 것이다.

무한한 가능성을 품고 있는 화학

3부는 화학의 무한한 가능성을 보여 주는 3개의 장으로 되어 있다. 1부와 2부에서는 주로 화학 반응 과정을 다루었다면 3부는 화학 반응의 결과를 보여 준다. 8장 「어떻게 화학에서 생명이 비롯되었는가」, 9장 「분자 세계의 소우주」, 10장 「지구를 되살리는 과학」은 생명, 자연, 우주, 환경의 이야기가 모두 화학으로 시작했음을 보여 준다. 하지만 아직 그 어느 것도 이야기가 완결되지 않았다. 이야기가 멈추지 않는다. 그래서 과학이다.

필립 볼의 『화학의 시대』는 화학 반응론, 물리 화학의 분광학, 무기 화학의 결정학까지 화학에 대한 핵심적인 내용을 다루고 있다. 화학에 익숙하지 않은 독자들이 보려면 정신이 없을 것이다. 화학과 학부생들이 이 책을 읽는다면 유기 화학, 무기 화학, 물리 화학, 분석 화학, 생화학으로 분리된 시각에서 벗어나 온전한 화학을 그리는 계기를 갖게 될 것이다. 옛날 책이다. 하지만 그 사이에 새로운 게 추가되었을 뿐 여기서 다룬 내용이 달라지지는 않았다. 여전히 읽을 만한 가치가 있을 뿐만 아니라 화학자라면 읽어야 하는 책이다.

필립 볼은 옥스퍼드 대학교에서 화학을 전공하고 브리스톨 대학교에서 물리학 박사 학위를 받았다. 이후 10년간 《네이처》에서 물리와 화학 분야 편집자로 일하다가 현재는 다양한 분야의 과학 저술가로 활동하고 있다. 최근 우리나라에 출간된 책으로는 『흐름(Flow)』, 『가지(Branches)』, 『모양(Shape)』 세 권으로 구성된 형태학 3부작이 있다.

필립 볼은 장마다 기막힌 인용구를 사용한다. 마지막 10장에서는 영성주의 정신과 의사 스캇 펙의 말을 인용한다.

게임이 너를 죽이고 있는 것이 확실하다면 게임의 규칙을 고칠 것을 심각하게 고려할 만하다.

화학의 시대에 특히 되새겨야 할 말이다.

『우주 생명 오디세이』

크리스 임피. 전대호 옮김.
까치글방. 2009년

우리는 묻는다, 우주에 우리만 있냐고

2010.

2018.

2011 대 2014.

2035.

외계 생명체에 관한 강연을 할 기회가 여러 차례 있었는데, 늘 첫 화면을 이 숫자들과 함께 시작했다. 이것들은 모두 앞으로 있을 외계 생명체 발견과 관련된 일종의 디데이들이다. 늘 '왜' 또는 '어떻게'보다는 '언제'를 먼저 묻는 일반인들을 위한 일종의 아이캐치였고 립 서비스였으며 영합이었다. 우선 숫자를 보여 주면서 관심을 집중시키자는 속셈이었다. 그런 후에 그 숫자에 담겨 있는 '왜'와 '어떻게'를 풀어 놓으면 청중이 더 집중하고 재미를 느끼는 강연이 될 것 같아서 해 본 시도였다. 어느 정도 성공적이었다고 자평한다.

　몇 년 전 서울의 한 대학교에서 천문 우주학과 대학원생을 대상으로 우주 생물학 강의를 할 기회를 얻었다. 늘 하고 싶었던 강의여서 나름대로 준비를 하고 있었는데 기회가 생각보다 일찍 왔다. 마침 교재로 생각하고 있던, 제프리 베넷(Jeffrey O. Bennett)과 세스 쇼스탁(Seth Shostak)이 지은 『우주의 생명(Life in the Universe)』의 세 번째 개정판이 2011년 1월에 출간되었다. 사실 이 책은 대학교 학부생들을 위한 우주 생물학 교과서인데, 우주 생물학이 천문 우주학과 대학원생들에게도 여전히 낯선 분야임을 감안해서 이 책을 대학원생들과 같이 읽어 나가기로 한 것이다. 본격적인 수업을 진행하기 전에 학생들과 함께 몸풀기 삼아 읽기로 한 책이 크리스 임피 (Chris Impey)의 『우주 생명 오디세이(*The Living Cosmos*)』이다. (학생들은 지금도 여전히 이 책을 읽고 있을 것이다.) 우선 한국어로 번역된 책이니만큼 새로운 분야를 접할 때 생기는 용어의 장벽이 좀 덜할 것이라는 생각에서였다.

앎의 가장자리로 이끄는 학문, 우주 생물학

『우주 생명 오디세이』를 쓴 크리스 임피는 친절한 천문학자이다. 내가 박사 학위 논문을 쓰고 있을 때 임피가 만들어 놓은 컴퓨터 소스 코드를 얻어서 내 연구 목적에 맞게 고쳐서 쓴 일이 있었다. 나는 아직도 그를, 공개하지 않았던 자신의 프로그램을 일면식도 없었던 대학원생에게 선뜻 내주던 쿨한 천문학자로 기억하고 있다. 몇 년 전 교양 천문학 관련 학회에서 임피를 만날 기회가 있었다. 초청 강연뿐만 아니라 식사를 하는 사적인 자리에서도 우주 생물학의 시대가 이미 도래했다는 것을 자세하고 친절하게 역설하고 교양 과학으로서의 우주 생물학 과목 개설의 필요성을 역설하던 모습이 선하다. 그러던 그가 직접 쓴 교양 우주 생물학 교과서가 바로 이 책이다.

우주 생물학은 말 그대로 '우주'에 있는 '생명'을 연구하는 학문이다. 그런데 여기서부터 문제가 생긴다. 아직까지 지구 밖 어느 곳에서도 생명체가 발견된 적이 없다. 그렇다면 우주 생물학은 연구할 대상부터 찾아야 하는 생뚱맞은 학문이 아닌가? 임피는 우주 생물학에 대해서 다음과 같이 적고 있다.

> 우주 생물학은 우주 속의 생명을 연구하는 신생 분야이다. 생

물 과학과 물리 과학의 온갖 분야에 종사하는 연구자들이 이 분야로 모여든다. 우주 생물학은 연구할 대상이 없는 분야라거나 오로지 희망과 호언장담에 의지해서만 존속할 수 있는 분야라는 비판을 받을 수 있다. 그러나 기대감은 손에 잡힐 듯이 뚜렷하다. 컴퓨터와 보조 장치의 성능을 높인 기술의 혁명은 우리가 먼 곳에서 온 빛을 모으고 우주로 정교한 탐지 장치를 보내는 능력도 바꿔 놓았다. 수십 년 안에 우리의 생물학이 유일한지 여부를 알게 될 것이라는 믿음에는 충분한 근거가 있다.

과학자들은 UFO가 외계인들이 타고 온 우주선이라는 주장에 대해서는 과학적 개연성을 찾지 못하기 때문에 큰 관심을 두지 않는다. 하지만 눈에 보이지도 않는 멀리 떨어진 별 주위를 도는 생명이 살 수 있는 환경을 갖춘 어두운 행성의 존재에 대해서는 확신한다. 과학적 관측을 통한 데이터를 확인할 수 있기 때문이다. 아직 연구할 대상조차 찾지 못하고 있는 우주 생물학의 미래에 대해서 낙관하는 이유가 여기에 있다. 강연 현장에서 만나는 사람들은 어린아이든 나이 지긋한 할머니든 늘 내게 비슷한 질문을 던진다. 외계인은 있는지, 또 어떻게 생겼는지, 지구 외에도 공기가 있는 곳이 있는지, 화성에도 생명이 있는지. 이것이 바로 우리가 던지는 질문이고 『우주 생명 오디세이』가 던지는 질문이다.

이 책을 이끄는 것은 세 가지 질문이다. 그 질문들 각각은 내부를 살펴보는 것에서 출발하지만 이윽고 밖으로 시선을 돌려 우주에서 우리가 차지하는 지위에 대해서 묻는다. '지구는 특별할까?' 우주 생물학은 이 질문을 이렇게 바꾸어 던진다. '생명이 거주할 수 있는 세계는 얼마나 많을까?' '생명은 특별할까?'라는 질문은 우주 생물학에서 이렇게 바뀐다. '생물학은 유일하게 지구에서만 타당할까?' '우주에 우리만 있는 것일까?'라는 마지막 질문은 아마도 가장 근본적일 텐데, 우주 생물학은 그 질문을 이렇게 표현한다. '저 바깥 어디엔가 지적이며 소통 가능한 문명들이 있을까?'

이에 대한 답을 얻기 위해서 여러 다른 분야의 과학자들은 서로 협력하면서 최신의 지식과 첨단 기술의 한계까지 자신들을 밀어붙인다. 특히 우주 생물학과 같은 신생 학문에서는 그런 노력이 더 많이 요구된다. 모든 기준을 새롭게 만들어야 하기 때문이다.

우주 생물학 연구는 우리를 앎의 가장자리로 이끈다. 지구에서 생명이 존재할 수 있는 다양한 조건들의 범위를 이해하려면 지구를 끝까지 탐험해야 한다. 태양계에서 생명을 찾는 작업은 우리를 우주 기술의 한계로 이끈다. 다른 별들 주위의 행성들에서 생명을 찾는 연구는 우리를 망원경이 도달할 수 있는 한계로 이끈다.

우리는 아직 잘 모른다

지난 몇 년 동안 몇몇 우주 생물학 관련 학회에 참석할 기회가 있었다. 흥미로운 현상 중 하나는 학회에 과학자뿐 아니라 과학 저술가, 기자, 과학 소설 작가도 많이 참가한다는 것이었다. 이들을 위한 별도의 작은 워크숍이 마련되기도 한다. 더 흥미로운 것은 어떤 경우에는 발표자가 자신의 발표 분야에 대한 기본 지식을 청중이 가지고 있는지 확인한 다음 일종의 요약 강의를 한다는 것이었다. 예를 들어 화학과 관련된 발표를 한다면, 대학교에 다닐 때「일반 화학」을 이수했는지의 여부를 묻고는 청중의 수준에 맞게 간략한「일반 화학」요약 강의를 먼저 하고 본 발표에 들어간다. 워낙 다양한 학문적 배경을 갖고 있는 사람들이 모이기 때문에 생긴 현상일 것이다. 덕분에 여러 분야의 핵심 내용을 요약해서 들을 수 있는 기회를 얻게 되었다. 우주 생물학이 그만큼 다학제적이고 다문화적 학문이라는 증거일 것이다.

개인적으로 가장 인상적인 대목은, 청중이 던진 다양한 질문에 우주 생물학이 내놓은 답변 대부분이 "우리는 이만큼 알고 있지만 부족하다. 아직은 잘 모른다."였다는 사실이었다. 사실 다른 많은 과학자들과 마찬가지로 나도 이 부분에서 더 큰 흥분을 느꼈다. 우리는 많은 것을 알아냈지만, 여전히 모르는 것은 더 많고 탐색할 대상은 무수히 널려 있기 때문이다. 하나를 알면 열 가지 모르는 의문이 생긴다. 그것이 과학이다.

임피는『우주 생명 오디세이』에서 친절하고 적절한 비유를 섞어서, 우주 생물학이 던지는 근본적인 질문에 대해서 과학자들의 노력이 깃든 최신의 연구 결과들이 어떤 답을 하고 있는지를 차분하게 설명하고 있다. 단지 '언제'뿐만 아니라 '왜', 그리고 '어떻게'에 대해서 많은 지면을 할애하면서 자세하게 이야기를 풀어내고 있다. 가독성 있는 그의 문체도 이 책의 미덕 중 하나로 꼽아야 할 것 같다.

우주 생물학의 폭풍 전야

2011년이 되면서 내 강연 자료의 첫 화면도 다음과 같이 바뀌었다.

2011.

2018.

(2011) 대 2014.

'2035'

여전히 외계 생명체 발견과 관련이 있는 디데이들이지만 그동안의 새로운 발견을 반영해서 약간의 변화를 주었다. 마치 무슨 암호 같아 보이지만 『우주 생명 오디세이』를 읽으면 이 숫자들이 어떤 의미를 갖고 있는지 구체적으로 다가올 것이다. 독자들을 위해서 그 내용을 여기서 하나하나 설명하고 밝히지는 않은 채 남겨 두려고 한다. 물론 내 추정값과 임피가 제시하는 숫자 사이에는 약간의 차이가 있다. 예를 들어 당시 내가 2014라고 제시한 것을 임피는 어느 우주 생물학 학회에서 2013이라고 추정했다.

지금 바로 이 순간이, 우주 생물학의 질문들에 과학자들이 첫 번째로 내놓은 구체적인 답들이 쏟아져 나오기 직전의 폭풍 전야 같다는 느낌을 지울 수가 없다. 지구 밖 우주 어느 곳에서 생명이 발견된다면 그것은 세상을 보는 우리의 인식의 지평선을 한껏 넓혀 주는 계기가 될 것이다. 우리 자신을 다른 생명과 비교하면서 반추해 볼 수 있는 신나는 세상이 될 것이다.

지금까지 우리는 단 하나의 행성, 즉 지구에 있는 생명만 안다. 그러나 우리 시대에 과학과 기술은 격동하고 있다. 만일 우리가 지구의 생물이 유일하지 않다는 것을—이 우주가 살아 있는 우주라는 것을—발견한다면, 그것은 인류 역사의 어느 발견 못지않게 근본적인 발견이 될 것이다.

오히려 우리 이외에 어떤 생명도 발견되지 않는다면 그것이야말로 엄청난 충격이 될 것이다. 하지만 우주 생물학에 실패란 없다. 외계 생명체가 발견된다면 그에 따른 수많은 새로운 질문들이 쏟아질 것이다. 그 반대라면 우리는 여전히 이런 질문을 던질 것이다.

우리는 묻는다. 우리만 있는 것일까?

그리고 연구와 탐색은 다시 시작될 것이다. 우주 생물학에 실패란 없다. 다만 의문과 질문과 새로운 답만이 있을 뿐이다. 폭풍우 속 파도타기 축제가 시작되기 전에 『우주 생명 오디세이』와 함께 우주 생물학의 파도 속으로 서핑을 떠나 보자.

『블랙홀과 시간여행』

킵 손. 박일호 옮김, 오정근 감수.
반니. 2016년

더 많이 알수록 더 흥미로워질 최고의 과학책

『블랙홀과 시간여행(*Black Holes and Time Warps*)』을 몇 년 전에 소개했다면 저자인 킵 스티븐 손(Kip Stephen Thorne)을 소개하는 데에 상당한 품을 들여야 했을 것이다. 하지만 LIGO에서 중력파를 검출한 2016년에, 영화 「인터스텔라(Interstellar)」를 1000만 명의 관객이 관람했던 대한민국에서라면 그런 부담을 느끼지 않아도 좋을 법하다. 그렇다. 킵 손은 바로 영화 「인터스텔라」의 기본 개념을 처음 제안하고 영화가 실제 촬영되는 동안 과학적인 면을 감독한 사람이며, 최근에 중력파를 검출한 LIGO 실험을 처음 제안한 바로 그 사람이다.

이렇게 소개하는 것은 단순한 바람잡이만이 아니다. 실제로 이 책의 마지막 장은 바로 영화 「인터스텔라」의 모티브가 되었던 웜홀과 타임머신에 대해서 자세하게 설명하기 위한 장이며, 중력파에 관한 장에서는 중력파에 대한 설명뿐 아니라 LIGO 실험을 처음 구상하고 제안하는 장면과 그 과정에서의 고민과 어려움, 노력을 생생하게 묘사하고 있기 때문이다. 그러니까 「인터스텔라」에 매혹되었던 사람이나 중력파에 관심이 있는 사람이라면 이 책을 읽고 만족할 것이다. 더 나아가서 아인슈타인의 일반 상대성 이론에 진지한 관심이 있는 사람이라면 이 책만큼 훌륭한 읽을거리는 찾기 어려울 것이라고 생각한다. 이것은 단지 우리말로 번역된 책에 국한된 이야기가 아니다.

일반 상대성 이론의 황금 시대

아인슈타인의 일반 상대성 이론은 중력을 시공간의 휘어짐으로 다루는 새로운 중력 이론으로 1915년에 세상에 등장했다. 중력 이론으로서 일반 상대성 이론은 수성의 세차 운동과 중력장에서 빛의 휘어짐을 예측해서 각광을 받았고, 1920년대에는 허블에 의해서 우주가 팽창한다는 것이 알려지면서 우주의 시공간 자체를 다루는 이론으로서 더욱 중요해졌다. 1930년대에는 백색 왜성이나 중성자별, 초신성 등 별들의 운명을 탐구하는 도구로서 일반 상대성 이론은 더욱 더 활발하게 연구되었다.

그러나 1940년대부터 1960년대까지의 시기에 일반 상대성 이론 연구는 다소 침체된다. 거기에는 몇 가지 이유가 있는데, 우선 제2차 세계 대전으로 과학자들이 연구에 집중할 수가 없었고 그나마 이루어지던 물리학 연구도 원자와 핵물리학에 집중되었다. 그 결과로 원자 폭탄이 등장했고, 전쟁 이후에는 냉전을 배경으로 수소 폭탄 개발에 계속해서 많은 자원이 투여되었다. 그리고 마지막으로, 당시에는 일반 상대성 이론을 적용할 만한 대상이 더는 거의 없었다. 아직 천문학과 천체 물리학의 관측 자료들은 일반 상대성 이론을 검증할 만한 수준이 아니었다. 반면 원자 물리학은 가속기의 발전과 더불어 풍부한 새로운 현상을 보여 주며 비약적인 발전을 이루고 있었다.

1960년대에 접어들면서 이런 모든 문제들이 차츰 해결되고 일반 상대성 이론의 르네상스가 시작되었다. 이론 물리학자들은 핵폭탄 프로젝트에서 해방되어 연구실로 돌아왔고, 심지어 폭탄 연구를 통해 단련된 계산 테크닉까지 갖추게 되었다. 한편, 우연히 우주에서 전파가 오고 있다는 것이 발견됨으로써 전파 천문학이라는 새로운 분야가 시작되었고, 새로운 관측

데이터가 쌓이기 시작했으며 퀘이사가 발견되었다. 특히 이런 결과들이 논의된 1963년 12월의 '상대론적 천체 물리학에 관한 제1회 텍사스 심포지엄'에서, 참가자들은 일반 상대성 이론의 새로운 가능성을 느낄 수 있었고 일반 상대성 이론 연구가 급속히 발전하기 시작했다. 이때부터 소위 '일반 상대성 이론의 황금 시대'가 시작되었다고 말한다.

블랙홀 연구의 황금 시대

킵 손은 황금 시대가 개막하기 직전인 1962년 9월에 캘리포니아 공과 대학을 졸업하고, 프린스턴 대학교의 존 휠러(John Archibald Wheeler) 밑에서 상대성 이론을 공부하기 시작했다. 휠러는 황금 시대의 지도자가 될 인물이었고, 당시 막 블랙홀 연구를 시작한 참이었다. 그리고 블랙홀이야말로 일반 상대성 이론의 황금 시대에 가장 중요한 연구 과제였다. 이렇게 보면 킵 손은 그야말로 블랙홀 연구를 위한 때를 가장 정확하게 타고난 사람이었던 셈이다. 훌륭한 과학자가 되는 데 가장 중요한 조건은 역시 시대를 맞추어서 태어나는 일이 아닌가 싶다.

사실 블랙홀은 일반 상대성 이론의 시작과 함께 태어나서 늘 이론의 배후에서 그림자를 드리우고 있었던 개념이었다. 그러나 물리학자들은 언제나 그것을 막연히 외면하거나 심지어 적극적으로 배척했다. 블랙홀은 아인슈타인의 장 방정식이 발표되고 불과 두 달 후에 프로이센 과학 아카데미에 제출된 카를 슈바르츠실트(Karl Schwarzschild)의 풀이에서 이미 모습을 드러냈다. 별의 반지름이 어떤 유한한 값이 되면 물리적인 상황이 극단적인 결과를 낳는 것이었다. 아인슈타인을 비롯한 많은 사람들은 그 부분은 물리학적인 답이 아닐 거라고 생각했지만, 그것이 어떤 의미에서 물리학적인 답이 될 수 없는지를 확실히 말할 수는 없었다. 물리학자들이 별들의 운명을 더 깊이 탐구할 때도, 별들이 중력에 의해 내파(implosion)해서 극단적인 결과를 낳을 가능성은 백색 왜성과 중성자별 너머로 자꾸만 고개를 들이밀었다.

일반 상대성 이론의 황금 시대는 곧 블랙홀의 황금 시대였다. 이 시대에 접어들 무렵 블랙홀은 차츰 별들의 운명이 다다르는 곳으로 받아들여졌다. 휠러도 원래는 블랙홀에 대해서 회의적이었으나 다양한 고찰 끝에 결국 블랙홀을 받아들이고, 오히려 블랙홀의 강력한 옹호자로 변모하게 된다. 황금 시대를 거치며 블랙홀의 특이한 성질들과 다양한 양상이 밝혀졌다. 블랙홀의 '무모성', 안정성, 회전하는 블랙홀, 맥동하는 블랙홀, 그리고 어쩌면 블랙홀의 가장 이상한 성질이라고 할 블랙홀의 복사 등등.

킵 손은 특히 자신의 스승인 미국의 존 휠러, (구)소련의 야코프 젤도비치(Yakov Borisovich Zel'dovich), 영국의 데니스 시아마(Dennis William Siahou Sciama)를 블랙홀에 대한 우리의 이해를 혁명적으로 발전시킨 스승들로 꼽았다. 이들은 본인의 연구를 통해, 또 많은 제자들을 통해 블랙홀의 물리학과 일반 상대성 이론을 발전시키는 데 크게 공헌했다. 젤도비치는 (구)소련에 강력한 일반 상대성 이론 팀을 구성했고 이고르 노비코프(Igor Dmitriyevich Novikov) 등의 제자를 배출했으며, 케임브리지 대학교의 시아마는 비록 정교수가 아니었지만 케임브리지 대학교의 학생들이 성장할 수 있는 훌륭한 환경을 조성해 주었다. 바로 스티븐 호킹이 시아마의 제자다.

블랙홀에 대한 이론적 이해가 깊어지고, 천문학과 천체 물리학이 발전함에 따라 이제 블랙홀을 실제로 존재하는 대상으로 받아들이는 일이 중요한 과제가 되었다. 전파 천문학, 엑스선 천문학은 우주를 보는 새로운 눈을 열어 주었고, 퀘이사나 전파 은하에서 나오는 강력한 제트 가스와 같이 블랙홀을 의미하는 여러 종류의 관측 결과가 쌓이기 시작했다. 나아가서 한 쌍의 블랙홀은 관측이 가능할 만큼의 중력파를 만들어 낼 수도 있을 것이다. 한편으로는 블랙홀을 이론적으로 더욱 깊이 이해하는 일, 즉 블랙홀의 내부에 대해서 논의하고, 블랙홀에 관한 양자 역학적 성질을 이해하며, 블랙홀을 통해 양자 중력 이론을 탐구하는 일이 진전되었다. 그리고 웜홀과 같은 더욱 특이한 대상과 타임머신의 가능성도 물리학자들의 연구 대상의 범위에 들어왔다. 다음과 같은 킵 손의 전망이 현실이 되어 가고 있는 것이다.

> 왜 블랙홀은 거시세계에 있는 다른 대상들과 다른가? 왜 그들은, 그리고 그들만이 왜 그렇게 우아할 정도로 단순한가? 만약 내가 그 답을 안다면, 답은 아마도 내게 물리학의 본성에 대한 매우 깊은 무언가를 말해 줄 것이다. 그러나 나는 왜 그런지 알지 못한다. 아마도 다음 세대의 물리학자들은 이것을 이해할 수 있을 것이다.

과학책은 이렇게 써야 한다

100년에 걸친 이 장대한 우주 오디세이를 이 책만큼 자세하고 정확하게, 그러면서도 풍부한 의미를 담아서 서술한 책은 찾기 힘들 것이다. 이론과 역사, 비화가 망라되어 있다는 책의 카피가 전혀 과장이 아니다. 킵 손만큼, 그 스스로가 일반 상대성 이론을 발전시킨 주역 중 한 사람으로서 이 분야에 대한 심오하고 정확한 이론적, 실험적 지식과, 황금 시대를 몸소 체험하며 얻은 물리학과 물리학자들에 대한 다양하고 풍부한 경험을 고루 갖추었으면서 이를 유려하게 글로 옮길 수 있는 사람을 나는 알지 못한다. 그래서 이 책은 앞으로도 과학책의 고전으로 길이 남을 것이라고 생각한다. 정말로 이 책에는 엄청나게 많은 이야기가 너무나 섬세하게 담겨 있어서, 나는 읽을 때마다 새로운 재미를 느끼고, 새로운 감동을 얻게 된다. 물리학자들의 개성, 역사적 사건의 이면, 심지어 이론에 대한 더 깊은 통찰까지도. 아마도 모든 독자가 아는 것이 많아질수록 이 책이 더 재미있어지는 경험을 하리라고 생각한다.

과학책을 쓰는 사람으로서, 나도 '대중을 위한 과학책을 대체 어떻게 써야 좋은 것일까?'라는 질문을 늘 되새긴다. 물론 마땅한 대답은 아마도 아무 데도 없을 것이다. 우리나라보다 훨씬 두꺼운 독자층, 많은 수의 전문 작가와 경험 많은 전문가 들이 즐비한 구미와 일본에서도 과학을 대중에게 읽히기 위해서 어떻게 해야 하는가를 가지고 숱하게 고민하고 시도하며 좌절하고 노력을 기울이고 있는 것을 본다. 전문 작가가 쓰는 것이 좋을까? 과학자가 쓰는 것이 좋을까? 독자가 어디까지 과학 지식을 이해할 수 있을까? 내용을 친절하게 설명하는 것이 좋은가, 직관적으로 알기 쉽게 쓰는 것이 좋은가? 역사적 접근과 주제별 접근 중 어느 쪽이 효과적인가? 논리적인 정합성이 중요한가, 가독성이 중요한가? 적어도 내게는, 이 모든 질문에 대한 정답은 바로 이 책이다.

킵 손의 친구인 칼 세이건이 이 책에 대해 평한 한마디가 책 뒤에 적혀 있다.

너무나 훌륭하다. 과학책은 이렇게 써야 한다.

나 또한 이렇게 생각한다.

◆   킵 손은 중력파 발견에 대한 업적을 인정받아 라이너 바이스(Rainer Weiss), 배리 배리시(Barry C. Barish)와 함께 2017년 노벨 물리학상을 받았다.

『LHC, 현대 물리학의 최전선』(증보판)

이강영.
사이언스북스. 2014년

이론과 도구, 과학의 향방을 묻다

가끔씩 과학책깨나 읽었다는 자칭 '과학 애호가'를 만나서 대화를 나누다 속으로 피식 웃을 때가 있다. 주로 외국 저자가 쓴 과학책을 읽었다고 자랑스럽게 열거하는 것까지는 좋은데, 듣다 보면 허점투성이이기 때문이다. 과학 분야가 편중되기 십상인 데다, 결정적으로 과학 애호가라면 꼭 접했어야 할 책을 읽지 않았기 때문이다. 그러다 이강영의 『LHC, 현대 물리학의 최전선』을 안 읽었다는 얘기를 듣고 나면, 참다못해 이렇게 반문하곤 한다.

"아니, 한국인 과학자가 (일반인을 위해) 쓴 최고 수준의 책을 아직도 안 읽었단 말이에요?"

그럼 이런 답변이 나온다.

"그 책은 그냥 LHC 소개하는 것 아닌가요? 그냥 도구를 소개하는 책이 무슨 과학책이라고."

20세기 물리학, 이론과 도구의 앙상블

우리 시대의 뛰어난 과학 비평가 가운데 하나인 프리먼 다이슨이 몇 년 전 《사이언스》에 과학을 이끄는 것이 이론인지, 도구인지를 물은 적이 있다. 그는 이 글에서 전자를 대표하는 입장으로 『과학 혁명의 구조(*The Structure of Scientific Revolutions*)』를 쓴 토머스 쿤(Thomas S. Kuhn)을, 후자를 대표하는 입장으로 『이미지와 논리(*Images and Logic*)』를 펴낸 피터 갤리슨(Peter Galison)을 들었다. 현실에서 이 양쪽 입장이 또렷하게 대비될 수 있을까? 『LHC, 현대 물리학의 최전선』은 내용과 구성 두 가지를 통해서 이

다이슨의 질문에 답하는 책이다. 좀 더 자세히 살펴보자.

앞에서 언급한 그 과학 애호가의 말대로 『LHC, 현대 물리학의 최전선』의 키워드는 도구인 LHC(Large Hardron Collider, 대형 강입자 충돌기)이다. 하지만 이 책을 '신의 입자(힉스 보손)'나 그 발견과 떼려야 뗄 수 없는 도구인 LHC가 입길에 오를 때 유행에 편승하고자 즉석에서 펴낸 책이라고 오해한다면, 큰 실수다.

과학을 넘나드는 박학다식함을 자랑하는 저자는 이 책을 데모크리토스 같은 고대 그리스의 자연 철학자에서부터 시작한다. 그러니까 이 책은 만물의 근원을 찾는 인류의 지적 여정 속에 LHC를 위치 짓고 있다. 자연스럽게 이 책의 전반부는 19세기 존 돌턴의 원자론부터 최근의 입자 물리학의 성과까지 개괄한다. 이 과정에서 원자가 전자와 원자핵으로 구성되었다는 사실, 또 그 원자핵이 양성자와 중성자로 구성되었다는 수준의 과학 상식은 물론이고, 그보다 훨씬 작은 입자들이 어떤 계기를 통해서 유추되고, 발견되었는지 훑는다. (사이사이에 20세기 물리학계 슈퍼스타 과학자의 '뒷담화'는 덤이다.)

당연히 이런 입자들의 확인은 이론과 도구의 절묘한 합주를 통해서 가능했다. 이론 물리학자들은 입자의 존재를 예측했고, 20세기 들어서 그 존재감이 또렷해진 실험 물리학자들은 그렇게 예측된 입자를 발견했다. 다이슨이 이론과 도구의 경쟁이라고 부를 법한 과학사의 새로운 장이 어떻게 열렸는지 이 책은 생생하게 보여 준다.

그러니 이 책의 전반부는 세 가지 방식으로 읽을 수 있다. 입자 물리학의 재미있는 입문서로 읽을 수도 있고(강의용으로 제격이다!), 입자 물리학의 여러 성과를 가능하게 한 실험 도구가 어떻게 진화해 왔는지에 초점을 맞추어도 흥미롭다. 나는 이론과 도구의 앙상블이 어떻게 진행되어 왔는지를 증언하는 간략한 과학사 책으로도 읽었다. (물론 힉스 보손의 발견을 가능하게 한 이론이었던 표준 이론이 어떻게 정립되었는지를 설명하는 대목은 특수 상대성 이론, 양자 역학, 게이지 대칭성 등과 같은 20세기 현대 물리학의 핵심 이론에 대한 기본 소양이 없을 경우에는 단숨에 이해하기가 버겁다. 하지만 무식하게(!) 그냥 읽어 나가도 큰 흐름을 따라가는 데에는 큰 문제가 없다.)

LHC에서 WWW를 발명했다고?

물론 이 책의 주인공인 LHC도 빠져서는 안 될 것이다. 이 책의 후반부는 LHC를 설치, 운영하는 기관인 유럽 입자 물리학 연구소(Conseil Européen pour la Recherche Nucléaire, CERN)와 LHC에 초점을 맞추고 있는데, 이 부분 역시 백미다. 저자는 자신이 직접 CERN에서 공동 연구를 해본 경험을 바탕에 두고 이 기관의 과거, 현재, 미래를 샅샅이 훑는다. 유럽 연합을 염두에 두더라도 이례적인, 국민 국가의 틀을 깬 공동 과학 연구 기관 CERN은 어떻게 탄생하고 발전했나? 미국도 예산 문제 때문에 포기한 세계 최대의 입자 가속기가 CERN에 설치될 수 있었던 이유는 무엇인가? CERN의 미래는 과연 밝은가? 이 책은 이런 결코 간단하지 않은 질문에 나름의 답을 내놓는다.

특히 이 대목을 읽으면서 독자는 지금 입자 물리학의 최전선에서 연구하는 과학자들이 어떻게 과학 활동을 수행하고 있는지 감을 잡을 수 있다. 우리 사회에서 대다수 시민은 언론 매체를 통해서 과학의 결과만 소비하기 십상인데, 사실 중요한 것은 그런 결과를 만들어 내는 구체적인 과학 활동에 관심을 가지는 것이다. 저자는 CERN 과학자의 록 밴드 같은 취미 활동을 소개하는 등 그들의 라이프 스타일부터 시작해서, 도대체 전 세계 수천 명의 과학자가 협력해야 하는 공동 연구가 CERN을 중심으로 어떻게 진행되는지 설명한다. 이런 CERN의 과학 활동에 대한 이해가 전제되어야 비로소 우리는 수천 명의 저자를 가진 과학 논문이 어떻게 탄생하는지 그 이유를 알 수 있다.

어떤 독자는 이 대목을 읽으면서 한국 사회에서 그토록 강조하는 '창조'나 '혁신'이 왜 어려운지에도 생각이 미칠 것이다. 단적으로, 물리학을 연구하는 CERN에서 우리의 일상 생활과 떼려야 뗄 수 없는 '월드 와이드 웹(WWW)'이 탄생했다. 그런 일이 물리학이나 천문학을 연구하는 우리나라의 정부 산하 연구 기관에서 가능할까?

왜 대형 입자 가속기를 지어야 하는가?

본문만 600쪽에 가까운 대작이다 보니, 저자는 이 책의 말미에서 나름의 욕심까지 부려 놓았다. 바로 여전히 과학자의 도전을 기다리고 있는 현대 물리학의 난제를 열거해 놓은 것이다. 이 대목을 통해서 독자는 지금 이 순간 현대 물리학의 최전선에 선 과학자들이 어떤 질문을 놓고서 고심하고 있는지를 확인할 수 있다.

이런 질문이 이 책의 마지막에 오는 것은 참으로 자연스럽다. 엄청난 예산을 들여서 지어 놓은 LHC가 (이미 수십 년 전에 이론적으로 예측된) 힉스 보손을 확인하는 데에서만 멈추어서는 그 존재 이유에 심각한 회의가 들테니까. 그러니 우리는 어쩌면 지금 도구가 이론을 선도하는 정말로 새로운 과학 시대를 목격하고 있을지도 모른다. LHC야말로 그 증거고.

마지막 질문 하나. LHC와 같은 엄청난 규모의 도구로 대표되는 현대의 거대 과학에 우리는 기꺼이 세금의 일부를 지출할 필요가 있을까? (LHC 는 건설비 10조 원에 연간 운영비가 2500억 원을 넘는다!) 과연 이런 연구는 우리 의 삶에 어떤 도움을 줄 것인가? 결국 좌절한 미국의 초대형 입자 가속기 프로젝트를 이끌었던 로버트 윌슨은 냉전이 한창이던 1969년 이렇게 답 했다.

> 가속기는 이런 것들과 관련이 있습니다. 우리는 좋은 화가인 가, 좋은 조각가인가, 훌륭한 시인인가와 같은 것들. 이 나라 에서 우리가 진정 존중하고 명예롭게 여기는 것, 그것을 위해 나라를 사랑하게 하는 것들 말입니다. 그런 의미에서, 이 새 로운 지식은 전적으로 국가의 명예와 관련이 있습니다.
> 이것은 우리나라를 지키는 일과 관련 있는 것이 아니라, 이 나라를 지킬 만한 가치가 있도록 만드는 일과 관련이 있 습니다.

『우주의 구조』

브라이언 그린. 박병철 옮김.
승산. 2005년

우주에서 가장 근본적인 문제에 대하여

1988년 출판된 스티븐 호킹의 『시간의 역사』는 지금까지 무려 1000만 부가 팔렸다. 이것은 어려운 첨단 물리학 책도 돈이 된다는 것을 보여 준 놀라운 사건이었다. 그로부터 11년이 지난 1999년 브라이언 그린은 『엘러건트 유니버스(*The Elegant Universe*)』라는 책을 들고 호킹의 뒤를 이었다. 이 책은 퓰리처 상 논픽션 부문 최종 심사에 올랐으며, 미국 PBS 방송 다큐멘터리로 제작되기도 했다. 또 이 다큐멘터리는 미국 텔레비전 프로그램에 수여하는 가장 권위 있는 상인 에미 상을 수상했다. 이 책 덕분에 '초끈 이론'이라는 이름이 대중에게 널리 알려진다.

『엘러건트 유니버스』 출판 5년 후 그린이 내놓은 후속작이 바로 『우주의 구조(*The Fabric of the Cosmos*)』다. 판매 부수나 유명세로만 따지면 『엘러건트 유니버스』가 과학 고전에 포함되는 것이 맞다. 하지만 『우주의 구조』가 『엘러건트 유니버스』를 포함하는 데다 최신 내용을 더 담고 있어 『우주의 구조』를 과학 고전으로 선정했다. '과학 고전 50' 가운데 적어도 하나는 브라이언 그린의 몫이라는 말이다. 이 책은 나 같은 물리장이에게는 정말 최고의 책이다. 하지만 대부분의 일반 독자에게는 어려울 거란 생각이 든다. 웬만한 과학 마니아가 아니라면 책의 내용을 완전히 소화하기는 쉽지 않을 것이다. 그래도 첨단 물리학에 관한 한 어려운 내용이 오히려 인기를 끄는 기현상이 있는 바, (『시간의 역사』를 보라.) 오히려 이 정도가 적당한지도 모르겠다.

우주를 기술하는 우아하고도 괴이한 자연 법칙

책 제목이 암시하고 있는 것처럼 이 책은 과학과 철학의 역사에서 가장 근본적이라 할 만한 문제를 다룬다. 시간과 공간이란 무엇인가? 공간은 실체인가? 시간이 흐른다고 할 때, 정확히 무엇이 흐르는가? 시간은 본질적인 것인가, 아니면 더 본질적인 것의 부산물인가? 이런 질문에 답이 있기나 한 것일까? 그린은 '진리'에 대한 자신의 경험에서부터 이야기를 시작하는데, 당신은 책을 읽는 내내 이 말을 되새기게 될 것이다. 인간의 경험은 우주를 이해하는 데 잘못된 편견을 줄 수 있다. 우주는 우리의 짐작과 전혀 다르며 생소하기까지 하다. 하지만 우주를 기술하는 자연 법칙은 흥미롭고 우아하다. 우주에 대한 깊은 이해는 우리 삶의 가치를 높여 준다. 결국 책의 내용이 어렵고 힘들더라도 참고 따라오라는 말이다.

생뚱맞지만 첫 과학적 논의는 회전하는 물통을 중심으로 전개된다. 회전하는 물통의 물이 자신이 회전하는지를 어떻게 알 수 있을까? 물리학자에게는 정말 흥미로운 질문이지만 일반 독자에게는 쉽지 않을 것이다. 뉴턴은 '절대 공간'을 기준으로 물통의 물이 자신의 회전을 알 수 있다는 입장이었고, 라이프니츠, 마흐는 상대적으로만 알 수 있다고 주장했다. 우주에 물통 말고 아무것도 없다면 물통의 물은 자신이 돈다고 느낄 수 없다는 것이다. 아인슈타인은 뉴턴과 비슷해 보이지만 완전히 다른 답을 내놓았다. '절대 시공간'을 기준으로 알 수 있다는 것이다. 공간이 시공간으로 대체된 것이다. 이것이 얼마나 큰 차이인지 그린은 차근차근 설명한다.

사실 그린의 물통 이야기보다 흥미로운 것은 식빵을 자르는 비유다. 보통처럼 식빵을 수직 방향으로 자르는 것이 뉴턴의 시공간이라면, 식빵을 비스듬히 자르는 것이 특수 상대성 이론, 구불구불 자르는 것이 일반 상대성 이론이다. 이것은 그림으로 직접 봐야 이해가 된다. 역시나 대중 과학책의 성패는 비유에 달려 있다고 해도 과언이 아니다. 새로운 비유 방법을 찾으려고 고군분투하는 그린의 노력에 경의를 표한다. 아무튼 아인슈타인은 시간과 공간을 제대로 이해하는 방법을 우리에게 알려 주었다. 시간과 공간은 동전의 양면같이 서로 떼려야 뗄 수 없는 한몸이라는 사실을 말이다.

시공간의 상대론도 어렵지만 양자 역학에 비하면 이건 새 발의 피다. 이 책에서 그린은 양자 역학을 정공법으로 공격한다. 이중 슬릿으로 입자와 파동의 이중성을 설명하고 확률 해석, 불확정성 원리를 거쳐 양자 얽힘까지 직행하는 식이다. 드라마 「엑스파일」의 주인공 멀더와 스컬리를 등장시켜 친밀하게 이야기를 끌어가려고 하지만, 스핀을 사용해 벨 정리의 핵심까지 소개하는 것은 좀 무리로 보인다. 이 부분을 이보다 쉽게 설명할 수는 있어도, 이 정도 분량으로 더 정확히 설명하기는 힘들 것이다. 여기까지 숨 가쁘게 따라와도 이제 양자 역학을 소개한 것에 불과하다는 것이 진짜 문제다. 6장에 가면 '양자 지우개(quantum erasure)'와 '지연된 선택(delayed choice)'까지 등장한다. 이 부분은 억지로 이해하려고 노력하기보다 '양자 역학이 정말 괴이하구나.'라고 느끼는 것으로 충분할 것이다.

'시간'에 대해서 그린은 열역학 제2법칙에 의한 시간의 방향성 문제를 파고든다. 우주를 기술하는 기본 방정식은 시간의 방향성을 가지고 있지 않다. 하지만 우리는 시간이 한쪽 방향으로만 흐른다는 것을 직관적으로 알고 있다. 시간은 과거로부터 미래로만 흐르지, 미래로부터 과거로 흐르는 법은 없다. 볼츠만은 이것을 엔트로피의 증가, 확률이 더 크기 때문에 그렇다고 설명한다. 이처럼 엔트로피가 증가한다는 열역학 제2법칙은 시간이 방향성을 갖는 이유를 준다.

그린은 여기서 아주 미묘한 문제를 제기한다. 비록 특정 시점 이후로 엔트로피가 증가해 왔더라도 그 시점에서 과거로 시간을 돌리면 엔트로피는 시간 역방향으로 역시 증가하게 된다. 엔트로피가 줄어드는 일도 가능하다는 뜻이다. 이는 우주를 기술하는 물리학의 기본 방정식들이 시간 역전에 대해 대칭이기 때문이다. 뉴턴 법칙, 상대론, 양자 역학의 방정식은 시간의 방향을 바꿔도 그 형태에 아무 변화가 없다. 따라서 엔트로피는 증가할 수만은 없다. 이게 무슨 소리냐고 생각할 독자가 많을 것이다. 여기도 쉽지 않다는 말이다. 아무튼 우리는 심오한 결론에 도달한다. 시간이 한 방향으로 흐르려면 우주가 (이유는 모르지만) 엔트로피가 아주 작은 상태에서 시작했어야 한다. 즉 빅뱅 같은 것이 반드시 있어야 한다. 빅뱅의 존재를 이런 식으로 이끌어 내는 것은 무척 인상적이다. 상대론, 양자 역학에 이어서 우주론을 자세히 논의해야 하는 이유다.

하늘의 별들을 조용히 바라보자

빅뱅 우주론에 대한 책들은 많지만, 역시나 그린은 자신의 전공인 입자 물리학의 입장에서 그만의 멋진 솜씨로 빅뱅을 설명한다. '우주가 팽창한다고 할 때 구체적으로 무엇이 팽창하는 것인가?' 같은 익숙한 질문부터 시작해 힉스 보손과 급팽창까지 거침없이 나아간다. 2013년 힉스 보손에 노벨 물리학상이 주어진 것은 이 책이 출판된 이후의 일이다. 뜨거운 냄비에 뛰어든 개구리의 비유로 힉스 보손을 설명하는 것은 (비록 그 상황이 마음 아프지만) 깊은 인상을 준다.

『우주의 구조』는 모두 5개의 단원으로 되어 있다. 각 부분은 상대성 이론, 양자론, 우주론의 관점이 번갈아 나오며 진행된다. 예를 들어 Ⅱ단원은 앞서 언급한 '시간'이 주제인데, 우선 특수 상대성 이론에 의한 시간 개념을 설명한다. 이어서 엔트로피와 관련한 역설이 등장하고, 빅뱅 우주론이 이를 해결해 준다. 끝으로 시간과 관련한 양자 역학의 기이한 현상들이 소개된다. 이런 글의 형식은 시간과 공간의 이해를 놓고 상대론과 양자론이 벌이는 갈등을 구조적으로 보여 준다. 이 두 이론이 얼마나 이상한지, 그러면서 얼마나 다른지 비교된다는 말이다.

Ⅰ단원 시간, Ⅱ단원 공간, Ⅲ단원 우주에 이어 Ⅳ단원에서는 상대론과 양자 역학의 통합에 대해 모색한다. 여기서 그린의 전공인 초끈 이론이 소개된다. 이 부분은 물리학자가 읽어도 (초끈 이론 전공자가 아니라면) 느낌이 오지 않기는 마찬가지다. 다만 무슨 일이 일어나고 있는지 대략 감 잡을 수 있을 정도랄까. 초끈 이론은 아직 실험적으로 검증된 적이 없다. 그래서 이 이론이 과연 수학인지 물리학인지 의문을 표하는 사람도 있다. 마지막 Ⅴ단원은 실험적 검증을 포함해 시공간을 이해하려는 현재의 노력과 미래의 비전에 대한 이야기다. 2004년에 나온 책이라 중력파의 존재는 아직 실험으로 검증되지 않았다는 표현이 나온다. 개정판에는 2015년 미국 LIGO가 중력파를 검출했다고 고쳐야 할 것이다.

책의 마지막까지도 순간 이동, 시간 여행, 다중 우주, 홀로그래피 원리 같은 최첨단 물리 이론들이 쏟아져 나오며 독자들을 괴롭힌다. 그래서 미안했던 모양인지 다소 시(詩)적으로 책을 끝맺는다. (이게 어딜 봐서 시적이냐고 따질 사람도 있겠지만) 자연의 법칙을 통일하는 방법을 찾기 위해서 거대한 가속기를 건설하기보다 강력한 망원경으로 하늘의 별들을 조용히 바라보자는 것이다. 그러하다.

『최종 이론의 꿈』

스티븐 와인버그. 이종필 옮김.
사이언스북스. 2007년

지혜의 책, 논쟁의 책, 그리고 실용서

스티븐 와인버그(Steven Weinberg)의 『최종 이론의 꿈(*Dreams of a Final Theory*)』은 완전히 다른 세 가지 영역에 걸쳐 있다. 내용이 세 가지가 아니라 기능으로서 그렇다는 말이다. 물론 독자가 책을 읽을 때 그런 것에 신경쓸 필요는 없지만, 이 책의 맥락을 이해하는 데 도움이 될 듯해서 이 세 가지 영역을 따라 이야기해 보도록 한다.

현대 물리학이 도달한 지점

첫 번째 기능은 과학자가 아닌 사람들에게 현대 물리학이 도달한 지점을 소개하고, 물리학이 궁극적으로 추구하는 최종 이론에 대해 논하는 일이다. 우리가 과학책을 읽을 때 과학책에 기대하는 바로 그 목적이기도 하다. 이 점에서, 이 책은 두말할 것 없이 탁월하다. 와인버그는 현존하는 가장 뛰어난 이론 물리학자 가운데 한 사람이고, 노벨상 수상자이며, 우리가 알고 있는 한 가장 완전한 이론을 완성한 사람이다.

또한 와인버그는 양자장 이론, 양자 역학, 중력 및 우주론 등에 대한 학술 서적뿐 아니라 빅뱅 우주론을 대중에게 소개하는 고전적인 과학 대중서인 『처음 3분간(*The First Three Minutes*)』을 쓴 사람이기도 하다. (사실 『처음 3분간』은 '과학 고전 50'과 같은 과학책 목록에 단골로 등장하는, 고전이라는 말이 어울리는 책이다. 그러나 이번 목록에는 이 책 이후에 나온 우주론 분야의 커다란 발전을 고려해서 『처음 3분간』을 제외하고, 빅뱅 우주론에 대한 책은 새로 나온 책으로 업그레이드했다.) 그러니 이 책은 가장 뛰어난 전문가이면서 글도 잘 쓰는 대가가 비전문가인 대중을 위해서 쓴 과학책인 것이다. 이 책에 나오는 물리학 이론에 대한 설명은 비할 데 없이 정확하고, 등장하는 지식은 방대하며, 서술은 대단히 뛰어나다. 거기에 더해서 보통의 물리학자로서는 도달하기 어려운 심오한 통찰도 듬뿍 담겨 있다. 예를 들면, 물리학자들이 말하는 이론의 아름다움에 대해서 와인버그는 이렇게 설명한다.

> 물리학자가 어떤 이론이 아름답다고 말할 때에는 독특한 그림이나 한 편의 음악이나 시가 아름답다고 말할 때와 똑같은 것을 의미하지 않는다. 그것은 단순히 미학적 즐거움에 대한 개인적인 표현이 아니다. 그것은 조마사(調馬師)가 경주마를 보고서 아름다운 말이라고 말할 때의 의미에 훨씬 더 가깝다. 그 조마사는 물론 개인적인 의견을 표현하고 있지만, 그것은 객관적인 사실에 관한 의견이다. 조마사가 쉽게 말로 옮길 수 없는 판단에 기초해 세운, 이 녀석은 경주에서 이길 그런 종류의 말이라는 의견 말이다.

내가 이 설명에 얼마만큼 동의하는지는 차치하고, 물리학자들이 말하는 아름다움을 이렇게 명쾌하게 설명한 것은 처음 본다.

이 책의 내용은 흔히 하는 대로 역사적인 순서로 서술하는 방법을 따르지 않는다. 필요에 따라서 역사적인 사례를 가져오거나 설명하기는 하지만 말이다. 이 책의 제목에 나오는 '최종 이론'이라는 개념에 접근하기 위해서 와인버그는 환원주의, 양자 역학, 이론과 실험의 관계 등 흔히 접하기 쉽지 않은 주제를 하나씩 제시하면서 논의를 전개한다. 이들 주제를 논할 때 와인버그는 교과서에서처럼 설명하는 것이 아니라, 필요한 개념을 아주 근본적인 수준에서 논하기도 하고 풍부한 역사와 사례를 소개하기도 한다. 설명할 수 있는 것은 차분히 설명하고, 간단히 설명하기 어려운 내용이라면 굳이 구구절절 서술하려 들지 않는다. 이런 식이다.

> 양자 역학을 중력에 적용하려는 최근의 연구 결과를 통해, 빈 공간이 일반적으로는 높은 고도에서 바라본 대양의 표면과 같이 고요하고 평평해 보이지만, 아주 가까이서 보게 되면 양자 요동이 소용돌이치는 곳임을 알게 되었다. 그 양자 요동은 무척 격렬해서 우주의 일부분은 시공간적으로 멀리 떨어진 다른 부분들과 연결하는 '웜홀(wormhole)'을 열 수 있을 정도이다.

물론 어쩔 수 없이 (일반 독자에게는) 뜬구름 잡는 식의 이야기가 될 수도 있다. 예를 들면, 다음과 같은 내용이 그렇다.

> 약전기 이론의 기저에 깔린 대칭성은 좀 더 신비주의적이다. 그것은 공간과 시간에서 우리가 현상을 보는 관점이 어떻게 변하는지와 상관이 없으며, 그것보다는 소립자들의 정체성에 대한 우리의 관점이 어떻게 변하는지와 관계가 있다. …… 양자 역학의 경이로움으로 인해 어떤 입자가 명확하게 전자도 아니고 명확하게 중성미자도 아닌 상태에 존재하는 것이 가능하다.

수학적으로 표현하면 아주 명확하지만, 언어로 이런 부분을 묘사하는 데에는 아무리 와인버그라도 한계가 있다.

종합해 보면, 이 책은 과학 지식을 소개하기보다 과학 지식의 의미를 통찰하는 책이다. 그런 의미에서 이 책은 지식의 책이 아니라 지혜의 책이다.

구성주의 관점을 논박하다

이 책의 두 번째 기능은 논쟁의 책이다. 와인버그는 이 책에서 물리학뿐 아니라, 매우 논쟁적인 주제인 철학과 종교에 대해서도 거침없이 자신의 의견을 피력한다. 과학자뿐 아니라 모든 사람에게 종교란 참으로 미묘한 주제다. 그러나 기독교 사회에서 자란 유대 인이면서도 와인버그는 이 책에서 종교에 대한, 더욱 정확히는 신에 대한 그의 스피노자풍의 관점을 드러내는 데 거침이 없다. 물론 가급적 부드럽게 표현하려고는 한다.

> 만약 우리가 '질서'나 '조화' 대신 '신'이라는 단어를 사용한다면, 신을 믿지 않는다는 비난을 피하기 위한 경우를 제외하고는 그 단어를 사용하는 게 대체 무슨 차이를 만들겠는가? …… 인간들을 위한, 특별한 계획을 가진 신이 존재하다면, 그분은 우리에게 관심이 있다는 것을 숨기기 위해 엄청나게 애써야만 했을 것이다. 내가 보기에 그런 분을 우리 기도로 방해하는 것은 불경스럽지는 않다고 하더라도 예의 없는 일일 것 같다.

사실 오늘날 대부분의 과학자들이 생각하는 신이란 와인버그가 생각하는 것과 그다지 다르지 않을 것이다. 그래서 종교에 대한 서술은 딱히 논쟁적이라고 하기도 어렵다. 와인버그는 리처드 도킨스처럼 공격적으로 책을 쓰는 사람이 아니며, 애초에 책을 쓴 목적도 다르다. 이 책이 정말 논쟁적인 부분은 철학과의 관계에 대한 부분이다. 옮긴이는 이렇게 소개한다.

> 사람들은 그 과학 전쟁의 서전을 흔히 1992년에 영국 런던 대학교의 루이스 월퍼트가 펴낸 『과학의 비자연적 본성』과 와인버그의 이 책으로 잡고 있다.

현대 과학 철학이 과학을 보는 중심적인 관점은 과학적 내용이 객관적인 실재가 아니라 사회적으로 구성된다는 '구성주의'라고 한다. 이 짧은 서평에서 나도 잘 모르는 내용을 소개하는 것은 피하도록 하겠다.

대부분의 과학자들은 그런 생각을 터무니없다고 여기면서도 딱히 깊이 생각하지는 않는다. 그 이유는 일단 그런 주장이 지금 다루고 있는 데이터를 교란시키지 않기 때문이고(그러니까 지금 하고 있는 과학 연구와 별 상관이 없고), 좀 더 중요하게는 그게 대체 무슨 뜻인지, 왜 그런 말을 하는지 잘 이해가 가지 않아서 어리둥절하기 때문이다. (거칠게 예를 들자면, 과학자 입장에서 구성주의의 주장이란 내가 지금 사과를 먹고 있는데, 옆에서 누가 "그 사과는 진짜로 존재하는 게 아니야."라고 하는 상황과 비슷하다. 어리둥절할 수밖에.)

그러나 와인버그는 이 책의 여러 부분에서 구성주의적 관점을 정면으로 논박하고 있으며, 아예 「철학에 반하여」라는 노골적인 제목으로 한 장을 이에 할애하고 있다. 이것이 앞에서 옮긴이가 소개한 대로, 과학의 본성에 대해 벌어진 소위 '과학 전쟁'의 불씨가 된 것이다.

過학 전쟁에 대해서는 내가 잘 알지 못하기 때문에 이 문제의 전후 상황을 더 소개하긴 어렵다. 다만 내 생각을 말하자면, 나 역시 전형적인 입자 물리학자의 사고방식을 가지고 있어서인지 이 책에서 와인버그가 이야기하는 것이 너무나 당연하게만 느껴질 뿐이다. 와인버그와 과학 전쟁에 대해서 더 읽고 싶은 분에게는 그의 글을 모아 놓은 『과학 전쟁에서 평화를 찾아(Facing Up)』를 소개한다. 단, 지금은 구하기 어려운 듯하다.

과학은 무엇으로 사는가?

세 번째 기능은 매우 실용적인 것이다. 와인버그가 이 책을 쓴 중요한 목적은 미국의 초거대 가속기 SSC(Superconducting Super Collider) 계획을 추진하는 데 도움을 주기 위한 것이었다.

SSC는 현존하는 최대 가속기인 LHC보다 무려 3배 이상이나 큰 87킬로미터 길이에, 출력도 약 3배인 40조 전자볼트로 계획되었던 가속기로, 1970년대 말부터 논의되기 시작해서 1980년대 중반 계획이 확정되었다. 1988년에는 텍사스 주 엘리스 카운티의 웍서해치가 부지로 선정되고 설계가 거의 마무리되어 본격적으로 추진되었다. 그러나 워낙 거대한 사업인 탓에 SSC는 끊임없이 자금 문제를 둘러싸고 의회에서 논란을 빚었으며, 1990년에 건설이 시작된 후에도 매년 같은 문제가 반복되었다.

와인버그는 SSC 건설을 지지하기 위해, 일반 시민부터 의원들까지 이 문제를 결정할 권한이 있는 모든 사람들에게 이 가속기가 물리학의 역사에서 어떤 역할을 할 것이며, 왜 중요한지를 바닥부터 찬찬히 이야기하고 싶었던 것이다. 아예 이 책의 마지막 장은 전적으로 SSC에 할애되고 있다. 그래서 이 책은 의회에서 논란이 벌어질 때 참고 도서로 인용되곤 했다.

그런 노력에도 불구하고 의회는 1993년 10월에 SSC 계획을 종료하기로 표결했다. 역사상 가장 큰 과학 사업은 이렇게 중도에 좌절되었다. 많은 과학자들 역시 실망하고 좌절해서 다른 일자리를 찾아서 떠나갔고 적지 않은 수는 물리학을 그만두고 다른 분야로 옮겨 갔다. 와인버그도 그 뒤에 이 책의 페이퍼백이 나올 때 한 장을 추가해서 SSC 계획이 취소된 데 대해 유감을 표했다. 이후 CERN의 LHC가 유일한 초대형 가속기로 남게 되었다. 잘 알려져 있다시피 LHC는 2008년에 완공되어 2010년부터 가동되기 시작했다. 결국 이 책의 실용적인 목적은 실패로 돌아갔다.

이 책의 세 번째 기능은 이제는 별 의미가 없다. 한편 두 번째 기능에 대해서는, 만일 이 주제에 관심이 있는 독자라면 이 책을 반드시 읽어 보아야 할 것이다. 보통 독자를 대상으로 하는 첫 번째 기능에 대해서는, 다시 말하지만 이 책은 그야말로 탁월하다. 이 책은 현대 물리학의 최정점에 있는 물리학자가 과학이란 어떤 것인지에 대해 그의 통찰을 전해 주는 소중한 기록이며, 앞으로도 고전으로 남을 책이다. 번역도 매우 충실하다.

『이휘소 평전』

강주상.
사이언스북스. 2017년

'노벨상 메이커' 이휘소를 바로 보다

알다가도 모를 일이다. 왜 그리 노벨상에 연연하는지 말이다. 받으면 좋겠지만, 받을 만한 상황인지부터 톺아보아야 하지 않을까? 상황이 열악하다면 제대로 지원해 개선해야 할 터, 더도 말고 덜도 말고 일본만큼만 하면 되지 않겠는가. 뻔히 답이 보이는데도 못 하는구먼, 자꾸 김칫국부터 마시지 말고 우물에서 숭늉 찾지 말아야 한다.

또 모를 일이 있다. 박정희 정권 때 핵무기를 개발하려다 미국과 갈등을 벌인 사실은 이제는 두루 아는 사실이다. 그런데 이 프로젝트와 상관없는 재미 물리학자를 굳이 애국자로 둔갑시켜 박진감 넘치는 소설거리로 만드는 이유를 말이다. 가족이나 제자들이 사실과 다르다고 암만 호소해도 씨알도 안 먹힌다. 그 사람은 조국을 위해 미국에서 암약하다 마침내 의문의 죽임을 당하고 만 것이 되어야만 한다. 물론, 얼마든지 이해할 수 있다. 우리에게 무엇이 집단 콤플렉스인지 알 수 있는 일이니 말이다. 경제 규모에 맞게 세계를 이끄는 민족으로 이름이 났으면 좋겠고, 미국의 군사 간섭에서 벗어나 자주성을 확보했으면 하는 바람이지 않겠는가.

이휘소에 대해 잘못 알려진 것들

『이휘소 평전』은 이휘소를 희생양 삼아 벌인 거짓말 잔치를 단박에 깬다. 한 소설에서 이르기를 "1960년대 중반에 이미 노벨상을 주어야 했다."라거나 "내 밑에 아인슈타인도 있었지만 이휘소가 더 뛰어났다."라고 말했는데, 저자 강주상은 그렇게 "평할 정도로 학문 업적을 쌓은 것은 아니다. 그의 학문적 공헌은 1970년대에 집중되었는데 이들을 감안하더라도 이러한 표현들은 '상당히 과장된 것'"이라고 단호하게 말했다. 강주상은 미국 스토니브룩 대학교 물리학과에서 이휘소에게 박사 논문을 지도받았으니, 두 사람은 사제지간이다.

관심이 집중될 핵무기 개발과 관련한 사항을 보면 이렇다. 다른 무엇보다 전공이 다르다. 이휘소는 핵물리학자가 아니라 입자 물리학자다. 아마 이휘소가 활동했던 연구소와 관련해 오해와 억측이 빚어진 모양이다. 이휘소는 공교롭게도 핵무기 개발 책임자였던 오펜하이머가 원장으로 있던 프린스턴 고등 연구원과 최초로 핵연쇄 반응에 성공한 페르미를 기념한 페르미 연구소에 근무했다. 강주상은 두 기관이 핵무기와는 전혀 상관없는 연구소임을 여러 차례 강조하면서 "이휘소는 입자 물리학자이고, 핵무기는 수백 명의 핵 공학자와 기술자가 있어야 가능한 일이다. 핵무기 이론이야 이휘소가 살아 있을 때 이미 공개된 자료여서 대학생의 학부 논문으로도 나오고 있는 실정 아닌가."라는 강경식의 발언을 인용했다.

저자는 두 번째로 이휘소가 박정희 정권에 대단히 비판적인 태도를 보였다는 점을 돋을새김한다. 이휘소는 1971년 정근모를 도와 우리나라에 물리학 하계 대학원을 열려고 했다. 하지만 유신 체제가 강화되자 정근모에게 편지를 보내 대학원 사업을 없었던 일로 해 버렸으니, 그 일부 내용을 보면 다음과 같다.

> 위수령 발동, 학생 운동 탄압 등 최근 한국에서 일어나고 있는 일련의 사태로 우리가 추진 중인 하계 대학원 사업을 재고하게 됩니다. …… 하계 대학원의 책임을 맡게 된다면 세인의 눈에 사실과 다르게 내가 한국의 현 정권과 그 억압 정책을

지지하는 것으로 비칠까 걱정됩니다. …… 민주주의의 원칙을 무시하는 이러한 처사들에 실망되어 반대 의사를 분명히 밝히고 싶습니다.

이휘소는 파키스탄 출신의 노벨상 수상자 압두스 살람(Abdus Salam)과 교분이 두터웠는데, 그가 고국의 물리학계에 이바지하는 바를 보고 많이 자극받았다. 살람은 상금을 전액 고국의 젊은 물리학자 지원 사업에 썼고, 파키스탄의 휴양지에 국제 하계 학교를 설립하기도 했다. 이휘소는 첫해에 연사로 초빙되어 이 하계 학교에서 강의하기도 했다.

이른바 성공한 물리학자로서, 비록 미국 시민권자가 되었지만, 고국의 물리학계 발전에 관심이 없을 리 없다. 비록 박정희 정권에 대한 비판 의식 때문에 추진하던 하계 물리학교는 중단했지만, 1974년 국제 개발처(AID) 차관에 의한 서울대 원조 계획의 미국 측 심의 위원 자격으로 내한한다.

하지만 여기까지일 뿐이다. 강주상의 회고에 따르면 평소 이휘소는 "핵무기는 없어져야 하겠지만, 특히 독재 체제 개발 도상국에서의 핵무기 개발은 안 된다."라고 강조했다고 한다. 일부 책에서 말한 박정희 친서는 분명히 없었고, 사후에 받은 국민 훈장 동백장은 국내 물리학계의 청원에 따른 결과였을 뿐이란다.

마지막으로 비운의 교통사고. 1977년 6월 16일, 이휘소는 콜로라도 주의 아스펜 물리 연구 센터의 학회와 페르미 연구소 자문 위원회에 참석하기 위해 집을 떠났다. 공식 일정이 끝나면 가족과 함께 여름휴가를 보낼 계획이라 자가 운전을 했다. 사고가 난 도로는 시카고에서 서쪽으로 약 200킬로미터 떨어진 곳이었다. 왕복 사차선으로 왕복 도로 사이에 약 20미터

폭의 움푹 파인 풀밭이 있었다. 사고는 오후 1시쯤 마주 오던 대형 트럭이 고장 나면서 순식간에 중앙 분리 지역을 넘어 이휘소의 차와 충돌하면서 일어났다. 이휘소는 사고 현장에서 사망했고, 가족은 다행히 경상이었다. 사고 현장을 살펴보고, 사고 경위를 보건대 음모론자의 말대로 정보 당국의 암살일 확률은 거의 없다는 게 저자의 판단이다.

이휘소의 삶과 학문

이제 이휘소의 삶과 학문 성과는 어떠했는지 살펴보자. 서둘러 결론부터 말하자면, 통상적인 표현에 빗대어 말하건대, 이휘소는 한국이 낳은 세계적인 이론 물리학자이다. 만약 그가 42세라는 이른 나이에 유명을 달리하지 않았다면 물리학계에 큰 영향을 끼쳤을 것이고, 강주상에 따르면 1999년 네덜란드의 헤라르뒤스 토프트(Gerardus 't Hooft)와 마르티뉘스 펠트만(Martinus Veltman)이 노벨 물리학상을 받을 때 공동 수상했을 가능성이 컸다.

이휘소는 어릴 적부터 독서를 좋아했고, 특히 일본에서 나온 《어린이 과학》이라는 잡지를 탐독했다고 한다. 양친이 다 의사였고, 중학생 시절 화학에 관심이 많아 공부방 한쪽에 작은 실험실을 차릴 정도였단다. 경기 중학교를 다녔고 서울 대학교 화학 공학과를 수석으로 들어갔다. 학과 공부가 지나치게 응용 화학에 치우쳐 실망했고 물리학에 더 큰 관심을 보이게 되었다. 국내에서는 과를 바꾸기 어려운데 마침 미국 유학생 선발 시험에 합격해 마이애미 대학교 물리학과로 유학을 갔다. 이후 그는 "까다롭고 지루한 계산을 끝까지 해낼 수 있는 수학적인 기교를 터득한 물리학자이자, 추상적으로 보이는 이론이 실험 현상과 어떤 관계에 있는지를 잘 포착하는 특기"를 십분 발휘한 바, 한마디로 승승장구하는 삶을 살았다. 만 30세에 펜실베이니아 대학교 물리학과 정교수가 되고, 만 38세에 페르미 연구소 이론 물리학장이 되었다.

학문적 성취가 어떠했는지는 2006년 과학 기술인 명예의 전당에 이휘소를 헌정하면서 작성한 헌정서에 잘 나와 있으니, 다음과 같다. (헌정서의 내용은 스티븐 와인버그와 크리스 퀴그(Chris Quigg)가 쓴 조사, 로버트 윌슨(Robert Wilson) 페르미 연구소장의 추도사, 토프트의 추억담과 일치한다. 그만큼 객관성을 띠었다는 뜻이다.)

현대 물리학 이론의 기반인 '게이지 이론'은 양자 전자기 이론에 뿌리를 두고 있다. 이 이론은 질량이 없는 입자의 교환으로 전자기 현상을 나타낸다고 설명한다. 1967년 와인버그, 살람, 글래쇼는 무거운 게이지 입자들이 교환될 때도 성립하는 게이지 이론을 제창했다. 그러나 그 이론을 써서 실제로 의미 있는 계산이 가능한지는 모르는 상태였다. 이때 네덜란드의 젊은 대학원생 토프트가 유한한 답이 나오는 계산이 가능하다는 것을 펠트만과 함께 발표했다. 하지만 그들의 논문은 특이하고 복잡해 물리학계에서는 선뜻 받아들여지지 않았다. 이때 이휘소는 간명하고 일반적인 '비가환 게이지 이론의 재규격화'라는, 이제는 고전이 된 논문을 발표함으로써 펠트만-토프트 논문이 물리학계에서 각광을 받게 되었을 뿐만 아니라 와인버그-살람-글래쇼의 이론(현재 입자 물리학의 표준 모형이라 불린다.)이 전자기 현상과 약작용을 통합하는 전약 작

용이라는 통합 이론으로 널리 사용되는 데 결정적인 역할을
했다.

헌정서에 나온 인물은 모두 노벨 물리학상을 받았다. 저자가 이휘소를
'노벨상 메이커'라 부른 이유다.

이휘소에게 진 빚을 갚기 위하여

이휘소에게 덧씌운 핵무기 개발 참여라는 암막을 벗겨 내면 남는 것은
무엇일까? 딴짓 안 하고 연구에만 몰두한다 해서 붙은 '팬티가 썩은 사람'
이라는 별명으로 상징되는 그 무엇이다. 우리가 이휘소라는 이름을 들을
때 떠올려야 할 것은 그가 모든 종류의 힘을 통합하는 궁극적인 이론을 찾
으려 한 빼어난 물리학자였다는 점이다.

그리고 우리가 부끄러워해야 할 것이 있다. 그 이휘소를 우리가 키워 내
지 못했다는 사실이다. 이휘소가 살아 있었다면 노벨상을 받았으리라는
타령은 이제 그만하자. 우리의 교육과 연구 환경으로도 제2, 제3의 이휘소
가 나오게 근본부터 바꿔 나가자. 그래야 (핵무기 개발 운운하며) 이휘소에게
진 빚을 갚을 수 있을 터이다.

특별 좌담
왜 그 책을 고전이라 불렀을까

이 특별 좌담은 2016년 《프레시안》에서 진행한 '월요일의 과학 고전 50'의 연재
가 종료된 후 강양구, 김상욱, 손승우, 이명현 네 명이 모여 나눈 좌담을 녹취해
그 내용을 다듬은 것이다. 이 연재 프로젝트에 얽힌 뒷이야기뿐만 아니라 현장
과학자로서, 과학 저술가 및 기자로서 한국 과학 도서, 과학 문화 전반에 대해
느끼는 제반 문제를 논의하고 있다. 이 좌담은 사이언스북스에서 운영하는 '네
이버 오디오클립' 「과학 수다 시즌 2」 파일럿 프로그램으로 발행된 바 있다.

과학인, 과학 고전을 직접 고르다

강양구　다들 일주일에 한 편씩 독후감 쓰시느라 많이 고생하셨는데, 어
　　　　떠셨어요?

김상욱　저한테는 좋은 시간이었어요. '고전'으로 뽑아 놓은 책이다 보니
　　　　굉장히 좋은 책들이었어요. 물론 이미 한 번씩 다 본 책들이 많았
　　　　고요. 리뷰를 쓰기 위해 다시 읽었는데, 더욱 좋더라고요. 힘들었
　　　　지만, 느낀 바가 많았습니다.

이명현　저는 '과학 고전'이라는 말에 어폐가 있다고 생각해요. 고전 목록
　　　　을 뽑는다는 것에 양가적인 생각을 갖고 있기도 합니다. 대학에
　　　　서 선정하는 고전 목록들을 보다 보면, 교수들이 전혀 읽어 보지
　　　　도 않고 투척했거나 아무도 읽지 못하는 책들이 버젓이 실려 있
　　　　어요. 몇 십 년 동안 말이지요. 저는 과학 고전을 고르고 독후감을
　　　　쓰는 이 프로젝트를 통해서 이런 부분에 문제를 제기하고 싶었습

니다.

　한편으로는, 과학자들과 과학 저술가들이 모여서 독자들이 실제 읽을 수 있는 책들을 직접 뽑아 보는 작업이 필요하다고 생각했어요. 고전이기는 하지만 동시대성을 확보해야 한다고 생각한 겁니다. 그러던 차에 이렇게 의기투합을 하게 돼서 뿌듯함을 느꼈습니다.

강양구　목록 자체를 만든 것도, 다시 읽고 독후감을 써 본 것도 의미 있는 경험이었다는 말씀이시군요. 손승우 선생님은 어떠셨어요? 학계 외부에서 진행되는 과학 문화 프로젝트에는 처음 참여하신 거지요?

손승우　아시아태평양 이론물리센터에서 과학 문화 위원을 하면서 훌륭한 선생님들과 같이 글을 쓸 기회가 생겼다는 것 자체가 제게는 큰 영광이었습니다. 이렇게 마감을 정해 놓고 글을 써 본 적이 없는데, 처음으로 마감에 마음을 졸여 보기도 했네요. 하지만 굉장히 즐거운 작업이었습니다. 무엇보다 제 연구 주제들을 소개하는 책들이 많이 포함돼 있었어요. 제 연구 분야를 소개하면서 글을 쓸 수 있었던 것도 즐거움 중 하나였습니다.

　또 현장 연구자로서도 의미가 있었습니다. 일반 독자들을 위한 일종의 교양서이지만, 이 책들을 읽다 보면 연구 아이디어가 떠오르곤 했습니다. '이래서 고전이라고 하는구나!' 하는 생각이 들었지요. 아무래도 각 분야의 초창기 연구를 다루는 책들이 많은데, 저도 처음 이 분야들을 접했을 때 가졌던 의문을 다시 생각해 보는 좋은 기회가 됐습니다.

강양구 손승우 선생님께서는 연재 과정에서 소소한 논란에도 휘말리셨
      지요?『싱크』에 대해 쓰시면서 번역 용어에 문제를 제기하셨는
      데, 그 책을 번역하신 선생님과 SNS에서 잠깐 설왕설래가 있었
      던 걸로 알고 있습니다.

손승우 예.『싱크』는 개인적으로 굉장히 좋아하는 책이고, 제가 박사 과
      정 때 연구한 분야의 책이에요. 그래서 그 책이 다시 출간됐으면
      좋겠다는 뜻에서 글을 썼던 겁니다. 당시 연구자의 입장에서 본
      번역과, 번역가의 입장에서 본 번역이 달라서 생긴 문제였어요.
      나중에 서로 풀었지요.

       당시에 대화를 나누면서 굉장히 많이 배웠습니다. 그전까지 번
      역 작업에 대해 깊이 생각해 본 적이 없었는데, 여러 생각을 할 수
      있는 기회였어요. 제가 쓴 글에 댓글이 달리는 경우가 많지 않은
      데 그 글에는 댓글이 한 50개 정도 달렸어요. 그때 번역가의 의견,
      과학자의 의견이 다양하게 오갔고, 제가 분명히 실수한 부분을
      확인했습니다. 번역 문제를 연구자와 번역가가 같이 풀어 나가면
      더 좋은 번역이 나오겠다는 결론을 내렸던 걸로 기억합니다.

가독성, 과학 고전의 기준

강양구 저는 '월요일의 과학 고전 50'이라는 이름으로 리뷰를 쓰고 연재
      를 하는 프로젝트에는 참여했지만 목록 선정 작업에는 참여하지
      않았기 때문에, 어떤 기준으로 책들을 골랐는가 하는 질문을 선
      생님들께 제가 드려도 될 것 같습니다. '과학 고전 50'의 목록이
      선정된 다음에 배포된 보도 자료에서 제 눈에 꽂힌 단어가 "가독

성"이더라고요. "현재를 살고 있는 일반 독자들이 현재 시점에서 과학을 이해하고 그것을 자신의 삶에 적용할 수 있는 가독성을 지닌 도서를 그 선정 기준으로 삼았다." 사실 "일반"이라는 표현을 써서 죄송스럽긴 합니다만, 일반 독자들이 과학책 자체를 어려워하거나 진입 장벽이 높은 것으로 생각하는 경우가 많잖아요. 특히 소설이나 인문학 서적을 읽는 것과 비교했을 때 더욱더 그렇지요. 그렇다면 과학책에 있어서 '가독성'이란 뭘까요? 쉬운 책인가요?

김상욱 그 질문에 답하려면 '왜 과학 고전을 정의했는가?' 하는 문제를 먼저 얘기해야 합니다. 사실 이 프로젝트는 제가 강하게 주장해서 시작됐어요. 제 개인적인 경험이 발단이었지만, 이전부터 고민한 문제이기도 합니다. 부산 대학교에서 고전을 선정할 때 제가 참여한 적이 있었어요. '대학생이 읽어야 할 고전 100선', 이런 걸 많은 대학들이 만들잖아요. 그때 저는 과학 분야에 참여했는데, 제가 과학책을 쭉 제안하고 나니 어떤 분이 제게 이렇게 물어보시는 겁니다. "칼 세이건이 위대한 과학자입니까? 아니면 리처드 도킨스나 제임스 글릭이 과학을 대표할 만한 인물입니까?" 그래서 "그건 아니지만, 책이 좋습니다."라고 답했습니다. 그랬더니 자신들과는 선정 기준이 다르다고 말하는 거예요. 그때 문제 의식을 갖게 됐습니다.

　　예를 들어 칼 세이건의 『코스모스』는 과학 분야의 고전입니다. 리처드 도킨스가 쓴 『이기적 유전자』도 마찬가지고요. 그런데 다른 분야, 특히 인문학 분야의 고전 목록을 보면 아리스토텔레스,

플라톤, 아니면 노자가 나옵니다. 이들과 20세기 후반 베스트셀러 작가를 같은 반열에 올리는 건 쉽지 않겠지요. 그래서 소위 인문학 하시는 분들은 "고전의 기준에 맞지 않는 것 같다. 왜 자꾸 그 책을 고전이라 하는지 모르겠다."라고들 하시는 거 같았지요. 저도 고민했습니다. '과연 아인슈타인이나 갈릴레오 혹은 뉴턴이 쓴 책을 (과학의) 고전 목록에 올릴 수 있을까? 왜 과학자들은 그 책들을 고전 목록에 올리지 않는 걸까?' 다른 대학교에서 선정한 고전 목록도 한 번 봤는데, 실제로 뉴턴의 『프린키피아』가 있었어요. 그러다 보니 '이 목록은 과연 어떤 기준에서 정해진 걸까? 지금까지 주로 인문학이나 다른 분야의 연구자들이 고전을 선정할 때 적용하던 기준을 과학에 그대로 적용하는 것이 맞을까?' 하는 의문이 생겼지요. 앞에서 이명현 선생님께서 말씀하신 대로, 고전을 선정하는 작업이 꼭 필요한지도 명확하지는 않아요. 그런데 당시의 저는 어떻게든 선정을 해야만 하는 상황이었습니다. 그래서 '이런 상황에서 내가 책을 정한다면 어떤 기준을 제시할 수 있을까?'라고 고민한 겁니다.

인문학 분야에서도 고전 목록의 장단점을 따지기에 앞서서 고전이 뭔지, 왜 고전을 읽어야 하는지 많이 고민했으리라 봅니다. 그래서 저희도 이 프로젝트를 기획하고 나서 초반에 고민을 많이 나눴어요. 특히 이 자리에 계시지 않지만, 도서 평론가로 책 분야의 전문가인 이권우 선생님께서 선정 작업에 참여해 주로 인문학 고전 얘기도 많이 해 주셨습니다. 과학 분야에는 어떤 기준이 적용되어야 할지 함께 얘기를 나눴지요. 지금 우리가 과연 갈릴레오나 뉴턴이 쓴 책을 직접 보는 것에는 어떤 의미가 있을까? 이런 질문을 던지지 않고 '뉴턴이 유명하니까.'라고 하는 것만으로는 부족하다는 생각이 들었습니다.

그때 가독성이라는 개념이 나오게 됐습니다. 결국 고전은 그 책들이 쓰인 당대가 아니라 지금, 우리에게 도움이 되고 우리가 읽어야 하는 책들의 목록이 아닐까요? 인문학에서는 2,000년 전에 쓰인 책도 목록에 올리고 사람들에게 읽으라고 추천할 수 있습니다. 하지만 과학은 인문학과 다르다고 봤습니다. '2,000년 전에 쓰인 과학책을 지금 읽어야 하는가?'를 질문했을 때, 지금 읽을 수 없는 과학책은 목록에 올리지 않는 것이 맞겠다는 결론에 도달하게 된 겁니다.

보통 고전이라고 하면 옛날 책을 생각하게 됩니다. 하지만 저희는 옛날 책이라고 해석하지 않았던 겁니다. 비록 저자가 아주 위대한 학자가 아니더라도, 지금 우리가 그 책을 읽었을 때 도움을 얻을 수 있는지를 생각했습니다. 더구나 과학에서는 19세기 중반 이후부터는 위대한 지적 성과들이 대부분 책이 아니라 논문으로 발표되고 있습니다. 그렇다고 과학책의 중요성이 줄어들었을까요? 오히려 일반 독자들을 위해서는 중간에서 과학 논문을 일상 언어로 풀어 줄 과학책의 중요성이 더욱 커졌습니다. 또 위대한 과학자가 꼭 좋은 책을 쓴다고도 할 수 없게 되었어요. 그런 의미에서 논문의 수식과 도표들을 가독성 높은 우아한 일상 언어로 바꿔 줄 과학의 번역가들, 칼 세이건, 리처드 도킨스 같은 과학 저술가들의 가치가 더욱 커졌지요. 그러한 맥락에서 가독성을 과학 고전 선정에 있어 중요한 기준 중 하나로 정하게 됐습니다.

강양구 가독성이라는 용어 자체가 사실은 일반 독자를 염두에 둔 용어라고 할 수 있잖아요? 그런데 과학 고전과 일반 고전 사이에는 차이점이 있을 것 같습니다. 예를 들어 김상욱 선생님께서 말씀하신 아리스토텔레스나 플라톤의 책은 일반 독자들에게도 영감을 주는 책입니다. 또한 해당 분야의 전문가들도 끊임없이 참고하고 읽어야 할 책이고요. 그런데 논문을 일상 언어로 번역하기만 했다면 해당 분야의 연구자는 그 책을 안 읽지 않을까요? 가독성을 지나치게 중시한다면 고전으로서 시대를 초월한다는 측면이 간과될 수도 있지 않을까요?

이명현 그렇지요. 우리가 이번에 만든 목록은 '교양' 과학책 중 '고전'이라 할 만한 책들의 목록일 수밖에 없어요. 최첨단 지식을 생산해 내는 연구 활동과, 교양으로서 과학 지식을 습득하는 활동은 이미 분리돼 있기 때문이지요. 우리 목록에는 그런 현실이 반영돼 있다고 볼 수 있습니다.

그렇다고 역사성이 있는 책만 고전 목록에 넣을 수는 없어요. 역사성을 담보하는 한편으로 동시대성도 있어야 책이 읽힐 테니까요. 책이 현재의 우리에게 의미가 있어야 하는데, 코페르니쿠스나 갈릴레오의 책이 과연 지식 면에서 의미가 있을까요? 그 책들은 역사의 영역으로 넘겨야 한다고 봅니다. 그런 현실을 반영해서 '고전'이라는 단어를 과학에 붙이고 새롭게 해석했다고 할까요? 굉장히 현실적인 대안을 내놓기 위해 작업을 했다고 말씀드리고 싶습니다.

'뻔한' 책들이 많다?

강양구 가독성 면에서 보면 확실히 비교적 훌륭한 책들이 이 목록에 선정된 것 같아요. 해당 분야에 전문성이 없더라도 읽기에 장벽이 높지 않은 책들이 뽑힌 것 같습니다. 그럼에도 불구하고 이 목록을 보면서 "뻔한 책들이 많이 들어가 있다."고 평가를 하시는 분도 봤습니다. 이런 평가에 대해선 어떻게 생각하시나요?

이명현 '뻔하다.'라는 것 자체가 고전임을 방증해 준다고 봅니다. 물론 목록이 나오기 전이나, 목록이 나온 이후에 "이 책이 꼭 들어가야 했는데."라면서 반론이나 다른 의견을 주신 분들은 주위에 꽤 많아요. 그런데 고전 목록을 선정하는 데에는 선정 위원들의 공통된 의견과 사견이 들어가기도 하고, 또 책과 저자의 평판이 반영될 수밖에 없잖아요. 고전이라는 이름을 달기 때문이지요.

　선정 위원 중 누군가가 아주 강력하게 주장한 경우엔, 고집스럽게 넣은 책도 몇 권 있어요. 그래도 뻔함을 벗어나지 않았던 건, 고전이라는 틀 안에서 작업했기 때문이 아닐까요? 그래서 과학책 마니아들 사이에서 반론이 많이 나올수록 이 목록은 오히려 훨씬 더 보편성을 얻을 수 있지 않을까, 저는 그렇게 생각합니다.

김상욱 물론 전체적으로는 뻔하지요. 그런데 뻔하기 때문에 오히려 잘 만들어진 목록이라는 이명현 선생님의 말씀에 전적으로 동의합니다. 뻔하지 않았다면 과연 그 목록을 고전 목록이라 할 수 있을지 의문이 들 겁니다. 그런데 뻔한 것만도 아닌 것이, 예를 들어 이 목록엔 『이기적 유전자』가 없거든요. 『이기적 유전자』를 고르고 싶다는 유혹이 당연히 있었지요. 그런데 출간된 지 오래됐고,

도킨스는 그후에도 많은 책을 썼잖아요. 그렇다면 가독성이라는 측면에서 봤을 때, 『이기적 유전자』의 내용을 얻는 데 있어 과연 도킨스의 책 가운데 『이기적 유전자』가 최선인가 하는 질문을 해 봤습니다. 저희는 그렇지 않다고 판단한 겁니다. 고전을 뻔한 것으로만 해석하지 않기 위해서 그후에 나왔던 좋은 책을 선정한 거예요. 또 다른 예로, 이 목록엔 『엘러건트 유니버스』도 없습니다. 브라이언 그린의 대표작이지만, 그 책보다 더 좋은 책이 그후에 나왔기 때문이지요. 뻔한 듯하지만 뻔하지만은 않은 부분도 이 목록에서 찾을 수 있을 겁니다.

손승우 굉장히 다양한 분야를 망라하고자 한 의도가 보이고요. 특히 연구 역사가 얼마 되지 않은 복잡계 연구 관련 서적이 많이 포함되어 있고, 심리학이나 게임 이론 책도 많이 들어가 있다는 점이 다른 고전 목록과는 굉장히 다르다고 생각합니다.

강양구 『종의 기원』은 빼도 되지 않았나 하는 생각이 들더라고요. 오히려 『비글호 여행기』가 좀 더 나은 선택지가 아니었을까요? 『비글호 여행기』는 훨씬 더 가독성 있고, 지금 읽어도 다윈이라는 과학자의 면모를 잘 보여 주는 책이기도 하잖아요.

이명현 실제로 선정 과정에서 논쟁거리였던 책이 몇 권 있었습니다. 그중에는 『종의 기원』도 있고, 『코스모스』도 있었어요. 『종의 기원』은 이정모 선생님께서 강력하게 추천하셔서 목록에 넣은 책이에요. 저는 반대했고요. 다윈이 지금도 읽힐 만한 저자인지 논쟁이 있었는데, 읽힐 만하다고 결론을 내린 겁니다. 다윈에게 동시대성이 있다고 본 거지요. 그런데 다윈의 저작 중에는 『종의 기원』

말고도『인간의 유래』나『비글호 여행기』도 있지요. 그중 어떤 책을 골라서 목록에 넣을지를 생각해 보았을 때,『종의 기원』을 넘어설 만한 대안이 없지 않을까 하고 생각했습니다.

선정을 하면서 여러 사람의 의견을 종합해, 뻔함과 차별성 사이에서 타협을 했습니다. 그 과정에서 혁신적으로 넘지 못한 걸림돌 중 하나가『종의 기원』인 셈이지요.『코스모스』도 제가 강하게 반대했어요. 다른 모든 분들이『코스모스』를 넣자고 했는데, 저는『코스모스』보다는 오히려『에덴의 용』을 넣고 싶었거든요. 물론『코스모스』가 멋진 책이라는 데에는 동의합니다. 하지만『코스모스』에 비해 상대적으로 묻혀 있는『에덴의 용』은 칼 세이건의 모든 사상이 압축되어 있는 책입니다. 우주와 생명의 역사를 1년으로 압축한 '우주 달력'도 이 책에서 비롯됐고요. 인류 지성사에 대한 아주 멋진, 콤팩트한 책이라고 생각해요. 그래서 이번 기회에『에덴의 용』을 고전 목록에 넣어 보면 좋지 않을까 했는데, 결국『코스모스』를 빼지 못했네요.『이기적 유전자』를 빼는 데는 성공했지만.

강양구 김상욱 선생님이나 손승우 선생님께선 꼭 고집하신 책이나 '이 책은 조금 어렵다.' 하는 책 있으세요?

김상욱 저도『종의 기원』을 목록에 포함시키는 건 반대했습니다. 하지만 목록에 넣자고 강하게 주장하는 분이 한두 명 있고, 그분이 전문가일 때는 주장을 꺾기가 쉽지 않았지요.

이명현 책을 많이 쓴 저자들의 책 중에선 어떤 책을 넣을지 김상욱 선생님께서도 고민하셨으리라 봅니다. 저자 한 명당 한 권으로 제한했거든요. 그러다 보니 아무래도 닉 레인 같은 저자는 선정 과정에서 아쉬움이 남습니다. 굉장히 뚜렷한 저작이 있으면 문제가 없지만, 닉 레인은 저작들이 엇비슷하지요. 어느 것을 뽑아야 하나 의견이 많이 갈릴 수밖에 없었습니다.

손승우 저도 특별히 어떤 책을 고집하지는 않았어요. 선정 위원들이 책들을 고르기 전에 추천 위원들로부터 추천 도서 목록을 받았기 때문에 객관적인 데이터도 갖고 있었다고 할 수 있습니다. 방금 '뻔하다.'는 말이 나왔던『종의 기원』이나『코스모스』도 사실은 추천 위원들 사이에서 압도적인 지지를 받았던 책들입니다. 게다가 그 책들을 넣어야 하는 설득력 있는 논리가 있었기 때문에 선정했던 거예요. 뻔하지만 여전히 좋은, 고전 목록에 들어갈 만한 책이라고 생각합니다.

아마도 사람들이 예측하지 못했을, "어? 이게 어떻게 고전에 들어가 있지?"라고 할 만한 정말 특이한 책으로는『정재승의 과학 콘서트』가 있어요. 다른 데에서는 이 책을 고전으로 뽑지 않았을 겁니다. 굉장히 다양한 주제를 나열하고 설명하는 옴니버스 형식이 고전 목록에선 낯설 수 있지요. 하지만 저희가 이 책을 고전으로 뽑은 것은 가독성 점수를 굉장히 높이 줬기 때문입니다.

개인적으로는『사라진 스푼』같은 책이 우리가 생각할 수 없었던 것들을 재미있게 풀어 주는 책이었다고 보고요. 제가 특별히 추천했던, 특별히 고전 목록에 들어가기를 간절히 마음속으로 소망했던 책은『링크』였습니다. 다른 분들께서 먼저 올려 주시고 바로 고전에 올라가서 기뻤습니다.

김상욱   말이 나온 김에 덧붙일게요. 저희 선정 위원들끼리만 '과학 고전 50'을 선정한 건 아닙니다. 여러 분야에 계시는 35명의 추천 위원에게서 추천 목록을 먼저 받았습니다. 그 추천 목록에서 압도적인 표를 얻은 책들은 선정 위원들이 별로 고민하지 않고 전부 고전으로 선정했고요. 추천인 숫자가 적어질수록 논쟁이 심해졌지요. 그렇기 때문에 나름 객관적인 목록이라고 봅니다.

강양구   사후적으로 목록을 봤을 때, 저는 진화 심리학 책이 너무 많아서 고개를 갸우뚱했거든요. 고전 목록을 선정하실 때 이건 조정해도 되지 않았을까 하는 아쉬움이 들었습니다. 장점이 있는 책들인 건 사실인데, 다 모아 놓으니까 쏠림 현상이 있는 것처럼 보이더군요.

이명현   선정 과정에서 보편성을 따지면서, 동시에 우리의 특수성을 극대화하려고도 했어요. 일단 선정 위원들 각자가 가진 한계와 미덕이 있었습니다. 그 한계 때문에, 말씀하신 대로 빠진 분야들이 많지요. 그렇지만 대중적으로나 학술적으로나 잘 알려져 있지 않은 분야까지 선뜻 뻗어 나가서 고전을 선정하기는 힘들었습니다.

　　　　또 하나는, 일반 독자들은 잘 모르지만 선정 위원들은 확실히 알고 있는 분야들이 있었지요. 그런 분야들의 책들은 고집스럽게 주장해서 뽑기도 했습니다. 어차피 모든 도서 목록은 편파적일 수밖에 없다고 봐요. 하지만 그 편파적인 목록 또한 하나의 제안이라고도 말할 수 있겠습니다.

김상욱   한편으로는 우리나라 과학책 시장의 실제 모습을 보여 준다고 봐요. 저희가 '과학 고전 50'에 포함된 책들을 분류하고 통계를 내

봤습니다. 물론 경계가 애매한 것들도 있지만 정말 대략적으로 물리학이 14권, 진화론과 인류학이 합쳐서 10권, 생명 과학과 뇌 과학이 8권, 우주론 7권, 화학 3권, 수학 1권, 기타 7권이었어요. 실제 우리나라에서 출간된 과학책도 이런 비율을 보일 것 같습니다. 지적해 주신 부분은, 진화 심리학 분야의 책들이 시중에 많이 나오는 것이 영향을 준 듯해요. 화학이나 수학 분야는 정말 책이 없기 때문에, 목록에도 없는 거지요. 저희가 일부러 배제한 게 아니라요.

이명현 또 과학이라는 분야를 얼마나 더 확장시켜서 볼 것인지도 논쟁이 있었어요. 확장한다면 STS나 과학 철학, 과학사 책들도 포함시킬 수 있겠지요. 과학의 경계를 어디로 할 것인지도 선정 과정에서 토론을 많이 했어요. 그 부분에서는 보수적으로 접근했다고 볼 수 있습니다. 반대로 국내 저자의 책들을 의도적으로 많이 넣었던 건 굉장히 혁신적인 접근이었다고 생각합니다. 물론 이 문제는 논쟁거리이기도 하지요.

책 중의 책, 이 책을 '강추'한다

강양구 그럼 논의 방향을 바꿔서, 이 목록 중에서 '이 책은 꼭 한번 읽어 봤으면 좋겠다.'라는 책이 있으면 한두 권씩 골라 주시지요.

손승우 제가 추천하는 책은 『싱크』입니다. 다시 출간되지 않아서 아쉬운 책인데요. 다시 볼 수 있었으면 좋겠습니다. 다른 하나는 『이타적 인간의 출현』입니다. 제가 독후감을 썼던 책 중에는 경북 대학교 최정규 교수가 쓴 이 책이 굉장히 좋았거든요.

이명현 저는 제일 애정이 가는 책이 이종필 교수의 『물리학 클래식』입니다. 사실 『물리학 클래식』 전에 『과학의 최전선』이라는 책이 있었어요. 이 책은 물리학뿐만 아니라 다른 분야까지도 총망라해서 원전 논문을 내놓고 해석하는, 비슷한 포맷의 번역서입니다. 그런데 두 권을 비교해서 읽으면 이종필 교수의 책이 훨씬 더 서정적이고, 역사적인 맥락도 훨씬 잘 짚고 있어요. 사실 『과학의 최전선』은 원전을 쇼윈도처럼 보여 줘서, 독자들이 아쉬워하는 부분들이 있어요. 하지만 『물리학 클래식』은 교양 과학책을 읽다 보면 한 단계 더 넘어서고 싶은 때가 있는데, 그때 징검다리 역할을 해 줄 수 있는 굉장히 좋은 책이라고 생각합니다. 더불어 과학자들도 경험하기 힘든 원전을 경험하게 해 줘요. 그래서 한국 과학 출판의 역사에서 교양 과학책의 수준을 업그레이드한 굉장히 중요한 책이라고 생각합니다. 내용이 어렵긴 하지만 가독성도 있습니다. 그래서 『물리학 클래식』에 제일 애정이 가고, 이 책을 사람들이 많이 봤으면 좋겠습니다.

김상욱 저는 세 권을 추천합니다. 일단 『원더풀 사이언스』를 추천하지 않을 수 없네요. 이 책을 읽고 나면 누구든 과학을 공부하고 싶어질 겁니다. 평소에도 굉장히 좋아하던 책이어서 많이 추천해 왔어요. 리뷰 연재를 할 때도 이 책을 첫 번째로 선택했지요. 이 책이야말로 모든 과학 고전 목록의 처음에 두어야 하고, 또 과학책을 읽을 사람들이 첫 번째로 봐야 하는 책이기 때문이었습니다. 이 책을 읽고 나면 이제 과학으로 개종 내지는 귀의하게 됩니다. (웃음) 그래서 '강추'하고 싶고요. 다음은 『볼츠만의 원자』입니다.

강양구　이 책에 대한 서평도 SNS에서 굉장히 큰 화제가 되었잖아요. '엔트로피' 하면 가장 대표적인 책이 제러미 리프킨의 『엔트로피』인데, 김상욱 선생님께서 "엔트로피 개념을 진짜 정확하게 알고 싶으면 『엔트로피』 같은 책을 읽지 말고 『볼츠만의 원자』를 읽어라."라고 서평에 쓰셨지요?

김상욱　엔트로피라는 물리학적 개념이 갖는 진정한 의미를 밝힌 사람이 볼츠만입니다. 그래서 이 책은 볼츠만의 전기에 가까운데, 우리나라에 나온 책 가운데 아직까지는 엔트로피를 가장 제대로 설명한 책 중 하나라고 봅니다. 리프킨의 『엔트로피』는 제목이 독자를 현혹하지요. 책이 전하고자 하는 메시지는 좋습니다. 하지만 책 앞부분에서 설명하는 엔트로피 개념은 물리학적으로 틀렸어요. 그 책을 읽고 엔트로피의 물리학을 이해하려 하면 큰 오류를 범하게 됩니다. 그래서 저는 엔트로피의 개념을 이해하고 싶은 독자들에게 『볼츠만의 원자』를 권해 드립니다.

끝으로, 저는 물리학자이지만 생물학에도 관심이 많아요. 그런 까닭에서 『생명의 도약』을 추천합니다. 닉 레인의 책들은 버릴 게 없어서, 하나만 골라야 하는 게 참 안타까웠어요. 『생명의 도약』은 닉 레인의 책 중에서 가장 많은 표를 얻은 책일 겁니다. 닉 레인이 쓴 『미토콘드리아』라는 책도 좋아요. 『생명의 도약』을 보면 생명 과학이 지금 어디쯤 와 있는지, 우리가 생명 과학을 통해 어떤 식으로 세상을 볼 수 있는지를 알 수 있습니다. 아무리 문외한이더라도 한눈에 이 분야를 개괄할 수 있는, 굉장히 좋은 책이에요.

강양구 저는 두 권 정도를 생각해 봤습니다. 이미 앞에서 나온 책들을 빼면 우선 『내 안의 유인원』을 꼽겠습니다. 굉장히 좋은 책이지요. 우리나라에서 진화 심리학이나 동물 행동학과 관련된 책들이 많이 읽히잖아요. 그런데 『내 안의 유인원』은 그 진가에 비해서, 해당 분야의 다른 책들보다 독자가 적은 것 같아요. 그래서 저는 이 책이 그 분야에 관심이 있는 분들, 혹은 공부를 좀 더 해 보고 싶거나 알고 싶은 분들이 꼭 읽어야 할 책 중 하나라고 생각합니다. 또 『내 안의 유인원』은 우리나라에서 많이 읽히는 도킨스의 책들과는 다른 데에 방점이 찍혀 있어요. 그런 면에서도 『내 안의 유인원』을 추천하고 싶습니다.

다른 한 권도 정말 좋은 책이라고 생각하는데 절판이 됐어요. 『몽상의 물리학자 프리먼 다이슨, 20세기를 말하다』라는 책입니다. 이강영 선생님께서 서평을 쓰시면서 "프리먼 다이슨은 지구인인지, 외계인인지?" 이런 의문을 제기하기도 하셨지요. (웃음) 과학자가 지난 세기와 자신의 삶을 겹쳐 놓고 회상하면서 또 장구한 미래에 대한 비전을 제시하는 책입니다. 그 자체로, 과학을 좋아하는 분들이라면 일독해야 하는 책이 아닌가 싶습니다. 다이슨의 관점이라든가, 그가 제시한 비전에 전적으로 동의하지는 않지만요. 그래서 목록에 『몽상의 물리학자 프리먼 다이슨, 20세기를 말하다』가 있어서 굉장히 반가웠어요. 추천하고 싶은데, 구할 수 없는 책이 되어 버렸지요.

이명현 다이슨의 책이 우리나라에서 잘 안 먹혀요. 굉장히 멋진 분이고 매혹적인 분인데.

김상욱 그런 책도 일부러 몇 권 넣었어요. 절판 여부는 고려하지 않기로 했던 이유 중에, '이 책이 고전으로 선정되면 다시 출간되지 않을까?' 하는 바람이 있었지요.

강양구 그런데 '과학 고전 50'은 영어 보도 자료를 만들어서 웹에 올리지는 않으셨지요? 우리 한국의 과학자들이 뽑은 '과학 고전 50'을 다른 나라의 과학자나 독자들이 참고하게끔 하는 것도 참 좋겠단 생각이 새삼 들었습니다. '한국의 과학자들이 뽑는 과학 고전 목록에 우리가 아는 책 중 이런 것들이 들어가 있구나.'라고 외국 과학자들이 생각할 수 있고, 또 국내 저자들의 책들을 외국에 어필할 기회도 될 듯합니다. 영어로 목록을 만든 다음에 홈페이지에도 올리고, 검색되게끔 하면 어떨까요?

김상욱 '과학 고전 50' 선정 당시에 외국 사례도 조사해 봤는데, 외국에선 따로 고전을 선정하지 않더라고요. 도서관이나 학교에서 통용되는 목록은 있지만, 놀랍게도 우리처럼 이렇게 대중적이지는 않습니다. 고전 목록 만들기가 우리나라에서만 유행하는 건가 생각하기도 했는데요. 그래도 목록을 영어로 만드는 일이 어렵지는 않으니까 바로 해 볼까요?

이명현 재미있는 제안 같아요. 어차피 아시아태평양 이론물리센터가 과학자들의 허브 역할을 하는 연구 기관이잖아요. 프랑크푸르트 도서전 같은 곳에서 기회가 있다면 이 목록을 발표해도 좋지 않을까 하는 생각도 해 봤습니다.

손승우 국내 저자들의 책을 영어로 번역해서 외국에 알린다는 의미도 있을 것 같습니다.

20퍼센트, 국내 과학책의 현주소

강양구 이 '과학 고전 50' 목록의 가장 중요한 특징 가운데 하나가, 비교적 최근에 쓰인 국내 과학 저자의 책들이 20퍼센트 정도 들어가 있다는 겁니다. 이 점이 가장 중요한 장점 혹은 특징이 아닌가 생각했습니다. 그런데 어떤 분들은 "이 책이 고전이야?"라고 의문을 품기도 했고요. 또 좋은 책임에는 틀림없지만, '고전'이라는 레토릭에 부합하는 책인지 의구심을 가지는 분도 분명히 있을 것 같습니다.

이명현 두 가지를 이야기할게요. 우선 우리 사회에도 국내 필자들이 이제 좋은 책을 쓰기 위한 여러 조건들이 준비됐다는 겁니다. 어릴 때부터 한국어로 생각하고 말하는 대중이 확보되었고요. 좋은 과학책이 나올 만한 내적 역량이 성숙된 거지요. 21세기 들어 괄목할 만한 책들이 여럿 나온 것도 이런 역량과 조건을 바탕으로 한 겁니다. 또 한편으로는, 한국 교양 과학책의 역사가 몇 십 년이 안 되잖아요. 과거 코페르니쿠스 시대의 과학책이 없다고는 할 수 없겠지만 (『칠정산 내·외편』 같은 책들을 생각해 볼 수는 있겠지요.) 한글로 사고하고 글쓰기한 결과물은 아니잖아요. 그러다 보니 비교적 최근에 출간된 책들 가운데서 고전이라고 할 만한, 즉 현재 가독성도 있고 역사성도 있는 책들을 선정할 수밖에 없었던 겁니다. 미래에 읽힐 가능성도 고려해야 했지요. 국내 과학 저자의 책을 많이 선정하는 게 힘들기도 했지만, 미래 지향적 모험이라고 이해해 주시면 좋을 것 같습니다.

김상욱 사실, 국내 과학 저술 활동을 장려하자는 차원에서 의도적으로 많이 뽑아 보자는 얘기도 있었습니다. 우리나라의 과학 대중 서적의 효시가 1999년에 발간된『개미제국의 발견』이 아닐까 싶어요. 그렇기 때문에 국내 저자들을 뽑는다면 2000년 이후일 수밖에 없습니다. 이명현 선생님께서 말씀하신 대로 역사가 길지 않아요. 그래도 점점 늘어나고 있는 추세이니, 의도적으로라도 국내 저자들을 많이 넣어 보자고 생각했습니다. 비록 이 점에 대해서는 비판받을 수도 있겠지요.

강양구 지금 국내 저자의 책들이 10종, 이 목록의 20퍼센트를 차지하고 있는데요. 한 권 한 권이 너무 훌륭한 책들이고, 또 독자들이 많이 사랑하는 책들이에요. 그래서 저희가 가타부타 하는 것 자체가 조심스럽기는 합니다만, 한 권씩 소개해 볼까요?

이명현 그 전에 한마디 말씀드리겠습니다. 이번에 '과학 고전 50'에 선정돼서 지금 소개드리는 국내 고전 중에서 절반은, 몇 년 후에 이 목록을 새롭게 다듬을 때는 빠질지도 모릅니다. 함께 목록에 있는 외서들은 시간의 검증을 좀 더 오래 받은 게 많지요. 그걸 감안하셔야 할 것 같습니다.

강양구 1999년에『개미제국의 발견』이 나왔으니까 20년이 채 안 된 거지요. 그동안 한국의 과학 문화를 이끌어 왔다는, 혹은 상징한다는 점에서도 이 10권의 목록은 의미가 있을 것 같습니다. 한 권 한 권 살펴볼까요?

저자들의 나이로 순서를 매겼을 때, 제일 먼저 나오는 책이 강주상 교수의『이휘소 평전』이군요. 그러면 그룹을 만들어 볼까요? 강주상, 최재천, 최무영 교수가 1970년대 학번이고, 그다음

이석영, 최정규 교수가 1980년대 초중반 학번이고요. 나머지는 1980년대 후반에서 1990년까지 분포됩니다. 1990년대 이후에 대학에서 공부를 했던 분이 낸 책은 아직까지는 포함돼 있지 않네요.

앞에서 특별히 애정을 갖고 있는 책들을 이야기했는데, 한 권씩 먼저 고르서서 얘기해 볼까요? 손승우 선생님께서 최정규 교수의 『이타적 인간의 출현』을 꼽아 주셨는데, 이 책에 대해 좀 더 얘기를 해 주시면 어떨까요?

손승우 『이타적 인간의 출현』은 게임 이론에서 다루는 '죄수의 딜레마'나 '공공체 게임'으로 이야기를 시작합니다. 게임 이론상 항상 이기적인 사람들이 유리한데, 어떻게 사람들은 협력을 하게 됐을까? 이런 질문을 풀어 가기 위한 다양한 사례들이 책에서 제시됩니다. 실제로 최정규 교수가 연구한 사례들과 재미있는 이야기들을 차곡차곡 보여 주는 책이라고 할 수 있어요. 하지만 연구 소개에만 너무 집중한, 굉장히 따분한 책은 아닙니다. 책에서 제시되는 사례 하나하나가, 실제 삶에서 보이는 사람들의 선택이기 때문에 굉장히 재미있고요.

사실 최정규 교수의 『이타적 인간의 출현』과 나란히 놓고 생각해 볼 수 있는 책은 마틴 노왁의 『초협력자』입니다. 그런데 『초협력자』는 연구에 대한 내용은 오히려 조금 적게 다뤘어요. 그보다는 '내가 연구를 하면서 이런 에피소드도 있었다.'고, 좀 으스대는 느낌을 주는 책이에요. 그래서 저는 오히려 『이타적 인간의 출현』을 추천해 드렸습니다.

강양구 저도 『이타적 인간의 출현』을 굉장히 좋아합니다. 일단은 읽기가 쉽지요. 최정규 교수가 굉장히 열심히 공부하는 분인데도 불구하고, 어깨에 힘을 빼고 책을 썼어요.

이 책이 굉장히 의미 있다고 생각한 이유는 또 있습니다. 최근 진화 심리학의 첨예한 논쟁거리이면서 가장 중요한 화두 중 하나가 이타성입니다. 『이타적 인간의 출현』이 국내에 나온 건 이타성이 화두가 되기 한참 전이에요. 이제 막 논쟁이 되고 있는 이슈를 선취해서, 그 맥락을 쭉 보여 준다는 의미도 있는 겁니다. 이 부분도 높이 평가를 해야 하지 않나 생각합니다.

토종 물리학자가 고른 20세기 물리학의 순간들

강양구 이어서 『물리학 클래식』은 이명현 선생님께서 자세하게 얘기를 해 주시지요.

이명현 글 쓸 때나 강연할 때 『물리학 클래식』을 얘기하면서, 『물리학 클래식』이 아니라 『화학 클래식』, 『천문학 클래식』이 계속 나와 줬으면 좋겠다고 항상 얘기를 합니다. 한 권으로 끝나지 않는 책 쓰기, 또 징검다리 역할의 전형을 『물리학 클래식』이 만들었다고 보고요. 그렇다면 이 책의 틀을 베끼고 더 나아가서 심화시키는 노력도 필요하지 않을까요? 새로운 시도를 찾는 것도 중요하지만, 이렇게 의미 있는 책들이 10권, 50권이 될 수 있도록 했으면 좋겠다는 생각을 많이 하고 있습니다.

강양구 『물리학 클래식』은 물리학의 역사를 바꾼 20세기의 중요한 논문 10편을 이종필 교수가 선택해서 그 논문들의 내용과 맥락을 해설한 책이잖아요. 지금 이 자리에 물리학자 두 분이 계시는데, 어떻습니까? 이종필 교수 스스로도 사석에서 "이게 내 기준으로 뽑은 10편이기는 하지만, 모든 물리학자들이 동의하는 10편은 아니라고 생각한다."라는 얘기를 했던 것 같은데요.

김상욱 물리학자마다 다를 것 같습니다. 물론 몇 편은 동의할 수도 있겠지만. 물리학자더러 10편을 뽑으라고 하면, 그 물리학자가 속해 있는 분야에 따라서 다르게 뽑을 것 같아요. 저도 『물리학 클래식』이 꼽은 10편 모두에 동의하는 것은 아니에요. 다만 이종필 교수가 연구를 하면서, 남들이 하지 못했던 선정 작업을 시도했다는 게 굉장히 중요한 의미를 갖는다고 생각합니다.

강양구 이종필 교수가 『물리학 클래식』으로, 과학책의 한 전범을 만들어 놓았던 겁니다. 화학 분야나 생물학 분야, 아니면 천문학 분야에서도 이러한 글쓰기가 가능하지 않을까요? 사실 이명현 선생님께서도, 천문학 분야에서 중요한 논문들을 선별해서 해설하는 책을 내 보면 어떨까 하는 욕심이 있지요?

이명현 생각은 있지만, 전 제가 책을 쓰는 것보다는 다른 사람이 책을 쓰는 게 더 좋습니다. 아이디어는 제가 구상해 내고, 실제로 누군가가 그 아이디어를 구체화하는 게 정말 기쁘지요.

김상욱 『물리학 클래식』에서 제가 아쉬웠던 부분이 있어요. 아마 책이 만들어지는 과정에서 여러 제약이 있었겠지만, 책 안에서 소개한 원전을 번역해서 같이 실어 줬으면 좀 더 좋았을 것 같습니다. 물론 길이가 긴 논문은 힘들었겠지만요.

이명현 맞아요. 아까 제가 말씀드린 『과학의 최전선』에서는 24편가량 되는 논문을 번역해서 실었어요. 어떤 논문은 전체를 번역했고, 어떤 논문은 축약 번역하기도 했습니다. 번역하는 과정에서 원전에서 오탈자를 발견하기도 해서 굉장히 의미도 있었고요. 『물리학 클래식』에서도, 기회가 되었다면 실제로 번역을 해 줬으면 참 좋지 않았을까 생각합니다.

김상욱 번역해야 할 분량이 많다면, 일부분이라도 번역해 줬으면 좀 더 생동감이 있지 않았을까 싶습니다.

이명현 옛날 논문들이 그렇게 길지 않기 때문에, 전부 번역해서 책에 실어도 괜찮을 것 같아요.

물리학자의 사랑을 지켜 준 『정재승의 과학 콘서트』

강양구 물리학 얘기가 나왔으니까 물리학자들의 책을 더 얘기해 보겠습니다. 최무영 서울 대학교 교수와 정재승 카이스트 교수, 그러니까 통계 물리학계의 시니어 한 분과 통계 물리학계의 (굳이 따지자면) 주니어 한 분의 책이 나란히 들어가 있네요. 두 책은 성격이 다른 책이겠지요.

손승우 많이 다르지요. 우선 『정재승의 과학 콘서트』 얘기를 먼저 하겠습니다. 이 책은 읽다 보면 '이 책은 대학원생이 쓴 게 맞구나.'라는 생각이 들어요. 제가 대학원에 입학해서 공부했던 순서 거의 그대로 다 실려 있거든요. 특히 통계 물리학 분야에서 복잡계라는 용어가 나온 이후에 다양한 연구들이 이루어졌는데, 그중에서 정말 재미있는 연구들을 정재승 교수가 알짜배기만 뽑아서 잘 썼습니다. 이 책은 대학원생이 읽어 봐도 좋은 책이라고 생각합니다. 물론 대학생이 읽어도 좋고, 고등학생이 읽으면 '세상을 이렇게 해석해 나가는 방법도 있겠구나.' 하고 생각거리를 얻을 수 있는 책일 겁니다. 그리고 저 자신도 통계 물리학을 공부한 사람으로서, 이런 일을 먼저 해 준 정재승 교수에게 고맙다는 생각이 들고요.

이명현   손승우 선생님께서 후속작을 하나 쓰셔도 좋을 것 같아요. 정재승 교수가 이 책을 쓴 동기가 재미있어요. 정재승 교수가 미국에 있을 때, 한국에 있던 여자 친구에게 자신이 공부하는 분야가 이렇게 훌륭한 일이라는 걸 알려 주기 위해서였다고 합니다. 당시의 여자 친구가 지금의 부인인데, 정재승 교수의 노력이 굉장히 가상하지요. 또 책을 쓰는 게 일반 독자에게 눈높이를 맞추는 연습도 됐을 것 같습니다.

강양구   정재승 교수가 많이 쫓아다닌 걸로 알고 있습니다. (웃음) 그래서 제 생각에는 당시 여자 친구의 흔들리는 마음을 어떻게든 잡아 보려는 안간힘의 결과물이 『정재승의 과학 콘서트』 아니었나 싶습니다.

     그런데 『정재승의 과학 콘서트』 이후에 아류가 많이 나왔잖아요. 무슨 콘서트, 무슨 콘서트가 많이 있었지요. 그런데 『정재승의 과학 콘서트』와 비교해 보면 그 아류들을 저는 인정하고 싶지 않습니다. 『정재승의 과학 콘서트』의 가장 중요한 미덕 중 하나는, 직접 연구를 하는 과학자가 최신 연구 성과를 (이종필 교수처럼) 논문으로 직접 읽고 일반 독자들의 눈높이에 맞춰서 잘 서술했다는 것일 텐데요. 정작 그 후에 '콘서트'를 제목에 달고 나온 책들은 그 정도의 노력을 기울이지는 않은 것 같아서요.

이명현 강양구 선생님께서 말씀하신 부분이 『정재승의 과학 콘서트』에서 가장 중요한 포인트 같아요. 저는 이 책이 과학책 분야에서 일종의 '서태지' 역할을 했다고 봅니다. 과학책 쓰기가 『정재승의 과학 콘서트』 전후로 많이 바뀌었거든요. 죄송한 말씀이지만 선배들은 번역을 할 때 중역(重譯)도 많이 했고, 옛날 책들을 베끼면서 참고 문헌으로조차 언급하지 않기도 했습니다. 물론 지적 재산권에 대한 의식이 분명하지 않던 사회 분위기이긴 했지요. 그 책들에 저희가 빚진 게 많기도 하고요. 그런데 『정재승의 과학 콘서트』 이후엔 원전을 읽어야 하고, 2차 자료가 아니면 출처를 밝혀야 한다는 기준이 과학책 분야에 생긴 것 같습니다. 물론 저도 신문에 글을 쓸 때는 레퍼런스를 밝히지는 못하지만요. 항상 어떤 보도가 나오면 1차 자료 논문을 읽는 게 습관이 되었거든요. 이제 많은 과학 저술가들이 그러리라고 생각합니다. 그러한 문화가 당연해지게끔 한, 그래서 윗세대 과학 저술가들과 정재승 교수 이후의 과학 저술가들을 나눠 준 긍정적인 면으로 작용했다고 봅니다.

김상욱 그것도 중요하지요. 그런데 일단 『정재승의 과학 콘서트』는 재미있어요. 이게 가장 중요합니다. 당시에 '정재승식 글쓰기' 같은 말이 나올 정도였지요. 이렇게 글을 쓰면 과학이 이렇게나 재미있고 쉽게 이해된다는 걸 알게 된 것 같습니다. 한국어로 쓰인 과학책이 이런 형태일 때 성공할 수 있다는, 일종의 모델을 보여 준 거고요. 저는 대학교에 있다 보니, 학생들 입학 사정을 하게 됩니다.

자기소개서 같은 것들을 쭉 읽다 보면 정재승 교수가 우리나라 중고등학교 교육에 미친 영향이 상상을 초월한다는 걸 알게 돼요. 아이들이 본 책이 많지 않을 텐데 독후감이나 감명 깊게 읽은 책, 과학 쪽으로 진학하게 된 동기로『정재승의 과학 콘서트』가 너무나 많이 나옵니다. 이 책이 우리나라 과학계에 준 영향은 지대합니다. 우리나라의 과학책 또는 과학 출판업계가 오늘날과 같이 많이 커진 데에 결정적인 역할을 한 것 같아요. 물론 이명현 선생님께서 말씀하신 대로, 참고 문헌과 같이 수많은 형식적인 장점도 가지고 있지요.

강양구 정재승 교수는 이 책으로 유명 인사가 됐죠. 사랑도 지키고, 유명 인사도 되고, 인세 수익도 꾸준히 얻고.

이명현 반면에 그늘도 있습니다.『정재승의 과학 콘서트』의 글쓰기는 참고 문헌을 굉장히 많이 보여 주고, 그 참고 문헌을 바탕으로 자신의 이야기를 끌어가는 형식을 띠지요. 앞에서 얘기할 때 깊이 있게, 또는 자신의 것으로 소화할 만한 여지를 보여 주지 않아요. '이런 게 있는데 멋지지. 그러니까 내 말 들어.' 이런 식이거든요. 저는『정재승의 과학 콘서트』를 극복해 나가는 글쓰기와 책이 나와야만, 우리나라에 과학 글쓰기가 정착되지 않을까 생각합니다. 그래서 이 책이 이번엔 '과학 고전 50'에 포함됐지만, 언젠가는 빠졌으면 좋겠어요.

강양구 그래서 저희도「과학 수다 시즌 1」의 성과를 모아서『과학 수다』책을 낼 때, "콘서트의 시대는 가고 수다의 시대가 왔다."라고 했잖아요.

김상욱 사실 정재승 교수는 그 문장을 엄청 싫어했어요.

강양구 『과학 수다』 추천사 말미에 "소박한 바람이지만 콘서트의 시대는 가지 않았으면 좋겠다."는 얘기를 덧붙이기도 했지요.

사회를 말하는 물리학자

강양구 이어서 최무영 교수의 얘기를 해 볼까요? 최무영 교수는 통계 물리학의 시니어라고 할 수 있겠습니다.

손승우 그렇지요. 사실 『정재승의 과학 콘서트』는 통계 물리학, 그중에서도 복잡계 과학이라는 주제를 담고 있습니다. (유사한 주제를 담고 있는 책으로는 『사회적 원자』, 『링크』, 『싱크』가 있습니다.) 최무영 교수도 같은 통계 물리학자이지만, 『최무영 교수의 물리학 강의』에서 '이렇게 편안하게 쓰면서도 진지한 얘기를 할 수 있구나. 그리고 수식을 마음대로 써도 사람들이 좋아할 수 있구나.'를 보여 주지 않았나 싶습니다. 이 책을 보면 수식이 막 나오거든요. 에너지라는 개념도 설명하고요. 현대 과학이 생명을 어떻게 이해하는지도 다룹니다. 결국은 복잡계 연구까지 이어지지요. 그 과정에서 과학을 이야기할 뿐만 아니라 과학을 하는 연구자의 자세, 과학 연구자의 자세를 지니면서 동시에 인문학으로 생각하는 방법도 제시해 주는 책이 아닌가 싶습니다. 그래서 장대익 교수도 이 책의 서평에서 '두 문화'를 얘기하면서 "이 책이 인문학, 사회 과학과 과학, 공학 사이에서 다리 역할을 했으면 좋겠다."고 써 줬고요. 실제로 그런 책이었다고 생각합니다.

강양구 이 책이 《프레시안》에 먼저 연재가 되었잖아요. 뒷얘기를 말씀드리자면, 담당자가 수식 때문에 엄청 고생을 했어요. 수식을 일일이 수작업으로 넣었거든요. 사실 웹에서 수식을 구현하기가 쉽지 않습니다. 오류가 있으면 안 되니까 《프레시안》 디자이너와 담당자가 수식을 일일이 그림으로 그리고 올렸어요. 그때 고생하는 모습을 제가 옆에서 봤거든요. 다행히 제가 담당자는 아니었습니다. (웃음)

모두 최무영 교수와 개인적으로 인연이 있으시겠지만, 저는 기자 생활을 하면서 인연이 닿았는데요, 그 나이 대의 시니어 과학자 중에서도 사회 문제에 굉장히 관심이 많은 분입니다. 사회 참여나 사회적 발언을 하는 데에도 주저하지 않으려고 노력하는 분이고요. 『최무영 교수의 물리학 강의』에도 군데군데 그런 대목들이 있잖아요. 물리학 내용을 소개하면서 그 맥락도 소개하고, 또 사회적인 이슈와도 끊임없이 연결하는 시도들을 대담하게 했습니다. 참 의미가 있지 않나 하는 생각이 들었습니다.

이명현　과학책 쓰기에는 여러 내적 강박이 있어요. 모든 걸 체계적으로 설명해야 한다든가, 가치 중립적으로 서술해야 한다든가 하는 생각이 있는 거지요. 저는 그런 생각을 깼으면 좋겠습니다. 책 한 권에서 모든 걸 해결할 수는 없잖아요. 그렇다면 좀 더 편파적이고 주관적으로 자기 주장을 하고, 그 주장을 평가받기도 했으면 좋겠습니다. 자기 얘기도 더욱 직접적으로 할 수 있고, 또 다양성도 확보할 수 있었으면 좋겠어요. 최무영 교수의 톤 중에 어떤 부분은 마음에 들지 않고, 어떤 부분은 조금 어색하기도 합니다. 하지만 그렇게 발언하는 용기와 자신감이 부럽고 멋지다고 생각해요.

김상욱   일단 최무영 교수 자신이 뛰어난 물리학자예요. 우리나라 통계 물리학 분야에서 손꼽을 수 있는 물리학자 중 한 사람인데, 국내에 잘 알려져 있지는 않습니다. 책에서도 어떤 부분은 내용이 굉장히 깊어요. 저도 논문을 쓸 때 그 책에서 인용해 쓴 자료도 있습니다.

강양구   『최무영 교수의 물리학 강의』에는 논란이 될 만한 부분도 있는 걸로 알고 있습니다. 비약도 많고, '이 부분은 최무영 교수 개인의 의견이지, 학계에서 공인된 의견은 아니다.'라는 대목도 몇 있다고 들었거든요.

김상욱   평소 강의를 할 때에도, 최무영 교수는 본인의 생각을 많이 이야기합니다. 저도 동의할 수 없는 부분들이 몇 있어요. 우주에 대한 기본적인 입장 같은 것들이요. 그런데 이런 의견 차이는 당연하다고 봅니다. 많은 과학자들이 어느 정도 시간이 지나면 자신만의 관점이 생기니까요.

손승우   과학의 스펙트럼을 넓게 담고 있거든요. 리처드 뮬러의 『대통령을 위한 물리학』도 굉장히 많은 주제로 이야기를 풀어 나가는데, 그 정도로 넓은 스펙트럼이라고 생각합니다. 생명 과학, 우주까지 얘기하면서 중간에 음악도 나오고, 미술도 나오고요. 자유자재로 반죽하는 능력이 굉장히 탁월해요.

'최재천 사단', 우(右) 전중환과 좌(左) 장대익

강양구   앞에서 최정규 교수 얘기가 나오긴 했습니다만, 최정규 교수를 빼고라도 최재천, 장대익, 전중환 세 교수는 밖에서 볼 때 한 울타리에 묶일 법한 분들이잖아요. 본인들은 동의하지 않을 수도 있겠지만요. 『개미제국의 발견』부터 얘기할까요?

『개미제국의 발견』은 독특한 책이지요. 최재천 교수는 진사회성(眞社會性, eusociality) 동물 중 하나인 개미를 스승인 에드워드 윌슨과 공동으로 연구했어요. 좋은 저널에 논문도 많이 실렸던 과학자가, '내가 공부한 개미에 대해 대중과 커뮤니케이션을 해야겠다.'라고 마음을 먹고 자신의 연구 성과를 한국어로 풀어 쓴 책이지요.

이명현　저는 『개미제국의 발견』을 처음 읽으면서, 충격을 받기보다는 부러움을 느꼈어요. 전 뭘 해야겠다는 꿈을 잘 안 꿉니다. 귀찮아서. 그런데 그 책을 보고는 '『천문학 제국』을 5권 시리즈로 내야겠다.' 이런 막연하고도 구체적인 꿈을 갖게 됐어요. 책의 내용을 보면 밀도가 엄청나게 높고요. 또 최재천 교수는 문장 구사력이 좋습니다. 문예부 활동도 하고 한때 시인도 꿈꿨다고 해요. 게다가 적절한 일러스트레이션도 들어갔지요. 결과적으로 『개미제국의 발견』은 할 말을 다 하고, 여운도 남는 아주 멋진 책이라고 생각합니다. 외국에 내놓아도 손색이 없는 책이지요. 최근에 이 책이 영어로 번역되었단 소식을 들었는데, 충분히 경쟁력 있다고 생각합니다. 특히 1차 연구 결과를 바탕으로 나왔다는 점도 굉장히 중요하고요.

강양구　개미와 관련해서 가장 많이 읽힌 좋은 책으로 『개미』라는 책이 있어요. 최재천 교수의 스승인 에드워드 윌슨의 책입니다. 윌슨에게 퓰리처 상을 두 번째로 안긴 두꺼운 책인데, 그 책보다 훨씬 간결하면서도 대중성은 훨씬 더 있는 책이『개미제국의 발견』이라고 생각해요. 그래서 개인적으로는『개미제국의 발견』이『정재승의 과학 콘서트』와는 다른 맥락에서 국내 과학책의 수준을 확 끌어올린 책이 아닌가 생각했습니다.

　한편 최재천 교수의 두 제자가 있습니다. '우 장대익, 좌 전중환'이라고 해야 할까요, '좌 장대익, 우 전중환'이라고 해야 할까요? 어쨌든 두세 살 터울의 장대익 교수와 전중환 교수가 각각『다윈의 식탁』과『오래된 연장통』이라는 책으로 '과학 고전 50'에 그 이름을 올렸습니다. 장대익 교수의『다윈의 식탁』은《과학 동아》에 연재했던 초고를 묶어서 낸 책이고, 전중환 교수의『오래된 연장통』은 아시아태평양 이론물리센터에서 펴내는 웹진《크로스로드》에 연재한 원고를 묶어서 낸 책인데, 두 책이 굉장히 다른 성격의 책이지요.

이명현　결이 극단적으로 다른 책이지요. 저자의 캐릭터를 아주 잘 나타낸 책들입니다. 먼저『오래된 연장통』은 (서문에서 전중환 교수가 밝히지만) 진화 심리학 입문서가 아니에요. 진화 심리학을 차근차근 설명해 나가는 책이 아니라, 각각의 구체적인 에피소드들을 묶은 책이거든요. 그래서 책을 읽을 당시에는 '그렇구나.' 하는데, 읽고 난 다음에는 진화 심리학의 전체적인 맥락을 파악하기가 굉장히 힘든 책입니다. 그래서 서문에도, "입문서를 원한다면 이 책을 갖다 버리고 다른 교과서를 읽어라." 이렇게 자신감 있게 내뱉어 놓았지요. 외국의 진화 심리학 책이 번역은 많이 돼 있지만, 사람들이 진화 심리학에 접근하기는 굉장히 어렵거든요. 사실 그 한 권,

한 권이 정말 어려운 책들이에요.

강양구　전중환 교수가 얘기하는, '진화 심리학의 교과서'라 할 법한 좋은 책들은 국내에 번역돼 나와 있습니다. 전중환 교수의 지도 교수인 데이비드 버스의 진화 심리학 책도 번역돼 있지요. 2014년에 도서 정가제를 앞두고 폭탄 세일을 할 때 전자책과 종이책이 엄청나게 싼 값에 팔리면서, 진화 심리학에 관심 있는 분들은 읽든 안 읽든 일단 한 권씩 사 놓으셨다고요.

이명현　말하자면, 『오래된 연장통』은 한 번 볼 만한 대학 교재입니다. 굉장히 간결하면서 메시지가 명확해요. 그리고 『정재승의 과학 콘서트』와 비슷하게, 진화 심리학의 최근 논문들을 바탕으로 쓰였지요. 여기서 전중환 교수의 성격이 드러납니다. 전중환 교수는 논문의 내용을 해석해서 의미를 부여하지 않고, 논문 내용을 책에 던져 놓습니다. 예를 들어서, 통닭을 사서 통닭으로 유사 성행위를 했을 때 그게 윤리적으로 문제가 있느냐, 없느냐를 묻는 대목이 있어요. 가능한 답변으로 1번, 2번, 3번이 있고요. 이때 보통은 저자가 자신의 생각을 얘기할 텐데, 전중환 교수는 자신의 생각은 얘기하지 않고 "이런 실험 결과가 나왔다."라고만 말합니다. 굉장히 생생한 얘기들을 무심하게 전달해 주는 책인 겁니다. 그래서 오히려 진화 심리학에 접근할 때 가장 처음 읽어 보면 좋은 책이지 않을까 생각해요.

강양구　그런데 한편으로는 위험한 책이라는 생각도 듭니다. 사실 진화 심리학 자체가 굉장히 논쟁이 많은 과학 분야잖아요. 그런데 전중환 교수는 우리나라에서 진화 심리학으로 처음 박사 학위를 받

은 과학자이지요. 그래서 '진화 심리학의 전도사'와 같은 정체성
으로 국내에 자리매김을 하고 있기 때문에, '이게 진짜 진화 심
리학이다. 너희들이 이런 연구 결과를 보고도 진화 심리학에 의
심의 눈초리를 던져?' 이런 메시지가 책에 아주 강하게 들어 있
어요. 그래서 『오래된 연장통』의 글쓰기도 굉장히 흥미롭습니다.
『정재승의 과학 콘서트』와 비슷하면서도 굉장히 다르다고 생각
합니다.

이명현　맞아요. 그러니까 던져 놓는 겁니다. 판단은 너희들이 해. 이런 거
지요. 『오래된 연장통』은 좀 더 관조적인 것 같아요. 던져 놓고 논
쟁을 이끌어 나가는 책 말이지요.

강양구　그래서 전 『오래된 연장통』은 작년에 전중환 교수가 낸 『본성이
답이다』와 같이 읽으면 좋겠다고 생각합니다. 같이 읽으면 '진화
심리학의 최신 연구 성과들은 이렇구나. 또 그 성과에 기반을 두
고 진화 심리학자가 세상을 보는 시각은 이렇구나.'를 전체적으
로 관조할 수 있지 않을까 해서요.

이명현　『본성이 답이다』는 『오래된 연장통』보다 조금 더 글쓴이의 생각
을 담았지요. 2016년에 어느 방송국에서 '2016년 아쉬웠던 책 한
권'으로 『본성이 답이다』를 꼽았어요. 생각보다 많이 안 알려져
서 아쉬웠고요. 강양구 선생님께서 말씀하신 대로 함께 보면 진
화 심리학을 전체적으로 개괄하는 데 굉장히 도움이 될 것 같습
니다.

강양구　전중환 교수가 약간 정통적이니까, '우 전중환'이라고 하겠습니
다. 그러면 '좌 장대익'이네요. 최재천 교수를 중심에 놓고 얘기를

하고 있는데, '좌 장대익'의 『다윈의 식탁』은 전혀 다른 책이지요.

이명현 장대익 교수는 그렇게 생각 안 할 텐데요. (웃음) 저는 가독성과 문학성, 대중 친화력으로 따지면 여기 나온 책 중에서 『다윈의 식탁』이 단연 최고라고 봅니다. 도킨스까지 포함해서 제가 읽은 진화 생물학 책 중에서요.

강양구 독자들을 위해서 『다윈의 식탁』을 간단하게 설명해 볼게요. 이 책은 가상의 콘퍼런스가 무대예요. 아까 말씀을 드렸다시피 진화 심리학이나 진화론과 관련해서는 지금도 굉장히 많은 논란이 진행 중인데, 그 논쟁의 당사자들이 진화 생물학자 윌리엄 해밀턴의 죽음을 계기로 한 콘퍼런스에 모입니다. 그들이 진화론의 중요한 주제들을 놓고 하루씩, 총 일주일 동안 논쟁을 한다는 설정으로 대화를 재구성한 책입니다. 얼마나 그럴듯했는지 《과학동아》에 이 책의 초고가 연재될 때 독자 중 몇몇이 장대익 교수한테 직접 연락해서 "출처가 도대체 뭐냐?"라고 물었다고 하지요. 어떤 기자는 실제로 취재하겠다고 하면서, 그 콘퍼런스의 프로그램과 녹취 파일을 확인하고 싶다고 요청했을 정도였습니다.

이명현 게다가 장대익 교수 자신이 사회자예요. 죽은 사람도 등장하고요. 자신이 굉장히 중심적인 역할을 하다가 끝에서는 살짝 빠져주는 미덕도 발휘합니다. 진짜 있었던 일들을 기록해 놓은 느낌이 들 정도고, 발언자 한 명, 한 명이 정말 그 사람이 했음직한 말을 합니다. 그런 의미에서 장대익이라는 작가의 장점을 100퍼센트 발휘한 책이라고 봐요. 읽고 나면 진화 생물학의 전체적인 그림과 지도를 머릿속에 집어넣을 수 있게 해 주는, 아주 멋진 책이라고 봅니다.

강양구 현대 진화론의 여러 논쟁들을 한눈에 펼쳐 볼 수 있는 책인 거지요. 『다윈의 식탁』이 성공해서 장대익 교수가 자신감을 얻은 이후로 『다윈의 서재』라는 후속작을 냈고, 또 『다윈의 정원』이라는 책이 나왔다고 합니다. 그래서 다윈 시리즈 3부작이지요.

김상욱 이렇게 책을 완결 지을 수 있다는 게 참 멋있어요.

이명현 『다윈의 정원』 나오기 전에, 책 제목을 『다윈의 침실』로 하라는 제안을 했는데, 기각됐어요. (웃음)

강양구 장대익 교수는 굉장히 똑똑하고 명민하신 분이라서 그런지, 계속 흡수하시면서 자가 발전하고 진화하시는 모습을 보여 주지요.

이명현 맞아요. 장대익 교수의 책 추천사를 쓰면서, 장대익 교수를 "흑체 (黑體) 같은 사람"으로 표현했거든요. 물리학에서 '흑체'라는 게, 다른 파장을 다 흡수해서 자신의 것으로 재방출하는 물질인데, 장대익 교수가 그런 사람인 것 같습니다.

강양구 전중환 교수와 장대익 교수의 결정적인 차이점이 있지요. 전중환 교수는 진화 심리학에 두 발을 굳건하게 세우고, 정통적이고 완고한 입장을 방어하면서 진화 심리학의 테두리 안에서 새로운 연구 성과들을 축적하는 분입니다. 반면 장대익 교수는 진화 생물학에서 시작했지만 계속 영역을 넓혀 가면서 자신만의 생각을 가다듬는 분이지요. 같은 곳에서 출발한 두 학자가 전혀 다른 방향으로 가고 있어서 흥미롭다는 생각이 들었습니다. 그러고 보니까 선생님은 『물리학 클래식』에 대한 서평에서 이종필 교수도 흑체 같은 사람이라고 하셨죠? 일종의 이명현식 애정 표현인가요? (웃

음)

김상욱 처음엔 몰랐는데, 나중에 알고 보니까 장대익 교수가 저랑 대학
동기더라고요. 원래 동기가 쓴 책은 보고 싶지 않잖아요. 제목도
공연히 마음에 안 들어서, 한동안 안 보고 있었어요. 그러다 어떤
계기로 인해서 그 책을 읽게 됐는데, 깜짝 놀랐어요. 정말 잘 쓰인
책이더라고요. 읽고 나서 진화론에 대해서 제가 얼마나 무지했는
지 깨달았습니다. 『센스 앤 넌센스』를 자연스럽게 보게 되고, 제
지식을 넓히는 데 동기가 큰 공헌을 한 거예요.

그런데 저는 장대익 교수가 평가 절하되고 있지 않나 생각합니
다. 2015년에 김경만 서강 대학교 사회학과 교수가 『글로벌 지식
장과 상징폭력』(문학동네, 2015년)이란 책에서, 한국 학계의 문제
점을 지적하면서 "한국 학계는 우물 안 개구리다."라고, 국제적인
인지를 받지 못하는 학자들이 국내에서만 판친다고 비판한 일이
있었습니다. 그 맥락에서 김경만 교수가 "식탁류의 책"이라는 표
현을 써요. 아마 공격의 표적이 최재천 교수였던 것 같은데, 공격
을 하면서 "식탁류"라는 표현으로 『다윈의 식탁』을 언급한 겁니
다. 그 부분을 읽다가 참지 못하고 책을 덮어 버렸어요. 앞에서 이
명현 선생님께서도 말씀하셨다시피 저 또한 『다윈의 식탁』이 어
떤 책보다도 제게 진화론의 현재 상황을 명징하게 알려 준 책이
라고 생각합니다. 또 우리나라 학자들이 이런 책을 더 많이 써야
한다고 생각하고요. 그래서 그런 비판이 더욱 안타까웠습니다.

강양구 기왕에 이름이 언급되었으니 제가 김경만 교수를 소개하겠습니
다. 김경만 교수는 서강 대학교에서 과학 사회학을 가르치는, 사

회학계의 시니어 교수이지요. 사회학계 내에서도 논란이 있는 분이에요. 우선 이념적 편향성을 보이고요. 한편 외국 저널에 논문 발표하는 걸 굉장히 중요하게 생각하는 분입니다. 그래서 국내 사회학자나 사회 과학계의 여러 성과를 논평하는 일을 굉장히 수준 낮다고 생각하는 경향이 있더라고요. 학문적 성과에서 비판할 건 비판하고, 발전시킬 건 발전시키는 것도 한국에 발 딛고 서 있는 학자의 임무일 텐데요.

이명현 『다윈의 식탁』에 대해 한마디 덧붙일게요. 사실 장대익 교수는 굴드보다는 도킨스를 훨씬 더 좋아해요. 장대익 교수의 정치적 사고나 지향점도 도킨스를 향해 있을 겁니다. 『다윈의 식탁』과 장대익 교수를 "도킨스 파" 또는 "도킨스 아류"라면서, 굴드에 대해서는 무식한 사람이 도킨스만을 옹호한다고 비판하는 사람들이 있습니다. 그런 사람들한테 전 『다윈의 식탁』을 꼭 읽어 보라고 권합니다. 『다윈의 식탁』만큼 굴드에 대해 그렇게 편견 없이, 정확히 적어 놓은 책이 국내에 있을까? 저는 세계적으로도 없다고 봅니다. 엄청나게 잘 정리했거든요.

강양구 전 사실 도킨스를 별로 좋아하지 않는 편인데, 제가 봐도 비교적 상당히 공정하게 잘 서술해 놨던 것 같습니다.

이명현 맞아요. 도킨스가 대중에게 상대적으로 많이 알려져 있다곤 하지만, 그렇다고 해도 도킨스나 굴드나 비슷하잖아요. 그런데 『다윈의 식탁』에서 도킨스와 굴드 두 사람의 비중과 두 사람의 이야기, 두 사람을 다루는 형식, 두 사람의 책들을 정리해 놓은 부분 등을 보면, 장대익 교수가 정말 굉장히 고심하면서 썼단 걸 느낄 수 있거든요. 그래서 장대익 교수의 개인적인 성향을 떠나서, 장대익 교수에게 "도킨스 파"라고, 굴드를 전혀 이해하지 못한다고 비판하는 건 무책임하다고 생각합니다.

더 좋은, 더 많은 국내 과학 고전을 기대하며

강양구 국내 천문학 책이 '과학 고전 50'에 두 권 들어가 있지요. 이석영 교수의 『모든 사람을 위한 빅뱅 우주론 강의』와, 이강환 서대문 자연사 박물관 관장의 『우주의 끝을 찾아서』입니다.

이명현 천문학 분야의 책은 이전 세대부터, 다른 분야보다는 비교적 대중 과학책들이 많이 있을 수밖에 없지요. 번역도 많이 됐고요. 나이 드신 분들은 조경철 교수나 박석재 교수까지 떠올리실 겁니다. 그 분들이 대중적인 책을 많이 썼고, 선구자 역할을 했어요. 그런데 앞에서 제가 말씀드렸다시피, 윗세대의 보편적인 한계가 있습니다. 그래서 선뜻 책 목록에는 넣지 못했어요. 이러한 한계를 극복하는 글쓰기가 이석영 교수와 이강환 관장을 통해서 나오기 시작했다고 봅니다. 두 분 모두 1차 자료를 보고, 또 현장에서 한 연구를 모아서 책을 냈어요.

 굉장히 좋은 책들이라고 생각하는데, 한편으로는 '과학 고전' 목록이 계속 업데이트되다 보면 없어져야 할 책들이라고도 생각합니다. 앞에서 『개미제국의 발견』을 얘기하면서도 한 말이지만, 이 목록에 포함된 많은 책들은 해설서예요. 해설을 하고, 자세하고 친절하게 설명하는 책들이 지금 시대에는 필요합니다. 그런데 결국은 자신의 연구를 바탕으로, '오리지널리티'가 더 강한 책들이 나와 줘야 우리나라 교양 과학책 문화가 정착된다고 보거든요. 그런 책들이 이제 나오기 시작해요. 김범준 교수의 『세상물정의 물리학』은 본인의 연구 성과들을 바탕으로 쓴 책이잖아요. 그런 책들이 나와야 한다고 봅니다. 더 우월하다는 건 아니지만요.

두 분의 책은 훌륭한 천문학 책이지만, 다 해설서이거든요. 즉 자신들의 천문학 연구 성과로 『개미제국의 발견』 같은 책을 쓸 때까지 버텨 줄 수 있는 책들이라고 할까요?

강양구 그런 점에서, 2015년에 사이언스북스에서 나온 『인류의 기원』이 두 가지 면에서 굉장히 의미 있었던 책이라고 생각합니다. 『인류의 기원』은 캘리포니아 대학교 리버사이드 캠퍼스의 이상희 교수와 《과학동아》의 윤신영 편집장이 협업해서 낸 책이지요. 하나는 고인류학을 연구하는 현장의 과학자가 자신과 동료들의 연구 성과를 대중적으로 소개한다는 점입니다. 『개미제국의 발견』과 비슷한 맥락에서 의미가 있어요. 자신의 연구 성과에 대한 소개도 많이 나와 있거든요. 또 한편으로는, 이상희 교수가 외국에서 오랫동안 체류했기 때문에 한국어로 글을 쓰기가 훨씬 더 어려웠겠지요. 그걸 《과학동아》 윤신영 편집장과 협업해서 해 냈단 겁니다.

저는 이 두 가지가 굉장히 의미 있다고 생각해요. 자신의 연구 성과를 대중과 공유해 보려는 욕구가 있는 과학자가 모두 정재승 교수, 장대익 교수처럼 글을 쓸 수 있는 건 아니지요. 그때 호흡이 잘 맞는 저널리스트나 작가와 협업해서 공동의 작품을 내놓는 프로젝트를, 좀 더 적극적으로 시도할 수 있단 걸 보여 줬다고 생각합니다. 아니나 다를까 잘 나왔잖아요. 국내에서도 꽤 반향이 있었고요. 듣기로는 최근에 영어권이나 중국어권에서도 소개하고 싶어 하고, 계약도 성사됐다고 합니다. 전 이게 한국의 과학 출판, 과학 저술이 가야 될 또 다른 방향 내지는 전범이 아닌가 생각했습니다.

이명현 굉장히 좋은, 의미 있는 책이지요. 해설서를 폄하하는 건 전혀 아니고요. 저도 해설서를 쓰고 있는데요. 그동안 자신감이 없었잖아요. 우리나라의 과학이 국제적으로 통할까 고민하는데, 이제 자신감을 갖기 시작한 것 같습니다. 학계에 묻혀 있던 분들과, 중간 역할을 해 주는 분들의 협업이 성과로 나타나기 시작하니까요.

　　사실 외국의 유명 교양 과학책 중에도 이런 형식으로 쓰인 것들이 굉장히 많잖아요. 그런 점에서는 방향성을 알아볼 수 있는 책이 아니었나 생각합니다. 항상 자신이 해 오던 것들이 깨지고, 더 나은 게 나오면 즐거워하는 게 과학자 정신이잖아요.

강양구 또 프로젝트를 계속 같이했던 경상 대학교 이강영 교수의 책도 있지요. 『LHC, 현대 물리학의 최전선』을 저는 굉장히 좋게 읽었거든요. 제가 현대 입자 물리학에 대해서는 지식이 일천했는데, 이 책을 굉장히 재미있고 의미 있게 읽었습니다. 이 책도 앞에서 얘기한 맥락에서, 현장의 과학자가 자신의 과학 연구와 관련된 이슈 중에서 대중에게 알려야 될 내용을 우리말로 쓴 수작이라고 생각합니다. 출판사에서 욕심을 낸다면, 외국에 알려도 손색이 없겠다고 개인적으로 생각했지요.

김상욱 맞아요. 일단 이강영 교수는 글을 잘 써요. 『LHC, 현대 물리학의 최전선』은 한국 출판 문화상도 받지 않았나요? 2011년, 52회였지요. 21세기 들어서는 아마 과학자한테 처음 주어진 상이 아닌가 싶은데, 그렇지요? 지금도 여전히 첨단 과학 기술을 알기 위해서는 번역서를 많이 보는데, 이 책은 외국 책과 비교했을 때 전혀 손색이 없는 수준입니다. 내용의 규모나 글의 스타일, 깊이도 훌륭합니다. 이강영 교수가 우리 물리학계에 있어서 자랑스러워요. 저도 좋아하는 책이지만, 이 책이야말로 반드시 고전에 들어가야 한다고 봅니다. 이강영 교수가 이 책뿐만 아니라 앞으로도 더 많은 책을 쓸 거라고 믿고요. 지금도 활발하게 책을 쓰잖아요. 기대가 되는 든든한 선배 같은 느낌도 듭니다.

강양구 또 이강영 교수가 쓴 글들을 읽을 때마다, 대체 연구는 언제 하는지 음악부터 미술, 과학과 관련해서 안 읽은 책들이 없어요. 뒷얘기도 굉장히 많이 알고. 그런 장점들이 『LHC, 현대 물리학의 최전선』에 다 녹아들어 있어요. 한국 과학 저술의 현주소를 보고 싶은 분들이라면 꼭 읽어 보기를 권하는 책입니다.

마지막으로 강주상 고려 대학교 교수가 쓴 『이휘소 평전』을 얘기하겠습니다. 이휘소 박사 밑에서 배우기도 하고 연구도 같이 한 강주상 교수가, 『무궁화 꽃이 피었습니다』 때문에 대중에게 너무나 왜곡돼서 알려진 과학자 이휘소를 나라도 제대로 알려야 되겠다는 생각에서 낸 평전이지요. 그런데 이권우 선생님께서 쓰신 『이휘소 평전』 독후감이 굉장히 화제가 되었던 것 같습니다. 여전히 사람들이 이휘소에 대해서 잘 모르고 있는 거지요.

손승우 2017년이 이휘소 박사 서거 40주기이기 때문에, 강주상 교수와

다시 얘기해서 『이휘소 평전』을 사이언스북스에서 재출간하게 됐다고 합니다.♦

이명현 그동안 구할 수 없었던, 절판된 책들도 일부러 몇 권 넣었는데, 그중에서 『이휘소 평전』은 꼭 다시 나와야 한다는 걸 강조하고 싶었지요.

강양구 많은 분들이 오해하듯이 이휘소 박사가 핵무기 개발에 관여해서 암살당한 것도 아니고요. 오히려 박정희 독재 정권에 비판적이었던, 세계적인 석학이었습니다. 핵 개발에 관여해서 훌륭한 분이 아니라. 세계적인 과학 성취를 이룬 과학자였기 때문에 흔히 "노벨상 메이커"라고 불렸던 분이잖아요. 그런 면에서 세계적인 성취를 이룬 과학자이고, 또 한국 현대사와 관련해서는 오히려 독재 정권에 비판적이었던 맥락에서 의미가 있는 분입니다.

이명현 약한 핵력도 많이 등장하고, 힉스 입자의 이름도 붙였지요. 한국에 들어오면서도 납치당할까 봐 미국군 부대 내에서 머무르기도 했고요. 그런데 우리나라에서는 이휘소 박사가 왜곡된 채로 기억된다는 게 너무 아쉬웠습니다.

강양구 2017년이 40주기이고, 때 맞춰 『이휘소 평전』이 다시 나왔으니 이 책을 통해 과학자 이휘소의 진면목을 다시 깨닫는 기회가 되었으면 합니다.

옆의 QR 코드를 스캔하면 앞의 특별 좌담을 '네이버 오디오클립'으로도 들을 수 있다.

♦ 이 좌담이 진행되던 당일인 2017년 1월 6일 저녁, 좌담 뒤풀이 자리에 강주상 교수의 부고가 전해졌다. 『이휘소 평전』의 개정판은 2017년 6월 출간되었고 강주상 교수의 유작이 되었다.

과학은 그 책을 고전이라 한다

1판 1쇄 펴냄 2017년 12월 25일
1판 5쇄 펴냄 2023년 11월 30일

기획 아시아태평양 이론물리센터(APCTP)
지은이 강양구, 김상욱, 손승우, 이강영, 이권우, 이명현, 이정모
펴낸이 박상준
펴낸곳 ㈜사이언스북스

출판등록 1997. 3. 24.(제16-1444호)
(06027) 서울특별시 강남구 도산대로1길 62
대표전화 515-2000, 팩시밀리 515-2007
편집부 517-4263, 팩시밀리 515-2329
www.sciencebooks.co.kr

ISBN 978-89-8371-890-7 03400